LA VIE DE CORSAIRE

DU MÊME AUTEUR.

Corbeil, imprimerie et stéréotypie de Creté.

LA VIE

DE

CORSAIRE

PAR

LOUIS REYBAUD

PARIS

MICHEL LÉVY FRÈRES, LIBRAIRES-ÉDITEURS

RUE VIVIENNE, 2 BIS.

—

1854

LA VIE DE CORSAIRE

I

LE CLOS MAUDIT.

Entre Brest et Landerneau et à la limite d'un bois qui occupe la rive droite de l'Elorn, on montrait aux voyageurs, dans les premières années de ce siècle, une maisonnette accompagnée d'un jardin, qu'environnaient des haies vives. Dès le premier coup d'œil jeté sur les lieux, il était facile de s'assurer que depuis longtemps ce logement était désert et ce jardin abandonné. En butte aux injures des saisons, les boiseries extérieures s'en allaient par débris, tandis que les façades offraient de profondes lézardes, suite d'un manque absolu d'entretien. Quant au jardin, il n'en restait plus l'ombre ; des plantes parasites avaient envahi les portions autrefois cultivées ; le reste était devenu, pour les mulots d'alentour, une espèce de camp retranché où ils défiaient les poursuites et d'où ils exerçaient sur les champs voisins des rapines impunies. Non pas que l'accès du clos fût impossible, mais il s'y attachait une terreur superstitieuse qui mieux que ses haies, le protégeait contre les violations.

D'où venait cette terreur? le voici. Au milieu de l'enceinte et à l'ombre de quelques néfliers, on apercevait, du dehors, un tertre oblong, inégal dans sa forme, et qui ne ressemblait pas à un accident naturel du terrain. Les ivraies qui s'étendaient partout ailleurs s'étaient arrêtées à la base de ce tertre, comme à la limite de la végétation ; au-dessus, à peine voyait-on quelques mousses et quelques pariétaires effleurant le sol et n'y trouvant qu'une substance chétive : on eût dit un espace frappé de malédiction et de stérilité. C'est là, au milieu de ces touffes rampantes, que les habitants des hameaux voisins faisaient remarquer, non sans effroi, deux morceaux de bois mal dégrossis, mal ajustés, et qui figuraient une croix informe, déjà à demi renversée par les orages et les tassements de la superficie. Puis ils ajoutaient à voix basse, et comme s'ils eussent craint d'être entendus de témoins invisibles, que ce petit champ délaissé, inculte, sauvage, s'appelait le *clos maudit*.

Si là-dessus la curiosité s'éveillait et qu'on demandât des explications plus étendues, les versions variaient et

allaient à l'infini. On sait que le paysan breton est cré-
dule et qu'il a l'imagination aussi active que le cœur ;
volontiers il croit au surnaturel et se défend mal des histoires où les esprits sont mêlés. Les uns disaient qu'à
des nuits désignées le tertre s'éclairait d'une multitude
de feux, et que d'une certaine distance on y entendait
réciter les prières des morts. D'autres assuraient qu'en
longeant les clôtures à une heure avancée, ils avaient
aperçu un fantôme, couvert d'un suaire, aller et venir
dans le clos, et continuer cette promenade jusqu'à ce
que l'aube naissante le chassât. D'autres enfin déclaraient que cette habitation, en apparence déserte, se
peuplait de temps en temps, que des lumières y
étincelaient, et qu'il en sortait des bruits étranges ;
et quand on insistait, quand on avait l'air de douter,
ils affirmaient, sur le salut de leur âme, qu'ils n'inven-
taient rien et qu'ils en avaient été les témoins. Voilà
les divers commentaires entre lesquels on avait à
choisir.

Mais il en était un autre bien plus précis, et qui
avait, dans ses moindres circonstances, un caractère
de vérité. Seulement ce commentaire n'était pas livré
à tout le monde, et on ne l'obtenait qu'à force d'ins-
tances ; il était renfermé dans le sein d'une famille que
la crainte dominait, et qui, à la suite de quelques indis-
crétions, avait été l'objet de menaces terribles. Pressés
vivement, ces braves gens racontaient ce qui suit :

Un soir que leur fils aîné revenait de Brest, et remontait l'Elorn à l'aide de la marée, il aperçut, à quelque distance, une chaloupe vigoureusement conduite et qui faisait force de rames pour le dépasser. Le jeune homme se piqua d'honneur, arma ses avirons et essaya de maintenir son avance; mais la chaloupe était montée par deux hommes qui ne ménageaient pas leurs poignets et qui eurent bientôt raison de ses efforts. Dans une manœuvre habile, ils le rangèrent presque à l'aborder, et, comme pour le punir d'avoir engagé la lutte, lui causèrent quelques petites avaries, puis s'éloignèrent à toute vitesse, et en maraudeurs qui auraient peur d'être surpris.

Ces circonstances frappèrent l'esprit du jeune garçon. Si rapide qu'eût été la manœuvre, et malgré l'obscurité, il avait cru entrevoir, à l'arrière de la chaloupe, une forme blanche et confuse du caractère le plus suspect. Un peu la curiosité, un peu la colère s'en mêlèrent, et il prit un parti décisif : il déploya sa voile, remit en jeu ses avirons et donna hardiment la chasse aux gens qui venaient de le maltraiter. Coûte que coûte, il voulait avoir une explication avec eux, ou tout au moins s'assurer de leur destination. Si la course eût été longue, nul doute qu'il n'y eût échoué ; non-seulement la chaloupe conservait ses avantages mais elle les augmentait à chaque instant. A peine le jeune homme parvenait-il à se maintenir dans ses eaux et à portée d'entendre ses mouvements. Comme dernier contre-temps, un brouillard épais venait de se lever et ne laissait au regard qu'un horizon de quelques pieds. Il ne restait plus que l'ouïe pour se guider dans cette poursuite.

Heureusement la chaloupe ralentit sa marche; elle arrivait, elle touchait à son but; c'était sensible; le jeune garçon savait trop son métier pour s'y tromper. La colère s'était calmée chez lui; mais la curiosité persistait; il résolut de n'en pas avoir le démenti. Afin de ne pas donner l'éveil, il dépassa le point du rivage où allait aborder la mystérieuse embarcation et gagna une oseraie dont les rameaux, baignant dans la rivière, lui offraient un abri naturel. Ce fut de là qu'il assista aux premiers incidents d'un épouvantable spectacle.

A peine la chaloupe eut-elle accosté, que les deux hommes qui la montaient sautèrent sur la berge, afin de s'y amarrer fortement. L'un était grand et svelte, l'autre trapu et carré; tous deux portaient des costumes de mariniers entièrement pareils. Par les ténèbres qui régnaient, on ne pouvait rien distinguer des traits de leurs visages. Quand l'embarcation fut bien fixée à l'arrière et à l'avant, ils s'éloignèrent de quelque pas, et comme s'ils eussent craint d'être entendus, puis se rapprochèrent de l'oseraie où le jeune garçon était aux écoutes :

— Eh bien ?... dit l'homme aux formes trapues.

— Un instant, répliqua l'homme aux formes sveltes. Vois si rien ne bouge aux environs.

— Pas de danger, mille pipes ! Nous sommes en pays de loups. Au soleil couché, tout ce monde-là regagne ses tanières.

— Va toujours voir !

— Suffit.

C'était l'homme aux membres robustes qui parlait ainsi, et il s'éloigna pour quelques instants. Pendant cette absence, son compagnon resta pensif, l'œil fixé sur l'embarcation, la main appuyée sur un tronc mort. Pas un mouvement, pas un geste : on l'eût pris pour un objet inanimé.

— Rien, absolument rien, dit à son retour celui qui était allé à la découverte.

— Eh bien, alors, enlève !

Sur ce mot, l'homme sauta dans l'embarcation, comme une bête dressée obéit à la voix de son maître.

— M'y voici ! faut-il lâcher les cordes ?

— Non ; enlève, te dis-je !

— Et le bâillon ?

— En finiras-tu ? Quand je te dis d'enlever tel quel. Enlève, enlève !

— C'est fait, dit l'hercule ; fait et fait, mille pipes !

Et il gravit la berge en enlevant dans ses bras une femme vêtue d'une robe de mousseline blanche ; c'était l'objet que le jeune garçon avait entrevu au fond

de la chaloupe. Quoique liée fortement, elle se débattait entre les mains de celui qui la portait, et il y avait
en elle un tel ressort, qu'elle parvint à déplacer le mouchoir qui lui comprimait la bouche.

— Au secours ! s'écriait-elle, au secours !

— Silence ! ou je vous étouffe, dit l'athlète qui la
contenait.

— Au secours, continuait-elle à crier ; qui êtes-vous ?
que me voulez-vous ? où me conduisez-vous ?

— Silence, dit à son tour l'homme aux formes sveltes, ou vous êtes morte, madame !

Et à l'appui de la menace, il lui montrait le canon
d'un pistolet.

— Grâce, grâce ? ajouta-t-elle glacée de terreur et
d'une voix déchirante.

Ce fut son dernier cri ; le mouchoir venait d'être remis en place et serré plus fortement que jamais ; la
voix mourut étouffée.

Qu'on juge des impressions qui assiégeaient le témoin de cette affreuse scène : tantôt il voulait se découvrir et se porter au secours de la victime ; mais entre lui et ces deux malfaiteurs, la partie était trop
inégale, il y eût succombé et ne l'eût pas sauvée ; tantôt il voulait quitter la place sans être aperçu, courir
au village le plus voisin et y chercher du renfort ; mais
ce village était situé à une lieue de là, et pendant la
durée du trajet, il y avait plus de temps qu'il n'en fal-

lait pour accomplir l'attentat. D'ailleurs, où allaient ces bandits ? où achèveraient-ils leur œuvre ? quels étaient leur but ? leur dessein ? Peut-être n'iraient-ils pas jusqu'à l'assassinat; peut-être laisseraient-ils au jeune homme un moment opportun pour secourir cette malheureuse femme.

Ainsi pensait-il ; et instinctivement et sans bien se rendre compte de ce qu'il faisait, la tête en feu et l'esprit en désordre, il resta sur les lieux et assista jusqu'au bout à ce lugubre spectacle sans en perdre ni une circonstance ni un détail.

Une fois qu'ils se furent assurés du silence de leur victime, les deux complices prirent à travers champs un chemin qui leur paraissait familier et arrivèrent à la limite d'un petit bois et en face d'une habitation isolée : c'est celle qui a été décrite au début de ce récit. Le jeune garçon les avait suivis de loin, et reconnut parfaitement les lieux. Cette maison était abandonnée; elle appartenait à un matelot originaire du hameau de Beuzé, qui l'avait achetée un beau jour de ses parts de prise, par caprice, par fantaisie, et sans intention d'y résider. Elle lui était tombée du ciel, et peut-être avait-il oublié qu'elle était à lui. Les écumeurs de mer sont de si étranges propriétaires! Du reste, plus de nouvelles de celui-ci depuis quinze mois environ ; il courait les océans, il croisait dans les Antilles, il changeait de domicile avec les vents et les chances des combats.

Jamais on ne l'avait ni vu ni aperçu dans le pays ; un jour même on le crut mort : le bruit se répandit qu'en abordant un navire anglais, il avait eu la tête fendue d'un coup de hache et était tombé à la renverse entre les deux bâtiments. Cependant, comme le renseignement n'était pas officiel, ses parents n'avaient encore osé ni prendre le deuil ni réclamer l'envoi en possession de la maison abandonnée. Telle était la situation de l'immeuble, une sorte de déshérence, en attendant les preuves du décès.

Aux allures des deux malfaiteurs, il était visible qu'ils se dirigeaient à coup sûr et connaissaient parfaitement les localités. Le plus grand ouvrait la marche ; le plus petit le suivait chargé de son fardeau. Quand ils furent arrivés devant l'habitation, la porte céda sur-le-champ et sans que rien indiquât qu'ils l'eussent forcée ; une fois entrés, ils la fermèrent avec soin, et l'on entendit distinctement le bruit des verrous. Quelques minutes après, le rez-de-chaussée s'éclaira, et à travers les volets mal joints, il fut facile de suivre les incidents de la scène. Aucune croisée n'avait de rideaux, plusieurs vitres manquaient, et pourtant le forfait allait se consommer dans cette pièce, sans plus de précautions ni de mystères. On eût dit que ces hommes avaient la confiance et l'assurance de l'impunité.

Le jeune garçon, spectateur du crime, n'en perdit rien, et en racontant ce qu'il avait vu, il en éprouvait, même longtemps après, des frissons involontaires. A l'intérieur du logement, il y eut quelque changement dans les rôles : on délivra la victime de ses liens, on lui enleva le bâillon qui étouffait ses plaintes, et à la lueur d'une bougie, son visage parut dans tout son éclat. Il était d'une beauté frappante et d'une noblesse sans égale. Jeune, pleine de fraîcheur et de vie, avec un port de reine, ayant dans le regard quelque chose de fier et de doux, cette femme aurait désarmé des tigres, et pourtant ses bourreaux n'en paraissaient pas touchés : l'un d'eux la considérait avec l'insensibilité de la brute; l'autre semblait, à son aspect, éprouver un redouble-ment de colère; son teint olivâtre s'animait de tons étranges, son œil lançait des éclairs, et sur sa bouche errait un sourire qu'eussent envié les démons.

De son côté, cette femme examinait les deux hommes avec une terreur mêlée de curiosité. Elle cherchait dans ses souvenirs à quoi rattacher leurs figures sinis-tres, et ne trouvait, à en juger par sa physionomie, que de vagues et confuses impressions. Seulement elle voyait bien qu'elle était perdue ; sa sentence était écrite sur leurs fronts. Que faire? Elle essaya de crier de nouveau, d'appeler à l'aide ; ses bourreaux en rirent ; ils savaient bien que personne ne répondrait à son ap-pel et que ses cris se perdraient dans le vide. Alors elle se résigna, se jeta à genoux, pria avec ferveur et se releva plus calme : son sacrifice était fait. Elle parla, et du dehors on entendait confusément ses paroles :

— Est-ce à ma vie, est-ce à ma fortune que vous en voulez ? dit-elle.

Les deux meurtriers échangèrent un sourire.

— Si c'est à ma vie, ajouta-t-elle, je ne puis la défendre ; elle est à vous, et que Dieu vous pardonne ; si c'est à ma fortune, je suis prête à souscrire à tout ce que vous voudrez.

A peine eut-elle achevé, que celui qui paraissait être le chef de cette expédition tira un papier de sa poche, alla chercher dans un coin une plume et un écritoire, déposa le tout sur la table, et dit d'un ton impérieux :

— Signez, madame.

Déjà une fois le son de cette voix avait fait tressaillir la pauvre femme ; cette seconde épreuve fut plus rude encore ; elle se sentit défaillir et attacha sur son interlocuteur un regard éperdu : elle semblait chercher le mot d'une énigme terrible. Celui-ci resta calme et répéta avec un accent brusque et plein de menaces :

— Signez donc, madame, signez.

C'en était trop ; elle eut à peine la force de saisir la plume qui lui était offerte, leva les yeux au ciel et le prit à témoin de la violence qu'elle subissait, ne chercha plus ni à se défendre ni à résister, et signa ce qu'on lui présentait sans le discuter ni le lire. Quand elle l'eut fait, un éclair de joie brilla dans les yeux de son bourreau et comme s'il n'eût attendu que ce moment et que cet acte pour paraître sous sa véritable forme, il passa un mouchoir sur ses joues et en fit disparaître une légère couche de suie qui avait servi à le défigurer. Ce fut, pour la malheureuse femme, le dernier coup, et un coup d'autant plus rude, qu'elle n'y était pas préparée.

— Ah ! mon Dieu ! s'écria-t-elle, lui!

— Oui, lui ! lui ! dit-il.

— Ayez pitié de moi, dit-elle en tombant à genoux et tendant vers cet homme des mains suppliantes.

Celui-ci, loin de s'en émouvoir, se retourna vers son complice :

— Achève, lui dit-il.

— Ainsi soit-il, répondit l'homme d'exécution.

Et d'un bond il sauta sur sa victime, lui enlaça le cou de ses deux mains, fit jouer les pouces et l'étrangla : tout cela en quelques secondes et avec la rapidité de l'éclair. A la première pression, la malheure poussa un léger cri; à la seconde sa tête retomba sur ses épaules et son corps s'affaissa sur le plancher : elle était morte.

— C'est fait, dit l'exécuteur.

— Eh bien, enlève, dit l'autre.

L'athlète obéit et prit le cadavre dans ses bras, tandis que son compagnon, armé d'un fallot, allait en avant et éclairait cette marche funèbre. La nuit était sombre, et ils passèrent presqu'à le toucher, près du jeune garçon qui les épiait; s'ils l'avaient aperçu, c'en était fait de lui. Il se cacha derrière un massif et retint jusqu'à son souffle : un entretien était engagé entre les deux meurtriers.

— Où est-ce donc, disait celui qui portait le fallot, cherchant à se guider au milieu des ténèbres ?

— Un peu à droite, répondait celui qui portait le cadavre. Qu'il fait noir, mille pipes !

— Nous voici à la haie; ce n'est pas de ce côté.

— Attention, reprit l'homme trapu en s'arrêtant tout à coup; il me semble que j'ai entendu quelque bruit.

C'était en effet le villageois qui dans le mouvement qu'il avait fait, s'était heurté à une souche et avait failli tomber. Qu'on juge de ses transes; il se crut découvert.

— Poltron, dit l'homme au fallot ! Les oreilles te cornent ! Poursuis donc ton chemin et laisse là tes imaginations. Y sommes-nous enfin ?

— Oui, nous y voici; la fosse est là. Une belle fosse, mille pipes ! et qui m'a coûté plus d'un coup de pioche. Jugez donc : cinq pieds de profondeur ; quel lit moelleux ! Assez causé ; que faisons-nous maintenant ?

— Belle demande ! Achève.

Enlève, achève, tels étaient les mots d'ordre de cette lugubre nuit. L'exécuteur acheva sa besogne, Dieu sait comment. Au lieu de descendre le cadavre avec quelque précaution, il le jeta dans la fosse, sans suaire ni cercueil, sans même prendre garde s'il y tombait debout ou couché; puis il se hâta de le couvrir de terre et d'ensevelir en même temps les preuves matérielles de ce crime. Cependant ce travail, fait à la hâte, resta visible au dehors par cette aspérité du sol qui préoccupait si vivement les habitants des villages voisins. Quant à la croix de bois, ce n'est pas dans la nuit même qu'elle avait été posée; aucun des bourreaux n'y songea. Elle ne parut au sommet du tertre que plusieurs mois après, sans que personne sût précisément quel jour elle y avait été mise ni par quelles mains.

Une demi-heure avant la naissance du jour, les deux assassins abandonnèrent ce théâtre de deuil et reprirent le chemin de la rivière. Transi de froid, et, malgré les épreuves qui l'avaient assailli, le témoin du crime voulut en suivre les auteurs jusqu'au bout, il les vit remonter dans leur chaloupe, s'abandonner au courant et regagner à la voile la grande rade de Brest; il ne quitta la poursuite que lorsqu'il les eut entièrement perdus de vue.

Voilà ce que racontait ce jeune garçon dans ses heures d'épanchement. De toutes ces versions, c'était évidemment la seule à laquelle on pût ajouter quelque créance. D'ailleurs ce n'était guère qu'à son corps défendant qu'il racontait ce qu'il avait vu. Pour qu'il y consentît, il lui fallait des personnes sûres et des oreilles discrètes ; et encore n'aimait-il pas à revenir sur ce lamentable sujet ; son cœur saignait à y songer seulement. Puis, dans la famille même, on lui faisait une loi du mystère ; les anciens le voulaient ainsi ; ils avaient décidé qu'on ne dirait rien de cette aventure, qu'on n'en ferait aucun bruit, afin de ne point éveiller l'attention de la justice. Les gens de la campagne professent volontiers cette sorte de prudence et en suivent les inspirations. Ils aiment mieux laisser un crime impuni, qu'être mêlés, à un titre quelconque, aux poursuites qu'il entraîne, aux déplacements qu'il occasionne. Ils s'imaginent toujours qu'il leur en coûtera quelque chose s'ils ont affaire aux hommes de loi, et croient plus sage de s'abstenir dans les choses qui ne les concernent pas directement.

Ainsi s'explique l'impunité d'un attentat aussi affreux ; voilà pourquoi ce crime, qui occupait les veillées des chaumières, avait pu échapper jusqu'alors au châtiment exemplaire que lui réservait la justice humaine. Et pourtant quelque discrétion qu'y eût mise le principal témoin, et avec quelque soin qu'on eût étouffé les choses, de loin en loin des lettres menaçantes arrivaient à l'adresse de la famille et continuaient à entretenir dans son sein une indéfinissable terreur.

LE COURS D'AJOT.

Vers le milieu de la journée qui suivit cette fatale
nuit, un bruit étrange se répandit dans la ville de Brest,
et, allant de bouche en bouche, de porte en porte, il
acquit bientôt les proportions d'un événement. On disait que la comtesse de Plouéven avait disparu de son
hôtel du cours d'Ajot et qu'on ignorait ce qu'elle était
devenue. On y ajoutait les circonstances que voici : A
dix heures du matin, n'entendant aucun bruit chez sa
maîtresse, la femme de chambre avait conçu quelques
inquiétudes. Elle essaya d'ouvrir : les verrous étaient
tirés; elle frappa, doucement d'abord, puis avec énergie, personne ne lui répondit; il fallut envoyer chercher un serrurier et forcer les portes. Pour dernier
désappointement, la chambre se trouva vide. D'ailleurs
aucun désordre n'y régnait; l'état du lit prouvait que la
comtesse n'y avait pas couché; les meubles n'étaient
ni dérangés ni ouverts; des objets de prix, faciles à
soustraire, étaient restés à leur place accoutumée;

rien, en un mot, n'indiquait l'emploi de la violence.
Quant à la toilette, la comtesse avait dû sortir sans fi-
chu ni chapeau et en robe de maison.

A mesure que ces détails se répandaient dans le public, la curiosité devenait plus vive, et il se forma bientôt comme un attroupement autour de l'hôtel du cours
d'Ajot. Dieu sait ce qui se dit dans ces groupes et à
combien de conjectures on s'y livra.

— Une femme, ça se retrouve toujours, disait un
mauvais plaisant. Bah ! quelque amourette !

— Non, répliquait un curieux plus charitable et
moins enclin au soupçon, vous n'y êtes pas. Ce sont
les chouans. Il n'y a qu'eux pour monter de ces coups.

Cette conjecture, il faut le dire, était celle qui trouvait le plus de crédit dans la foule. Les chouans infes-
taient encore l'Anjou et le Maine et poussaient souvent
jusque dans la Bretagne maritime leurs mystérieuses
expéditions. On citait des voyageurs assassinés, des cais-
ses publiques pillées, des arrestations opérées en plein
jour et avec une audace sans égale ; on assurait même
que les cas d'enlèvement au milieu de villes populeu-
ses n'étaient pas rares, et qu'à Rennes et à Niort, il y en
avait eu plusieurs. D'ailleurs, pour s'attaquer aux
Plouéven, les chouans avaient des motifs anciens et
fondés. Quoique de vieille souche bretonne, cette famille passait pour incliner vers les idées nouvelles et
méconnaître les devoirs que lui imposait son nom. Le

chef actuel de la maison, le comte Hector, n'avait pas voulu tremper dans les levées de boucliers dont le pays avait été le théâtre, et, devenu suspect à ses paysans, il s'était retiré à Brest, où il avait mis le comble à ses torts en s'alliant à une famille étrangère à la province. De là cette vengeance exercée contre lui et ce rapt mystérieux.

Telles étaient les conjectures qui s'échangeaient au sein des groupes réunis autour de l'hôtel. Dans les salons de la ville, où la comtesse était mieux connue, on ne débitait pas de pareils contes ; on ne croyait ni aux chouans, ni à leurs coups de main ; il n'y régnait qu'un étonnement profond mêlé d'un certain effroi. Personne n'imaginait à cet événement une explication plausible ; on se demandait comment une femme de cette condition, si entourée, si en vue, logée au cœur de la cité, dans une maison qui lui appartenait, avait pu disparaître ainsi sans que ses gens ni ses voisins en eussent rien vu ni entendu. Plus on approfondissait l'énigme, moins on en trouvait le mot. Une seule chose demeurait évidente, l'absence de la comtesse, volontaire ou non, méditée ou fortuite.

Il y avait bien, parmi les personnes du monde, quelques esprits mal faits et disposés à présenter les choses sous un jour défavorable, et qui y procédaient à l'aide de petites anecdotes et de petits rapprochements ; mais ces propos méchants ou envieux expiraient sans échos.

Le gros de la société, les gens influents, n'admettaient que des suppositions avantageuses, et d'un commun accord, ils finirent par en faire prévaloir une qui avait pour elle quelque probabilité. Ils dirent que la comtesse n'avait pu quitter Brest que pour aller rejoindre son mari, alors en croisière dans le golfe du Mexique, et si elle avait exécuté ce projet sans en prévenir ses amis ni ses gens, c'était dans la crainte d'en être détournée comme d'une entreprise téméraire. A point nommé, il se trouva qu'un bâtiment avait appareillé pour les Antilles dans la nuit même où la comtesse avait disparu, et il n'en fallut pas davantage pour donner plus de vraisemblance à cette explication et la faire accepter universellement.

En effet, le comte Hector de Plouéven, ou le capitaine Plouéven, comme on l'appelait communément, avait pris la mer depuis quatre mois, et s'y était déjà signalé par d'audacieuses aventures. Personne n'était plus diversement jugé que cet officier; les uns en faisaient un homme de bonne compagnie, d'un commerce sûr et d'un caractère doux ; les autres ne voyaient en lui qu'un esprit sombre, fantasque et sournois. Sur sa physionomie même, ces nuances se retrouvaient; tantôt elle était ouverte, riante et pleine de sérénité, tantôt elle se couvrait comme d'un voile et prenait une expression de cruauté et de ruse effrayante à voir. Les traits d'ailleurs étaient beaux, le port noble, la taille élevée; la race des Plouéven ne se démentait pas; jusque dans son dernier représentant, elle gardait ses avantages.

A cette époque de sa vie, le capitaine avait une trentaine d'années, dont quinze s'étaient passées à bord et au milieu de hardis compagnons. Tout enfant, Hector avait montré des goûts impérieux et un peu sauvages. De tous les gentilshommes bretons, son père était peut-être celui qui avait le plus donné dans les nouveautés du 18e siècle; il lisait Voltaire et Diderot et avait souscrit à l'Encyclopédie, ce qui était l'objet d'un grand scandale dans les cures des environs. Il eût voulu élever son fils dans ces principes et l'initier aux joies qu'il avait trouvées dans le commerce des esprits forts. Le caractère d'Hector trompa l'attente paternelle; il se refusa au genre d'éducation auquel on voulait l'assujettir: les livres le rebutaient, l'étude lui plaisait médiocrement; il aimait mieux courir le long des grèves ou s'enfoncer sans guide au plus épais de la forêt. Une mère aurait pu seule s'emparer de cet enfant rebelle, l'enchaîner par la tendresse, le désarmer par la douceur; mais cette ange du foyer manquait à Plouéven; sa mère était morte quelques semaines après sa naissance, l'abandonnant aux soins d'un père philosophe et de serviteurs indifférents.

Dès ce temps, il se montra ce qu'il devait être un jour, fidèle dans ses affections, implacable dans ses inimitiés : jamais il n'oubliait un service ; jamais aussi il ne pardonnait une offense. La moindre allumait ses colères, un mot, un geste, un regard : l'intention même lui suffisait ; il ne savait rien souffrir, ni rien pardonner. Et une fois monté, rien ne l'arrêtait, ni l'âge, ni la force, ni le rang ; il se prenait avec des muletiers et avec des garçons de ferme aussi bien qu'avec les fils de famille des environs, et à diverses reprises on le rapporta au château, meurtri, le visage en sang, couvert de contusions et de blessures. Interrogé sur les causes de l'accident, il ne répondait que par le silence, mais à peine debout, il allait chercher l'agresseur et recommençait le combat. Tel était l'enfant, tel devait être l'homme.

Pour un tempérament pareil, il n'y avait qu'une carrière possible, celle des armes ; son père n'essaya pas de l'en détourner. Dès l'âge de quatorze ans, Hector prit du service sur les bâtiments de l'État ; la mer était son véritable élément. Il avait grandi au spectacle de ses magnificences et de ses fureurs ; il avait été bercé par elle : aussi passa-t-il bientôt pour un brillant officier, hardi dans la manœuvre, incomparable dans le danger. Son seul défaut, et il suffit pour briser sa carrière, était de ne pouvoir se plier à la discipline autant qu'il l'aurait dû ; même à bord, son esprit indomptable reprenait le dessus. Excellent vis-à-vis de ses inférieurs, humain, dévoué, on l'avait vu s'exposer vingt fois pour sauver des matelots en péril ; ceux qui avaient servi sous ses ordres lui gardaient une affection qui allait jusqu'à l'idolâtrie : il eût fait marcher ses hommes dans le feu. Mais pour ce qui lui était supérieur, son humeur était tout autre ; de ceux-là il ne supportait rien, se montrait roide à leur égard, altier, arrogant et à leurs observations répondait par des défis. Châtié plus d'une fois et mis aux arrêts, il n'en était que plus mal disposé à l'expiration de sa peine, et amassait dans son cœur des rancunes qui éclataient à l'occasion.

Tôt ou tard, il devait arriver une circonstance où la mesure serait comblée, et sans les services d'Hector, le coup eût été plus prompt.

Mais, au moment de le frapper, plus d'une fois la main de ses chefs s'arrêta ; il leur répugnait de rayer des cadres de la marine un homme destiné à l'honorer, et dont l'intrépidité était proverbiale dans la flotte. Dans les grandes affaires comme dans les petits engagements, on l'avait vu à l'œuvre ; on savait quelle contenance il y faisait : calme et froid quand il fallait l'être, bouillant quand il fallait agir, il avait toutes les qualités qui constituent l'officier d'élite. Plus docile, plus maniable, il eût fait un rapide chemin ; il y avait en lui l'étoffe d'un amiral. Malheureusement, à propos d'un ordre brusquement donné, d'une inflexion de voix, d'un terme mal sonnant, il engagea une querelle avec un de ses supérieurs immédiats, en vint aux gros mots, et des mots passa aux voies de fait. Une semblable infraction à la discipline navale était de celles qu'on ne peut tolérer impunément ; on étouffa l'affaire, mais à la condition expresse que le capitaine Plouéven donnerait sa démission. Une fois dégagé du service, il appela sur le terrain celui qui était la cause de sa disgrâce et se vengea en le tuant.

Ce fut alors qu'il se fixa à Brest, et dans le choix de cette résidence, son caractère opiniâtre se retrouvait ; il lui restait quelques revanches à prendre, et pour rien au monde il n'y eût renoncé. Puis il avait servi, et la vue des flottes lui réjouissait le cœur ; il voulait avoir sous les yeux ces vaisseaux qu'il ne monterait plus, assister à leurs évolutions, les suivre à l'horizon quand ils se mettaient en campagne. Qui le sait ? Peut-être s'y mêlait-il un vague espoir de retrouver un jour ses épaulettes et ses marins qu'il aimait, et les émotions du combat, les seules qu'il eût connues jusqu'alors. D'ailleurs, qu'eût-il fait dans ses terres ? Son père venait de s'y éteindre entre les bras de quelques serviteurs et sans qu'il eût le temps de lui aller fermer les yeux ; il ne s'attachait donc plus à ce séjour que des pensées de deuil et de solitude. Point d'amis aux alentours ; point de cœurs dévoués ; rien qui pût attirer le capitaine, ni offrir à son activité un but digne de lui. Il se fixa donc à Brest, afferma ses domaines au prix qui lui fut offert, et en confia la gestion à l'un de ces intendants qui con-

naissent trop bien la valeur des choses pour n'en pas
garder le plus net pour eux.

Probablement l'humeur inquiète de Plouéven se serait mal accommodée de l'oisiveté, si un événement
n'avait fait une diversion dans sa vie. Du caractère dont
il était, il fréquentait peu le monde ; et, pour distractions, il n'avait guère que des promenades en grande
rade ou de courses à cheval dans les paysages environnants. Cependant, tout étranger qu'il fût au bruit des
salons, il n'avait pu échapper à celui qu'y faisait alors
une jeune fille, née aux colonies, et qui en arrivait
après la mort de son père, investi longtemps de fonctions publiques d'un ordre élevé. Débarquée avec sa
mère, elle attendait que le gouvernement eût fixé leur
position, et jouissait, avec l'abandon de son âge, des
plaisirs que pouvait lui offrir l'élégante société de Brest.
On la nommait Claire de Meyreuil ; elle avait seize ans,
le charme naturel et un peu langoureux des créoles,
d'admirables cheveux, une grâce de déesse dans les mouvements, un attrait irrésistible. Toute la ville en raffo-
lait ; c'était à qui la recevrait avec plus d'empressement
à qui la comblerait d'attentions délicates. Quand elle
entrait dans un bal, un essaim de danseurs l'assiégeait
à l'instant ; quand elle allait aux environs, sa voiture
était entourée de cavaliers qui lui formaient une escorte ;
chacune de ses journées était marquée par une partie
de plaisir, chacune de ses soirées par une fête. Cela

s'explique : elle n'était pas de la ville, et ne faisait qu'y passer.

En sa qualité d'habitant de Brest, Plouéven ne pouvait rester en dehors d'un succès et d'une émotion si caractérisés. Il savait donc comme un autre, et plus qu'il ne l'eût voulu, ce qu'était Claire de Meyreuil, ce qu'elle avait fait la veille et ce qu'elle se proposait de faire le lendemain ; ce qu'elle avait dit d'aimable et combien elle avait dansé de fois ; où elle dînait ce jour-là, et quelles surprises on lui ménageait. Ignore-t-on rien, en province, de ce qui se passe chez le voisin ? C'est là que les maisons sont de verre. Plouéven supporta d'abord ces récits avec assez de patience, puis il en prit de l'humeur, enfin il envoya les officieux à tous les diables et déclara qu'il dégainerait avec le premier bavard qui lui parlerait encore de mademoiselle de Meyreuil. On connaissait le capitaine et son tempérament peu endurant : c'en fut assez pour que le silence se fît autour de lui. Mais le bruit de cette scène se répandit dans les salons et arriva aux oreilles de la jeune créole. Elle en rit de bon cœur et y prit goût, demanda avec quelque curiosité ce qu'était ce sauvage et ce qu'il faisait, et se promit bien, si jamais il lui tombait sous la main, de le réduire et de le mettre à la raison. Mais, où le rencontrer ? Plus que jamais Plouéven se tenait à l'écart et déclarait qu'il quitterait Brest si ces pécores y faisaient un plus long séjour.

Le hasard s'en mêla et arrangea les choses de manière à mettre en présence les deux ennemis. Un jour que le capitaine longeait à cheval les bords du Penfeld et s'abandonnait aux impressions que font naître ces sites un peu sévères, il vit déboucher de la route qui conduit à Lambezellec, une calèche arrivant au grand trot et au milieu d'un nuage de poussière : c'était la divinité du jour, escortée des ses adorateurs. Plouéven s'en avisa trop tard pour qu'une retraite honorable lui fut permise ; bon gré, mal gré, il lui fallut se ranger sur le passage de mademoiselle de Meyreuil et essuyer le feu de son regard ; il le fit d'un air boudeur et avec beaucoup de mauvaise grâce. Ce que c'est que la destinée ! sans cet incident, ces deux existences n'auraient rien eu de commun, et il n'y serait resté comme point de contact que le souvenir d'une vague antipathie. Hélas ! il en devait être autrement : c'est toujours l'histoire du grain de sable et celle des petites causes suivies de grands effets.

Au retour de cette promenade, Plouéven n'était plus le même homme ; il se sentait sous le charme et comme enchaîné par un sentiment nouveau. Les airs de candeur de cette jeune fille l'avaient ébloui ; il la voyait encore dans un sillon de lumière et dans une atmosphère de parfums ; jamais il n'avait rien vu qui eût cet attrait et cette grâce : c'était un monde nouveau qu'il venait de découvrir. Il faut le dire, son cœur avait encore la pureté de l'adolescence : il était trop farouche pour l'offrir et trop fier pour le prodiguer ; la rude vie du bord et ses goûts d'isolement avaient concouru à le mettre à l'abri d'indignes atteintes : il n'avait rien aimé ni rien connu qui fût digne de l'être. Ainsi s'explique cette capitulation inattendue : il existait, dans son âme, une corde longtemps inactive et qui rendait son premier son ; mademoiselle de Meyreuil l'avait touchée. Quand Plouéven s'en fut bien assuré, il n'hésita pas : il y mit la résolution qu'il apportait en toute chose ; il demanda la main de celle que, huit jours auparavant, il traitait d'une manière si cavalière et avec un si magnifique dédain. L'alliance était assortie, convenable de tout point : pour bien des motifs, elle devait flatter l'orgueil de la jeune fille ; le capitaine était beau, riche, vaillant : il portait un nom honoré et de bonne noblesse ; il avait des services qui ne manquaient pas d'éclat et des alliances considérables ; puis s'il faut tout dire, c'était un ennemi qu'elle avait réduit, qu'elle avait amené à ses pieds, un rebelle qu'elle tenait dans ses liens, et qui du défi passait à la soumission.

Ce mariage eut donc lieu et fit événement dans la ville ; longtemps il n'y fut question que de cela. La comtesse de Plouéven devint la parure et l'orgueil des salons ; on ne jurait que par elle ; elle y régla tout désormais, les plaisirs, les modes, les danses de l'hiver, les promenades de la belle saison. Son mari semblait

fier de ses succès, heureux de ses joies ; il ne pouvait
vivre sans elle, il ne la quittait pas d'un instant ; à cheval à ses côtés, dansant au même quadrille, tenant
attaché sur elle un regard pénétrant comme l'acier.
Cette période de fêtes dura jusqu'à la mort de madame
de Meyreuil qui vint les assombrir ; mais cette circonstance ne fit qu'accroître l'affection de Plouéven ; jamais il n'avait entouré la comtesse de plus de soins ni
de plus de témoignages de tendresse : on citait ce couple dans Brest comme un modèle d'union, de fidélité
et d'égards mutuels ; c'était une lune de miel prolongée
et qui ne semblait pas devoir finir.

Un jour pourtant, et sans qu'on en pût deviner le
motif, il se fit un changement dans les manières du
capitaine. Devant le public, il resta ce qu'il était, plein
d'attention pour sa femme et empressé à lui plaire ;
mais, au lieu de se montrer assidu comme naguère et
de s'attacher pour ainsi dire à ses pas, on le vit souvent s'éloigner de l'hôtel, marcher au hasard et avec
une préoccupation évidente, sombre, distrait, s'éga-
rant dans la campagne et ne rentrant le soir qu'à des
heures fort avancées.

D'autres signes se joignirent bientôt à ceux-là, et
frappèrent les personnes qui l'entouraient. Il déclara
bien haut que l'oisiveté lui pesait ; qu'à son âge et avec
son expérience de marin, il avait autre chose à faire
qu'à tenir une quenouille et à garder la maison ; qu'en

temps de guerre, un homme qui portait son nom et avait ses états de service se devait à son pays; que puisqu'il ne lui était plus permis de monter les bâtiments de l'État, il devait chercher à employer ailleurs son temps et son courage; qu'à tout prendre la vie de corsaire avait son charme et ses périls, sa grandeur et son utilité, et qu'il était prêt à accepter le commandement d'un navire armé en course, pourvu qu'on le laissât absolument libre de ses mouvements et maître de composer son équipage comme il l'entendait. Voilà le langage nouveau que tenait Plouéven, et quand on en parlait à la comtesse, elle répondait que ce n'était là qu'une boutade, et que ce beau feu s'éteindrait faute d'aliment.

Mais chez le gentilhomme breton l'action suivait nécessairement la parole. Quinze jours après, le capitaine réalisait ce qu'il avait annoncé; un brick de douze canons venait d'être armé pour lui, et il avait engagé dans les ports de la côte des hommes déterminés, afin d'aller croiser dans l'Océan, et y attendre les bâtiments de commerce. Au besoin Plouéven s'attaquerait aux navires de guerre; il n'était pas de ceux qui regardent à la force de l'ennemi. Ainsi la comtesse perdait de son empire; son mari partait malgré elle. Cependant, au dire des gens de la maison, ce départ n'avait pas eu lieu sans orages. La veille du jour où le brick devait appareiller, il se passa dans la chambre de la comtesse une scène si violente, que tout l'hôtel en retentit : c'étaient

des cris, des pleurs, des éclats de voix et même des sé-
vices ; il y eut des meubles brisés et un désordre qui
ne se répara qu'au bout de quelque temps. Le capitaine n'en partit pas moins, comme il l'avait dit, et
au moment fixé. Le lendemain, à la pointe du jour, il
franchissait le goulet de Brest ; la comtesse assistait de
loin à ce départ ; elle paraissait calme.

Voilà quelle avait été l'histoire de l'hôtel du cours
d'Ajot avant l'époque où ce récit commence : rien de
plus simple, de plus uni, et, sauf ce dernier incident,
de plus calme que les événements dont il avait été le
théâtre ; le drame y commençait par une disparition
qu'en dépit des commentaires il était difficile d'expliquer.

Cependant l'émotion publique avait été poussée si
loin, que la police crut devoir faire une descente sur
les lieux afin d'en fixer la situation. C'était une simple
mesure de précaution ordonnée par les magistrats, sans
but précis et à tout événement. Les agents venaient
d'être introduits dans l'hôtel et y remplissaient leur office, lorqu'un jeune homme y pénétra de son côté, les
vêtements en désordre et le regard presque égaré. Il
alla droit et sans hésiter vers un petit cabinet de travail
où se tenait habituellement la femme de chambre ;
celle-ci s'y trouvait :

— Vous ici, monsieur Paul, s'écria-t-elle en l'apercevant ! Ah ! mon dieu ! mon dieu ! quelle imprudence !

— Elle n'y est plus : elle a disparu, dit-il sans s'arrêter à ses frayeurs ? comment cela a-t-il eu lieu ? Voyons, parlez.

— Est-ce le moment, monsieur Paul ? Songez-y donc. La police est dans l'hôtel.

— Que me fait la police, reprit-il d'un ton impérieux ? Qu'ai-je à me soucier d'elle ? Répondez à ce que je vous demande : Comment a-t-elle disparu ?

— Comment ? Le sais-je ? C'est le démon qui s'en est mêlé.

— Vous n'avez vu personne, personne ?

— Personne absolument.

— Vous n'avez rien entendu ?

— Absolument rien.

— Il n'y a point eu de porte ni de clôtures forcées ?

— Rien, rien, mais rien ; tout est en état.

— Et dans la chambre ?

— On n'a pas touché une épingle, monsieur Paul.

Le jeune homme resta un moment comme absorbé dans une réflexion douloureuse ; puis, se frappant le front et avec un accent de désespoir :

— C'est lui, s'écria-t-il ; pauvre femme !

Et il sortit de l'hôtel, où les officiers de justice continuaient leurs investigations.

III

EN MER.

Dans le cours de leurs recherches, les agents qui en étaient chargés furent frappés d'une circonstance qui demeurait sans explication. Quand on avait pénétré le matin dans la chambre de la comtesse, les verrous étaient mis au dedans, ce qui laissait supposer l'existence d'une autre issue ; et pourtant, avec quelque soin qu'on y eût procédé, et quoique sur divers points on eût sondé les murs, cette issue ne put être découverte. Des hommes de l'art, appelés sur les lieux, y échouèrent eux-mêmes : de là un mystère de plus dans cette mystérieuse disparition. Déjà excité, l'intérêt ne fit que s'en accroître ; mais comme tout s'use à la longue, l'événement du Cours d'Ajot subit la commune loi, et, au bout de quelques semaines, il n'en restait plus que le souvenir. La curiosité publique avait pris une autre direction et la justice restait désarmée.

Cependant le capitaine Plouéven continuait à tenir la mer, et le bruit de son nom parvenait de temps en

temps à Brest, mêlé au récit de quelque affaire pleine
d'éclat. De tous les corsaires que les ports de l'Océan
avaient détachés pour la course, aucun n'y comptait
plus de succès et ne s'était signalé par des coups de
main plus brillants. On racontait de lui des traits d'une
audace extrême, des engagements où tout autre eût
succombé, et dont il s'était tiré avec un bonheur
inouï ; on parlait de ses captures comme des plus
belles et des plus riches que jamais on eût faites ; on
citait des bâtiments de commerce qu'il avait enlevés
sous le feu même de navires de guerre chargés de les
défendre, d'autres qu'il avait surpris et réduits jusque
dans les rades ennemies. Mille anecdotes couraient là-
dessus, et les détails merveilleux n'y manquaient pas.
Le capitaine Plouéven croisait à peine depuis quelques
mois, et déjà il avait acquis sur les rivages de l'Océan
les proportions d'un héros de légende ; nos marins n'en
parlaient qu'avec orgueil, les marins anglais qu'avec
effroi ; il occupait le premier rang parmi les célébrités
de la course.

Il faut dire qu'il était admirablement secondé. Personne n'avait des équipages comme les siens ; personne
aussi ne savait les conduire comme lui. Il en disposait
à son gré ; chaque homme était dans ses mains un
instrument docile. Il lui disait : « Va, » et il allait ; il
lui disait : « Arrête, » et il s'arrêtait. Quel que fût le
danger, tous marchaient au premier signal, couraient

sur les vergues ou glissaient sur les cordages, s'attachaient aux flancs des navires abordés et y montaient en rampant comme des reptiles. Peu importait la manière, l'essentiel était de réussir; qu'il fallût passer par le sang ou le feu, triompher par l'incendie ou le massacre, aucun ne bronchait; sur un mot, ils égorgeaient un homme ou faisaient sauter un bâtiment, sans s'inquiéter du motif, ni se soucier du péril. Le capitaine n'admettait ni hésitation ni discussion, et il avait des formes de commandement qui en ôtaient jusqu'à la pensée.

Cependant, sur ces caractères de fer, cette sévérité n'eût pas suffi; Plouéven y ajoutait d'autres moyens d'action : il était juste, intrépide et généreux. Jamais il ne pardonnait une faute; jamais aussi il ne sévissait sans motif : voilà pour la justice. Quant à l'intrépidité, la sienne étonnait ces hommes peu disposés à l'étonnement. Toujours à leur tête et toujours au fort de la mêlée, il se battait en matelot, maniait la hache et la pique d'abordage comme le plus habile d'entre eux, s'attaquait aux plus vaillants champions, et ne quittait la partie que lorsqu'elle était gagnée. On ne pouvait mieux payer de sa personne ni donner l'exemple avec plus d'éclat. Puis il était généreux, généreux jusqu'à la prodigalité. Maître et chef de l'armement, il pouvait faire à ses équipages la part qui lui convenait et lui paraissait équitable; il la faisait toujours très-ample, et s'oubliait volontiers pour eux. Quelqu'un de ses hommes s'était-il plus particulièrment distingué, son lot du butin le récompensait de sa bravoure. Un autre avait-il molli, montré un peu de faiblesse, il le réduisait à la partie congrue, et y ajoutait quelquefois un châtiment. Certains d'être ainsi appréciés et traités en raison de leurs services, ses matelots n'avaient plus rien de l'homme; c'étaient autant de lions qui couraient sur leur proie, la dépeçaient à qui mieux mieux, et ne se calmaient que sur ses derniers débris.

Ainsi s'expliquent les succès du capitaine Plouéven : avec de tels éléments, rien n'était impossible. Son redoutable pavillon fut bientôt signalé à l'amirauté, et on envoya à ses trousses les corvettes les plus légères et les mieux armées de la flotte anglaise. Notre corsaire se joua de leurs poursuites : au moment où l'ennemi croyait le tenir, il le trompait par une feinte hardie, se jetait hardiment dans le vent, et déployait des voiles à briser tous ses mâts, ou bien il longeait avec l'habileté d'un pilote une côte semée d'écueils, et attirait dans des piéges ses adversaires moins expérimentés que lui. Il avait le coup d'œil sûr et la manœuvre prompte, ne s'en remettait à personne des soins du commandement, ne quittait le pont ni de jour ni de nuit, et prenait à peine sur un hamac suspendu à l'arrière quelques heures de repos. A ce prix, il se maintint dix mois sur les eaux de l'Océan, sans essuyer un échec ni courir un risque sérieux.

On devine quel magnifique butin suivit une si longue croisière. Il ne s'écoulait pas de semaine que l'on ne vît quelque bâtiment, et avec Plouéven un bâtiment rencontré était un bâtiment pris. En veine comme il l'était, souvent il fit le dédaigneux. Quand la capture ne lui semblait pas assez belle pour se déranger de son chemin, il prélevait sur elle un tribut, lui enlevait ses vivres, ses munitions, ses armes, son argent, ses objets les plus précieux, et l'abandonnait ensuite à sa destinée, quand la fantaisie ne lui prenait pas de la couler. Mais si le bâtiment était richement chargé et promettait un ample dédommagement, il le conduisait vers le port le plus voisin et ne le perdait de vue que lorsqu'il le voyait en sûreté. C'était sur Bordeaux ou sur La Rochelle qu'il les dirigeait de préférence; jamais sur Brest. Et encore remarquait-on qu'il n'abordait pas avec son corsaire et mouillait dans des rades foraines, toujours sur le qui-vive et prêt à regagner la mer. Il lui suffisait d'avoir conduit ses prises en lieu sûr, échangé quelques lettres avec ses correspondants, donné des ordres pour la vente et l'emploi des fonds qui devaient lui en revenir, reçu quelques articles d'approvisionnement, renouvelé son eau et ses vivres, et remplacé les matelots que la course avait mis hors de combat. Une fois ces soins pris, et il lui suffisait d'un ou deux jours pour cela, il levait l'ancre et appareillait de nouveau, en disant qu'un séjour à terre

amollirait ses équipages et les rendrait moins souples
dans ses mains.

Quel que fût le motif de cette conduite, elle eut du
moins pour résultat d'enrichir le capitaine Plouéven et
les hommes qui naviguaient sous ses ordres. Ses campagnes, moins brillantes que celles de Surcouf dans les
Indes, furent bien plus fructueuses, et ce fut par millions qu'il fallut bientôt compter. A bord de son brick
il n'y eut plus que des capitalistes; tout le monde l'é-
tait malgré soi et presque à son corps défendant. Chez
les correspondants du capitaine, il y avait un compte
ouvert à chaque matelot, et la vie active qu'ils menaient les empêchait de dépenser en folles orgies la
part qui leur était allouée. C'était tout profit pour les
familles, et lorsqu'une balle les privait de leur chef,
ce prix de ses courses servait du moins à les mettre à
l'abri du besoin. Quant au capitaine, si libéral qu'il se
montrât vis-à-vis de ses gens, sa fortune devenait si
considérable qu'elle défiait tous les calculs. Les cargaisons qu'il versait dans les ports du golfe de Gascogne ou du Pertuis breton se composaient de ces denrées coloniales que la guerre maritime avait rendues
si rares et qui se payaient en France au poids de l'or :
sucres, cafés, cacaos, cochenilles, bois de teinture, in-
digos, cotons, et vingt autres articles tout aussi recherchés. Même en faisant la part des intermédiaires, gens
habiles à s'enrichir aux dépens d'autrui, il en restait

assez pour que Plouéven marchât l'égal du banquier le
plus opulent et pût devenir, s'il l'eût voulu, l'une des
puissances financières d'alors. Et cette situation ne
pouvait que s'embellir. L'industrie à laquelle il se livrait est de celles où la personne seule est en jeu et
qui n'exposent pas à des pertes d'argent ; tant que la
vie est sauve et le bâtiment intact, on y spécule à coup
sûr : c'est du plus ou moins seulement.

Voilà où en était le capitaine Plouéven quelques
semaines après l'événement dont son hôtel avait été le
théâtre. En avait-il connaissance ou bien l'ignorait-il?
C'est ce qu'il était difficile de savoir. Le capitaine n'était
de son naturel ni causeur ni confiant. Il est néanmoins à
croire qu'il n'était informé de rien : comment aurait-il
pu l'être ? Depuis son départ de Brest, il avait toujours
tenu la mer, et n'avait communiqué avec d'autres bâtiments qu'à coups de canon. Par aucune voie la nouvelle
n'avait pu lui parvenir, si ce n'est dans ces rares et
courts moments où il se mettait en contact avec le rivage.

Quoi qu'il en soit, rien n'en paraissait sur sa physionomie : il n'en était ni plus sombre ni plus riant, et de
la dunette du *Grégeois* où il avait arboré son pavillon,
son œil se promenait toujours sur la mer avec le même
calme et la même impassibilité. Il songeait à ses prises
et non à ses foyers ; c'était un capitaine de corsaires
dans toute l'étendue du mot ; de l'homme du monde,
il ne restait plus rien.

IV

LA CROISIÈRE.

Le brick le *Grégeois* croisait alors à la hauteur des Açores, à une distance égale de ce groupe d'îles et du continent américain. Ce point de croisière n'était pas choisi arbitrairement ni au gré d'un caprice; il résultait d'un calcul et d'une donnée élémentaire pour quiconque connaît, même superficiellement, les habitudes de la mer. C'est là que passent presque nécessairement les bâtiments qui, venant des deux Indes, aboutissent aux ports de l'Europe. Les calmes de la ligne d'une part, de l'autre les vents alizés qui régnent entre les tropiques, les obligent à se tenir dans la zone des vents variables, et leur tracent un chemin dont ils ne peuvent guère dévier. En courant dans ces parages et s'y maintenant autant que les eaux et la brise le permettaient, le *Grégeois* imitait ces pêcheurs qui savent distinguer, à l'aide de quelques indices, sur quels points le poisson sera le plus abondant et la pêche la plus fructueuse.

Pourtant, depuis huit jours qu'il croisait à ces hauteurs, tantôt en se rapprochant du continent, tantôt en tournant la proue vers l'archipel, aucune occasion favorable ne s'était présentée. Jamais son équipage n'était demeuré si longtemps inactif ; jamais les sabres et les pistolets d'abordage n'avaient eu un si long repos ; pas une voile à l'horizon, rien qui variât la monotonie de ses lignes. Le soleil se levait et se couchait sur des flots muets et que ridait à peine une légère brise. On était dans la saison des calmes, et si agile qu'il fût, le brick restait souvent enchaîné pendant des heures entières, les voiles battant les mâts et ne trouvant plus un souffle d'air pour se soutenir. Pour des marins comme ceux du *Grégeois*, c'était la pire des situations ; aussi appelaient-ils de leurs vœux le combat et la tempête.

De tout l'équipage, le plus impatient était le capitaine, et cette impatience allait si loin, qu'elle frappait ses gens. En général, le caractère du marin est fait à ces contrariétés du métier ; il sait bien qu'il ne commande pas aux éléments, et avec sa philosophie ordinaire, il se résigne. Plouéven dérogeait pour cette fois ; volontiers il eût donné des ordres aux flots et aux vents et poussé le brick de sa main, afin qu'il sortît d'une immobilité fatale. Son œil s'attachait à l'horizon comme s'il eût voulu lui arracher un secret caché dans ses profondeurs : non content d'avoir placé sur le sommet des mâts deux matelots en vigie, il y montait souvent lui-même pour s'assurer que rien ne leur échappât. La nuit il ne se couchait plus, et continuait sans relâche ce système de surveillance.

— Il faut qu'il sente quelque gros poisson au bout de sa ligne, disait-on sur le gaillard d'avant ; jamais on ne l'a vu ainsi.

— Un galion d'Espagne, ajoutaient d'autres marins.

— Ou un trois-mâts chargé d'épices, disait-on dans un autre groupe.

Plouéven, de son côté, poursuivait sur l'arrière un monologue qui trahissait sa préoccupation.

— Rien encore, disait-il. Dieu ! s'il allait m'échapper ! Ma fortune, toute ma fortune, s'il le faut, mais que je le rejoigne, que je le tienne enfin ! Ce devrait être fait déjà. A moins pourtant que mes rapports ne soient pas exacts ! Vingt jours de mer, c'est bien suffisant ! Il devrait être ici ; je devrais l'avoir vu. Quand je pense qu'il peut passer à quelques lieues sans que je l'atteigne ! Que dis-je, à quelques lieues ? A bien moins que cela, si la nuit venait à me le dérober ! Et puis je l'aurais là sous, ma main, à ma portée, que je ne pourrais pas m'en emparer. Des calmes ! toujours des calmes ! C'est à se faire sauter la cervelle de dépit.

Cependant la brise venait de s'élever, et le capitaine en profita pour charger le brick de toute la toile qu'il pouvait déployer ; en quelques minutes, la manœuvre fut exécutée et tout porta, bonnettes hautes et basses, voiles d'étai, brigantine et focs, voiles triangulaires ou voiles carrées. Rien de plus gracieux ni de plus coquet qu'un bâtiment sous cette allure-là ; il glisse sur l'eau comme une mouette. Jamais Plouéven n'en avait mieux senti le prix ; on eût dit que c'était lui qui recouvrait la faculté de ses mouvements.

— Michel, regarde donc le capitaine. Est-il heureux ! est-il réjoui de ce que le brick a repris de l'aire !

— Oui, oui, Yvon, mais n'empêche qu'il n'y a rien de naturel en tout ceci. Gare au grain ; il n'est pas loin ; je m'y connais.

Les deux personnages qui échangeaient ces mots étaient assis sur une écoutille fermée et entre les deux mâts ; une chaloupe amarrée sur le pont les mettait à couvert du soleil, et ils poursuivaient leur entretien en mangeant sur le pouce un morceau de lard accompagné d'une galette ; un bidon rempli de vin était à leurs pieds. C'étaient deux hommes de l'équipage, Bretons tous deux, comme on pouvait le deviner à la physionomie et au costume. Seulement une grande différence d'âge existait entre eux ; l'un était un jouvenceau aux cheveux coupés carrément sur le front et retombant sur ses épaules ; l'autre était un homme déjà fait, aux cheveux taillés en brosse, avec un cou de taureau, des membres d'athlète, et tout ce qui indique une vigueur musculaire peu commune. Le jeune homme avait des airs de candeur qui prévenaient pour lui ;

l'homme fait des airs farouches, dont on ne pouvait rien augurer de bon ; la conversation continua :

— Voilà comme tu es, Michel, dit le jeune homme ! tu vois du mal partout.

— Et toi, tu vois tout en beau, Yvon ! Il y a de quoi ; c'est ton tour, c'est ton moment ! Tu as la confiance du chef ! Tu es en faveur !

— Allons donc, voilà que tu recommences, Michel.

— En faveur, mille pipes ; je l'ai été aussi et plus que toi ! et à quel point ! Et comme tu ne le seras jamais, Yvon ! Non, jamais ! ajouta l'homme fait avec un geste violent.

— Est-ce que j'y prétends seulement ! Tu sais bien, Michel, que si j'ai passé du gaillard d'avant au service de la chambre, c'est malgré moi ! Tu le sais ; pourquoi m'en veux-tu ?

— Ma place ! m'enlever ma place ! ce n'est pas à toi que j'en veux, Yvon ; c'est à lui. On ne me dit plus rien à présent ! on ne me regarde seulement plus : je suis bon à jeter aux requins, voilà tout. Oh ! mille pipes ! mille pipes !

— Allons, Michel !

— Me battre froid, à moi ! Je vois bien ce que cela veut dire. Quelques onces de plomb dans le crâne avant huit jours. Écoute, Yvon.

— J'écoute, Michel.

— Tu es mon parent, tu es mon cousin ; il faut que je te donne un bon avis.

Et au moment d'en dire davantage, le marin parut se raviser ; il se leva et regarda si personne ne l'épiait et ne pouvait l'entendre. On voyait que, même dans ses colères, un sentiment de respect et de terreur dominait chez lui.

— Un avis ? dit le jeune homme. Et lequel ?

— Le voici, Yvon ! En un mot, comme en cent ; défie-toi.

— Me défier, Michel ! et de qui ?

— Défie-toi, c'est tout ce que j'ai à te dire.

— Mais encore faut-il savoir de quoi et de qui ? Moi, me défier ! Je n'ai fait de mal à personne.

— Raison de plus, Yvon. Tu es en faveur ; défie-toi ; je ne te dis que ça.

— Quelles lubies, Michel !

— Des lubies ! Mais tu ne vois donc rien ? Mais tu n'as donc pas d'yeux ? Mais tu ne connais donc pas le capitaine ? Voyons, un petit effort. Qu'a-t-on fait ces jours-ci ?

— Ce qu'on a fait ? Tu le sais bien ; on a peint le bâtiment.

— Comment l'a-t-on peint ?

— On l'a peint de fantaisie, un costume d'été.

— On l'a défiguré, Yvon, et à dessein. Et d'où vient qu'on a sorti tous les pavillons de signaux ?

— Pour les mettre au sec, Michel.

— Très-bien, Yvon. Viens que je t'embrasse, enfant de mon village ; ta candeur m'enchante, parole d'honneur : je n'ai jamais rien vu d'aussi naïf que toi. Ah ! pour les mettre au sec !

— Eh bien, oui !

— J'en mourrai de rire, poursuivit le marin. Ah ! pour les mettre au sec !.... Et c'est aussi pour mettre au sec le pavillon anglais, qu'on l'a frappé sur la grande drisse ?

— Apparemment.

— Alors, assez causé. Puisque tu ne veux rien voir, ne vois pas ; puisque tu veux rester dans ton innocence, restes-y... N'empêche qu'il y a des motifs pour tout cela, et que tu y verras bientôt plus clair que tu ne voudrais, moi aussi, l'équipage aussi. Le capitaine a son idée ; il ne prend pas les couleurs de l'Anglais pour rien. Tu trouves la peinture de fantaisie ; c'est à la façon de l'Anglais, mon gars. Quand on a couru la mer, on s'y connaît.

— C'est vrai, Michel, que je ne suis point aussi savant que toi.

— Tu le seras bientôt, Yvon. Te voilà à bonne école. Passé à la chambre, quel bonheur ! et moi, renvoyé sur l'avant ! Moi ! mille pipes !

Il fallait que la douleur ressentie par le marin fût bien vive pour qu'il ne s'aperçut pas qu'un témoin s'était approché de lui pendant qu'il l'exhalait ainsi et avait assisté à la dernière partie de l'entretien.

— C'est égal; défie-toi, ajouta-t-il; défie-toi, Yvon!

Il achevait à peine, qu'une lourde main s'appuya sur son épaule. Il se retourna : c'était le capitaine Plouéven. Les deux marins se levèrent comme si un ressort les eût fait mouvoir, ôtèrent leur bonnet, et attendirent humblement leur sentence. Michel se crut perdu; Yvon n'était guère plus à l'aise. Ils savaient que le capitaine interdisait, sous peine de mort, toute conversation le concernant, tout commentaire sur ce qui se passait à bord, et ils ne se dissimulaient pas qu'ils avaient enfreint les consignes. Or, le mot de grâce ne jouait pas un grand rôle dans le vocabulaire de Plouéven; on ne se souvenait pas qu'il eût pardonné. Aussi les deux délinquants se résignaient-ils d'avance, lorsqu'une voix descendit du haut des mâts.

— Voile! dit-elle.

— Où cela? s'écria le capitaine, s'élançant sur les bastingages.

— Au vent! dit la voix.

— C'est bien! dit Plouéven dirigeant sa lunette de ce côté. Timonier! la barre à tribord et à bas les bonnettes!

Puis, se retournant vers les deux marins qui semblaient attendre leur arrêt :

— Descendez dans la chambre, dit-il ; j'aviserai plus tard.

— S'il a besoin de nous, nous sommes sauvés, se dit Michel en entraînant son compagnon.

Cependant le capitaine avait ordonné une manœuvre qui devait le rapprocher du navire signalé. A la distance où l'on se trouvait, il était difficile de reconnaître quel était son pavillon et quelle route il faisait. Probablement aussitôt qu'il aurait aperçu le corsaire, se mettrait-il à fuir devant lui ; la défiance régnait sur les mers et toute voile était suspecte. Dès lors, Plouéven n'hésita pas ; il fit serrer le vent le plus possible, et de telle sorte que, sous un angle donné, les deux bâtiments devaient se trouver nécessairement en contact, pourvu que le brick eût sur l'inconnu l'avantage de la vitesse. Or, au bout de quelques heures de marche, ce dernier point serait éclairci ; on verrait promptement lequel des deux gagnait sur l'autre. Tout permettait de croire que ce serait *le Grégeois* : jusqu'alors il n'avait trouvé de rival ni parmi les navires marchands, ni parmi les navires de guerre. C'était un véritable oiseau qui semblait effleurer la mer et glisser à sa surface.

Sûr de l'instrument qu'il avait entre les mains, le capitaine ne craignit pas d'en forcer les allures ; quoique le vent eût fraîchi, il garda toutes ses voiles et courut hardiment vers sa proie. Les mâts pliaient comme des roseaux ; le brick inclinait de manière à donner l'alarme; Plouéven n'en paraissait ni inquiet ni ému; ce n'était pas de ce côté que son attention se portait. Armé de sa lunette d'approche, il ne perdait pas de vue le bâtiment auquel il donnait la chasse, et cherchait à s'assurer que ce fût bien celui dont l'image le poursuivait. Tantôt il se croyait certain du fait, et son visage s'épanouissait; d'autres fois il concevait des doutes, et un nuage passait sur ses traits.

« Est-ce lui? se disait-il. Ne l'est-ce pas? »

Pendant ce temps, *le Grégeois* prenait quelque avance; encore quelques heures, et les incertitudes allaient cesser.

———

V

EN CHASSE.

Il faut croire que le bâtiment objet de cette poursuite ne se méprit pas sur les intentions du croiseur et songea à se tirer de ses mains ; du moins manœuvra-t-il en conséquence. A l'exemple du *Grégeois*, il se couvrit de voiles, et, au lieu de continuer son chemin, changea d'amures et se mit aussi à remonter dans le vent. Il semblait d'ailleurs avoir de bonnes qualités de marche et des conditions de solidité peu ordinaires dans un bâtiment de commerce.

Jusqu'alors la brise, quoiqu'elle eût augmenté de force, avait laissé aux deux navires une entière liberté d'évolutions ; l'un manœuvrait pour amener une rencontre, l'autre pour l'éviter, et ils y apportaient une ardeur et une habileté égales. Mais d'autres soins se mêlèrent bientôt à celui-ci ; il fallut compter avec le temps et la mer, qui, à chaque instant, devenaient moins maniables. Une tempête allait éclater, bien des signes l'attestaient ; et un marin comme Plouéven ne pouvait s'y méprendre. Le ciel se chargeait de nuées sombres, que sillonnaient des éclairs, et qui, réfléchies par les eaux, y répandaient des teintes lugubres ; les vagues gagnaient en hauteur et en étendue et se couronnaient d'une crête d'écume pareille à une frange d'argent ; le tonnerre éclatait au loin, la pluie commençait à tomber, et, aux larges gouttes qui descendaient d'en haut se mêlait cette poussière salée qui s'élève des eaux fouettées par la tourmente. Déjà le vent pesait sur les voiles à les emporter, sifflait dans les agrès et les cordages, agités d'un frémissement continu, et préludait à ce concert que les éléments conjurés font si souvent entendre aux oreilles des gens de mer.

Plus cet état de choses se prolongeait, moins il était facile au capitaine du *Grégeois* d'assurer sa marche. Souvent les nuages passaient à raser les mâts et enveloppaient le brick d'une brume épaisse ; alors, il ne lui restait pour se guider que les relèvements du compas et quelques indices sensibles pour lui seul. Même lorsqu'il se faisait un peu de clarté, la turbulence des eaux ne permettait pas à Plouéven de donner à sa poursuite la précision nécessaire pour en assurer le succès. Tantôt au sommet des vagues, tantôt dominé par elles, il voyait son horizon se rétrécir ou s'étendre à mesure qu'il changeait de point d'appui, et, dans un faux coup de gouvernail, perdait tous les avantages qu'il avait si péniblement acquis. La tempête empirant et les ténè-

bres devenant plus intenses, il était même à craindre
que sa proie ne lui échappât.

Pour peu que l'on connût le capitaine Plouéven, il
était facile de lire toutes ces impressions sur son visage.
Debout à l'arrière du brick, près du timonier et le
porte-voix en main, il promenait sur le ciel et sur les
flots des regards impérieux et irrités, dignes d'un héros
d'Homère. Les lames qui assiégeaient le pont, le cou-
vraient sans l'ébranler ; les éclairs qui passaient sur son
front, ne lui faisaient point baisser les paupières ; mais
on voyait qu'une pensée l'obsédait et que les rages de
l'enfer étaient dans son cœur.

— Maudit temps ! s'écriait-il ; maudit temps ! Pas une
embellie ! pas une éclaircie ! une mer à tout briser ! un
ciel noir comme un four ! Pas d'illusion : il y en a pour
trois jours au moins... Et dans quel moment, grand
Dieu ! Quand il est là, quand je le tiens, quand je n'ai
plus qu'à étendre la main pour le saisir !

Le hasard voulut que le bâtiment poursuivi parût
alors très-visiblement au faîte d'une lame :

— Décidément, s'écria-t-il, c'est lui ! c'est bien lui !...
Un trois-mâts, et gréé comme le porte le signalement !
Lui ! lui !... Et penser qu'il m'échappera peut-être !...
Oh ! non ; j'y briserai plutôt mon navire, je coulerai
moi et mes gens, mais je le rejoindrai.

Par prudence il avait fait, quelques minutes auparavant, serrer les hautes voiles. A cette vue, la passion l'emporta : il revint là-dessus.

— Enfants ! s'écria-t-il, du monde en haut et larguez les perroquets !

Au milieu de ces éléments déchaînés et de cette tempête grandissante, c'était un ordre insensé. Aussi y eut-il quelque hésitation dans l'équipage ; les marins craignaient d'avoir mal entendu, ils ne bougeaient pas.

— Eh bien, enfants ! répéta le capitaine en donnant à sa voix un accent qui lui servait de commentaire ; qu'attendez-vous donc ? En haut, en deux doubles, et larguez les perroquets.

C'était sérieux ; il fallait obéir. Mais parmi ces hommes, il n'y eut qu'une opinion :

— Il va nous faire boire un coup à la grande tasse, disait l'un.

— Gare au plongeon ! disait l'autre.

— Nous irons souper chez le père Neptune, ajoutait un troisième, qui avait quelque teinture de mythologie.

Comme on le pense, ces propos ne se tenaient qu'à demi-voix et sans que rien en pût arriver aux oreilles du capitaine ; il eût fait bonne justice des railleurs.

Ce qui l'avait décidé à risquer son dernier enjeu, c'est que le jour commençait à descendre et qu'il lui restait à peine quelques heures pour maintenir ses chances, et peut être les augmenter. Si, à la nuit venue, la même distance l'eût séparé du navire qu'il chassait avec tant d'acharnement, c'en était fait; une marche de nuit, un changement de direction auraient suffi pour le mettre à l'abri de ses atteintes. Le lendemain il n'eût plus rencontré devant lui qu'un horizon vide et une mer dépourvue. Adieu la proie! Adieu le butin! Adieu les dépouilles dont il paraissait être si jaloux! Adieu cette entreprise à laquelle il attachait un prix si grand! Pour ressaisir tout cela, il n'était point de témérité qui ne fût permise, il n'en était point que Plouéven jugeât trop périlleuse pour lui. Comme il l'avait dit, il y eût plutôt brisé ses mâts.

S'ils ne se brisaient pas encore, les mâts du *Grégeois* se courbaient de plus en plus sous l'effort du vent; point de matelot qui ne s'attendît à les voir, de minute en minute, voler en éclats; les voiles étaient tendues à se déchirer, et plus d'une s'en alla par lambeaux. Le brick, ainsi forcé, bondissait sur la lame comme un cheval sous l'éperon, et, dans la rapidité de sa course, traversait d'énormes masses d'eau qui submergeaient les hommes et les auraient emportés, s'ils ne s'étaient retenus aux cordages du gréement. Ils ne s'en affectaient pas outre mesure et les propos recommençaient.

— Voilà une danse! disait l'un d'eux.

— La danse des marsouins, reprenait l'autre.

— Reste à savoir qui paiera les violons, ajoutait sentencieusement le troisième. M'est avis que nous y mettrons du nôtre, matelot.

Cependant, l'audace du capitaine l'avait servi au gré de ses désirs; rien n'était brisé à bord du *Grégeois*, et il gagnait visiblement du chemin sur son adversaire. D'heure en heure, celui-ci devenait plus distinct; on pouvait en reconnaître la forme, le port, la coupe et ces petits riens auxquels les hommes du métier ne se trompent pas. Personne n'y prêtait plus d'attention que Plouéven; on eût dit qu'à chacun de ces détails était attaché un sens qu'il avait intérêt à pénétrer; sa lunette n'abandonnait pas le trois-mâts; il en étudiait les accessoires, cherchait des preuves à l'appui de l'opinion qu'il s'en était formée et semblait en acquérir de plus décisives à mesure qu'il s'en rapprochait. Ni la tempête qui redoublait de violence, ni son brick qu'elle mettait en péril, ne l'occupaient au même degré; il s'en remettait à son étoile pour préserver l'un et conjurer l'autre. Le seul souci qu'il eût, c'était de garder ses avantages et d'empêcher qu'aucun faux mouvement ne les amoindrit; aussi surveillait-il le timonier et s'emparait-il du gouvernail quand il le voyait hésiter ou mollir dans sa tâche.

Une demi-heure avant le coucher du soleil, la distance qui séparait les deux bâtiments était tellement réduite que le capitaine appela son équipage sur le pont et ordonna le branle-bas du combat. Peut-être

cette précaution serait-elle vaine : le navire poursuivi
ne semblait ni de taille, ni d'humeur à se défendre;
m'importe, Plouéven voulait être prêt à tout événe-
mement; il fit armer ses hommes, dégagea ses batte-
ries, ouvrit ses sabords, prit ses dispositions comme
pour un engagement sérieux; puis, dès qu'il se vit en
position de brûler un peu de poudre, il appuya sa
chasse d'un coup de canon.

C'était demander au trois-mâts, dans un langage pé-
remptoire, de décliner ses qualités et d'arborer ses couleurs. Celui-ci ne parut pas s'en émouvoir, et, au lieu
de déférer à cette invitation, il continua tranquillement
et silencieusement sa route. Il faut ajouter que le coup
avait été tiré hors de toute portée; le boulet se perdit
sans résultat.

VI

LE MALOUIN.

Les deux navires se trouvaient en présence, et, quoique éloignés encore, ils pouvaient s'observer mutuellement. Le trois-mâts était un beau morceau de bois, d'une tournure sévère, d'un échantillon distingué, bien construit, bien gréé, et en apparence bien équipé. Ses lignes ne manquaient pas d'élégance, sa mâture avait de la hardiesse et de la solidité ; il était peint en noir avec un liséré orange à la hauteur de la batterie, et de faux sabords sur toute l'étendue des bordages. C'était un mélange du bâtiment de commerce et du bâtiment de guerre, et l'aspect en était si fier, la tournure si martiale, qu'à une certaine distance le doute était au moins permis. Personne à bord du *Grégeois* n'eût été étonné de lui voir démasquer ses canons et rendre boulet pour boulet.

De moment en moment, la scène s'animait et prenait un caractère nouveau. On eût dit que ces deux corps flottants avaient le sentiment de leur situation et de leur rôle; suspects l'un à l'autre, ils se traitaient comme tels et semblaient se mesurer de l'œil. Quand la paix règne, une rencontre en mer est une fête ou tout au moins une diversion; on y échange quelques nouvelles, quelques approvisionnements au besoin; on se salue en amis, on s'aborde et l'on se quitte avec des témoignages de courtoisie : en cas de danger on se secourt. C'est l'élan naturel de créatures humaines perdues sur l'immensité des flots. Mais quand la guerre sévit, les impressions changent : toute rencontre est un péril et un sujet d'effroi; aperçoit-on une voile, on la fuit; un rivage, on s'en écarte; l'homme devient un loup pour l'homme; on voudrait en éviter jusqu'aux apparences, et les lieux les plus sûrs sont ceux qu'il fréquente le moins. La nature dans ses rigueurs, les éléments dans leur désordre sont moins redoutables et moins redoutés; le plus grand danger, c'est l'approche de l'homme, et pour s'y dérober on invoque jusqu'à la tempête.

De pareils soucis ne pouvaient atteindre les gens du *Grégeois*, la mer était leur domaine. Ils étaient de la race des loups et n'avaient à craindre que ceux dont la dent était plus forte que la leur. Aussi l'équipage, rangé sur le pont, était-il en veine de bonne humeur; il sentait la chair fraîche. Les matelots s'y trouvaient tous, même Yvon et Michel; en l'honneur du branle-bas, les consignes avaient été levées. D'ailleurs les pri-

ver d'un abordage eût été leur infliger un trop rude
châtiment; les rancunes du capitaine n'allaient pas
jusque-là. Armés jusqu'aux dents, ces hommes attendaient le commandement de leur chef, et accoudés sur
les lisses, ils échangeaient leurs observations.

— Belle pièce, disait Michel à son cousin Yvon, en
lui montrant le trois-mâts; beau morceau. Il y a longtemps que *le Grégeois* n'en a pas mis un pareil sous sa
dent. M'est avis qu'il y aura du dur.

— Tu crois? répondit Yvon; un marchand! un pur
marchand!

— Marchand! reprit le marin; il y en a qui ont des
griffes parmi ces marchands-là. Tu verras la manœuvre
tout à l'heure. Le capitaine ne s'est pas paré pour rien;
il a son idée. Marchand?... c'est un gros marchand en
ce cas!

— Et à ton sentiment, de quelle nation est-il?

— De quelle nation, mon fils?

— Oui, Michel.

— Euh! euh! dit celui-ci à qui la question semblait
causer quelque embarras.

— Ça, c'est du Brême, répondit une voix à leurs côtés;
à moins que ce ne soit du Dantzick, pays de la parfaite
eau-de-vie. C'est toujours du Baltique, tout ce qu'il y
a de plus Baltique.

Celui qui venait de se mêler à l'entretien était le beau
parleur du bord, l'oracle des novices, la joie des mous-

ses, le flambeau du gaillard d'avant. Ses noms et prénoms se perdaient dans la nuit des temps ; lui-même les avait abandonnés au fleuve d'oubli ; à peine s'en souvenait-il. Le seul nom qu'on lui connût, il l'avait emprunté à sa ville natale, marraine de bonne composition ; on l'appelait le Malouin. C'est sous ce nom qu'il fut apprécié dans les deux Indes et une foule d'autres localités ; c'est ce nom qu'il rendit célèbre sur les bâtiments honorés de ses services. Le Malouin ! Qui n'a entendu parler de lui, de ses anecdotes, de ses grands airs et de ses connaissances en mythologie ? Il citait les dieux de la fable comme s'il eût vécu dans leur intimité, et c'est à bon escient qu'il avait, quelques minutes auparavant, fait une allusion au père Neptune. Il était très au courant des attributs de ce personnage, et n'ignorait pas quel rôle il avait joué dans l'antiquité. C'était là une des prétentions du Malouin.

Il en avait une autre, celle de connaître Paris sur son bout du doigt, et de réfléchir dans sa personne les agréments de cette grande et populeuse cité. Pour être vrai, il faut dire qu'en retournant, par étapes, de Dunkerque à Saint-Malo, il y avait passé vingt-quatre heures ; mais que n'acquiert-on pas dans le cours de vingt-quatre heures bien employées ? Ce temps avait suffi au Malouin pour se former aux grandes manières et devenir un homme du bel air. C'est à Paris qu'il avait appris à mettre son chapeau ciré sur l'oreille et à imprimer à ses hanches un mouvement d'un caractère décisif ; c'est là qu'il avait troqué sa prononciation originaire contre un accent des plus raffinés. Quand par une belle nuit il rassemblait les mousses entre le mât de misaine et le beaupré et les tenait sous le charme de sa parole, il leur racontait, non sans quelque orgueil, quelles belles connaissances il avait faites à Paris et de combien d'aventures galantes il avait été le héros. Là-dessus le Malouin ne tarissait pas : c'était une nomenclature interminable. Il avait, à l'entendre obtenu les bonnes grâces de femmes superbes, d'une entre autres, la plus imposante sans contredit, qui lui avait laissé, en manière de souvenir, une bague en diamants, une montre d'or à répétition et vingt-deux piastres fortes glissées à son insu dans les poches de son paletot.

Disons-le à l'honneur des mousses , ce n'était pas à ces peintures voluptueuses qu'ils portaient le plus d'intérêt. Quand le Malouin voulait les captiver d'une façon irrésistible, il se lançait plutôt dans des descriptions de Paris. Alors les petits drôles ne bougeaient plus et seraient restés accroupis devant lui jusqu'au lendemain. Ils aimaient surtout qu'on leur parla des monuments; et ne perdaient pas un mot des récits que le Malouin leur en faisait. Celui-ci y ajoutait quelques broderies afin d'aider à l'effet, et confondait volontiers les noms et les emplacements; mais ses auditeurs n'étaient pas à cela près. Ainsi, il obtenait un succès fou quand il rendait compte d'une représentation au grand Opéra, à laquelle il avait assisté en compagnie de plusieurs souverains. Ils étaient là douze mille personnes, toutes de choix, dont vingt matelots et quatre mousses, auxquelles on avait servi un sorbet dans chaque entr'acte et remis à la sortie une orange enveloppée de papier fou, plus un bouquet de violettes et un cornet de bonbons exquis.

Tel était l'homme qui avait glissé son mot dans la conversation engagée entre Yvon et Michel. Il passait à bord du *Grégeois* pour un puits de connaissances et y faisait autorité : aussi les deux marins l'écoutèrent-ils avec déférence.

— Oui, ajouta-t-il, après avoir jeté un nouveau coup d'œil sur le bâtiment en vue; c'est du gibier qui nous arrive droit de la Baltique; pas moyen de s'y tromper.

— De la Baltique? dit Yvon avec naïveté; où est-ce donc ?

— Très-haut dans le nord, jeune homme, répondit le Malouin; latitude des pôles. Ce bois en est; bois du nord, connu pour sa solidité; première qualité de mâts; le pays des sapins par excellence. On en voit qui ont deux cents pieds de haut.

— Vraiment ! s'écria Yvon.

— Laisse-le donc parler, dit Michel en l'avertissant du coude; il n'a pas besoin qu'on le pousse, il va tout seul.

En effet, le Malouin était de ces hommes auxquels

le moindre encouragement suffit; il était plus facile de le lancer que de l'arrêter.

— Et puis ces voiles, reprit-il, ces voiles! chanvre du nord ! C'est clair comme le jour! Du solide, de l'é-cru, un peu foncé en couleur! Et la peinture ! Peinture du nord, toujours du nord! Oh! là-dessus, mes gars, jamais je ne commets d'erreurs! Autant de bâtiments vus, autant de bâtiments devinés. Dis-moi comment tu te peins, je te dirai qui tu es. Par exemple, matelots, le liséré. Avez-vous remarqué le liséré ?

— Oui, dit Michel.

— Orange, dit Yvon.

— C'est cela, orange. Orange, couleur du nord; plus nord que jamais ; tout ce qu'il y a de plus nord. Règle générale, mes enfants, si vous voulez savoir à quelle nation appartient un bois qui flotte, regardez à son li-séré, ça ne trompe point ; seulement, il faut s'y con-naître.

— Ah! voilà! dit Yvon.

— Eh bien, oui, il faut s'y connaître! C'est en tout comme cela. Un exemple : la ville de Paris, elle existe, et pourtant bien des gens ne l'ont pas vue. De même pour les lisérés et la peinture des bâtiments : c'est le pot au noir quand on n'en a pas la clef. Liséré orange, bâtiment du nord, et d'un. Vous faites-vous une idée des autres, matelots ?

— Ma foi, non ! dit Yvon.

— Je n'y ai jamais songé, dit Michel.

— Eh bien, liséré blanc : que vous dit le liséré blanc? A quoi rime-t-il? A quoi répond-il; voyons? C'est l'énigme du *phinx*.

L'homme érudit du *Grégeois* voulait dire le sphinx; sa mythologie n'en était pas à une lettre près. D'ailleurs, celle que le Malouin supprimait était d'un avantage douteux et d'une prononciation difficile ; ces circonstances l'excusaient.

— Du diable si j'en sais rien ! dit Michel.

— Et moi de même, ajouta Yvon. Tout le monde n'a pas étudié.

— Liséré blanc. Vous renoncez, les enfants ?

— Ma foi, oui ! répondirent-ils ensemble.

— Américain ; la nuance est connue. Qui dit liséré blanc dit américain. Ces hommes libres ne se barbouillent pas autrement : un beau blanc bien vif, américain ; on ne voit que cela sur les mers, c'est visible de très-loin. Que risquent-ils ? Ils sont neutres. Mauvaises pratiques, matelots ! Point d'eau à boire avec eux, si ce n'est l'eau de la mer... Ainsi liséré blanc, américain. Passons à une autre couleur..., voulez-vous ?

— Volontiers, dit Yvon.

— Allez ! ajouta Michel ; c'est gai tout de même.

— Gai et bon à savoir, matelots ; on gagne à s'instruire. C'est ce que je me disais dans mon séjour à Paris : puisque j'y suis, voyons ses monuments ; ils sont

là pour qu'on les regarde. De même pour les couleurs
des bâtiments : dès qu'elles y sont, il faut les connaître;
jamais on ne meurt d'en trop savoir, et on peut mourir
de n'en pas savoir assez. Voyons, que pensez-vous du
liséré rouge, mes gars? Que vous dit cette nuance? Là,
tâtez-vous; elle est expressive, elle saute aux yeux!..
Eh bien?...

— Rouge? dit Yvon.

— Oui, rouge, mon garçon; écarlate, sang de bœuf,
cramoisi, tout ce qu'il y a de plus rouge. Qu'est-ce que
cela représente à vos yeux, matelots?

— Qui sait? dirent-ils.

— Moi, mes enfants! Quand on a vu Paris et pro-
prement et à fond, on sait tout; c'est un arsenal de
connaissances. Le liséré rouge! il n'y a qu'une nation
de mécréants qui ait pu s'en accommoder; allons, y
êtes-vous?

— Non, dirent-ils.

— Barbaresque, matelots, barbaresque! Rouge et
barbaresque, ça marche de front. Il n'y a que les for-
bans pour cette couleur : tout n'est pas profit à s'y
frotter; ceux qui leur tombent sous la main, ils les
abreuvent d'ignominies. Moi, qui vous parle, je les ai
vus, et d'un peu près : j'étais sur un marchand...

Le Malouin allait entreprendre ce nouveau récit et le
débiter avec sa volubilité accoutumée, quand une voix
devant laquelle les autres se taisaient se fit entendre

sur l'arrière du brick : c'était celle du capitaine Plouéven.

— Les canonniers à leurs pièces, dit-il; les gabiers en haut, et soyez parés.

Cet ordre fut promptement exécuté; il n'atteignait pas nos trois interlocuteurs et ne les obligeait à aucun déplacement; aussi la langue du Malouin, un instant enchaînée, ne tarda-t-elle pas à se donner de nouveau carrière.

— Tiens, s'écria-t-il, voici que le trois-mâts est presque à toucher. Tout à l'heure j'aurais parié pour un bâtiment du nord; à présent j'y ai moins de confiance. Voyez-vous la poulaine, matelots?

— Oui, très-bien, dirent les deux marins.

— Comme c'est orné! Une figure en pied! Et des moulures! Et des dorures! En général, mes enfants, les gens du nord n'y mettent pas tant de luxe. C'est sobre, c'est chiche, c'est serré. Ils ne jettent pas l'argent par les sabords, et sont très-regardants sur la sculpture! Qu'en pensez-vous?

— Eh! eh! vous pourriez bien avoir raison, dit Michel en homme qui opine volontiers du bonnet.

— En effet, ajouta Yvon en forme d'écho, vous pourriez bien avoir raison.

— Et ce couronnement! et cette galerie! Décidément ce n'est point un bâtiment du nord : mais alors que signifie le liséré orange? C'est contre toutes les règles reçues, matelots. Il y a du suspect, il y a du suspect.

Le savant du *Grégeois* aurait disserté longtemps là-dessus, lorsqu'il se fit autour d'eux un mouvement significatif : cette fois Michel n'eut pas besoin de l'érudition de son camarade.

— Ça va chauffer, dit-il ; attention !

— Vous avez raison, l'ancien, répondit le Malouin en jetant un regard sur l'arrière du brick ; c'est le bon mal ; le capitaine a ses trois plis au front.

— Silence partout ! dit une voix qui dominait les bruits de la mer et du bord.

Dès ce moment toutes les conversations cessèrent ; le Malouin lui-même eut la force de se contenir. Après une chasse où les avantages s'étaient balancés et que la tempête avait troublée plus d'une fois, le *Grégeois* était arrivé à portée de son ennemi ; un engagement devenait possible. Deux obstacles restaient pourtant à vaincre, l'état de la mer et l'approche de la nuit ; un esprit moins audacieux eût reculé devant l'un et l'autre. Mais Plouéven en était arrivé à ce point où la prudence n'a plus d'empire et où le cerveau s'enivre de ses propres désirs. Il lui semblait que sa volonté suffisait pour dompter les éléments, forcer le destin et assurer le succès. Debout sur l'arrière, l'œil plein d'éclairs et la main appuyée sur ses armes, il ressemblait au dieu des batailles et communiquait son ardeur à tout ce qui l'approchait.

Quand il crut le moment arrivé, il prit lui-même le gouvernail, fit évoluer le brick de manière à assurer l'effet de ses coups; et une fois en ligne :

— Feu ! dit-il.

La batterie entière vomit du fer et le brick s'enveloppa d'un nuage de fumée.

VII

LA NUIT.

Quand la fumée se fut dissipée, le capitaine du *Gré-geois* put juger de l'effet que son artillerie avait produit ; malgré les difficultés du tir, il ne s'attendait pas à une déception si grande. Le trois-mâts poursuivait tranquillement sa route, sans avarie apparente, et comme s'il n'eût point essuyé de bordée. Les voiles étaient intactes, les agrès aussi ; il ne semblait pas qu'un seul boulet eût atteint les œuvres vives ; rien n'était changé, ni dans les allures, ni dans l'aspect ; le corsaire avait brûlé sa poudre en pure perte.

Sous l'empire d'une passion moins ardente, Plouéven se serait parfaitement rendu compte de cet échec, et avec son expérience de marin il ne s'y serait pas exposé ; il eût compris que, par un tel temps et une si épouvantable mer, il ne fallait pas demander au canon un service qu'il ne pouvait rendre, et qu'entre ces deux navires, ballottés par la vague, il n'y avait pas de combat possible ni de feu décisif. Les coups portaient ou trop haut ou trop bas, plongeaient dans la mer ou passaient par-dessus la mâture.

Mais le capitaine du *Grégeois* était dans une disposition d'esprit à ne rien voir de ce qui l'eût frappé en toute autre occasion. Il n'avait qu'une idée, idée exclusive, dominante, c'était d'atteindre le bâtiment ennemi, de s'en emparer et d'y assouvir sa rage. A la façon dont il prenait les choses, il était évident qu'il s'y attachait pour lui plus que l'intérêt d'une simple capture. Une capture ? Il n'en était pas à cela près ; et que lui importait ? Le destin et son courage ne l'avaient-ils pas servi au delà de ses vœux ? sa réputation et sa fortune n'étaient-elles pas faites ? Pour une occasion perdue, il s'en serait présenté vingt, et il n'eût pas exposé la vie de ses gens, le salut de son brick, sur des chances aussi incertaines. D'ailleurs, s'il aimait le butin, il aimait encore plus son métier, et l'envisageait en artiste. Or, jeter sa poudre ainsi, à l'aventure, au hasard, aux poissons et aux étoiles, n'était-ce pas se conduire en novice et en écolier, se compromettre aux yeux de ses gens, s'exposer à leurs commentaires et peut-être à leurs railleries ?

Il fallait donc, pour justifier cet acharnement, qu'un motif plus impérieux vînt s'y mêler et qu'il prît sa source dans des ressentiments secrets. L'attitude de Plouéven eût suffi pour donner du poids à cette conjecture. Depuis que le trois-mâts était voisin du brick et que les deux bâtiments marchaient de conserve, ses joues étaient devenues d'un blanc mat pareil à celui du marbre ; on eût dit que tout le sang avait reflué vers le cœur ; ses lèvres, siége d'un frémissement continuel, exprimaient la menace et le défi, et son œil restait obstinément fixé sur ce bois où s'attachait sa poursuite.

Ainsi animé, le capitaine ne s'arrêta pas à un premier feu : malgré l'eau qui entrait par les sabords, malgré la tempête, malgré les lames qui déferlaient sur le pont, malgré le tonnerre, malgré la pluie, il persista. Les bordées se succédaient, et telle était la force du vent, que le bruit du canon parvenait à peine à le dominer. Plouéven espérait toujours que, dans ces décharges répétées, un coup fortuit, un coup plus heureux que les autres frapperait le bâtiment ennemi, couperait un mât, briserait une manœuvre, amènerait une voie d'eau, l'atteindrait enfin dans un point vulnérable et le mettrait à sa merci. Cette attente fut déçue ; on eût dit que le trois-mâts était à l'épreuve du boulet et se jouait de ces attaques désespérées : à chaque volée, il reparaissait au sommet de la vague plus fier, plus tranquille, plus intact que jamais. Le capitaine n'y puisait qu'un motif de plus pour redoubler ; il s'excitait par son impuissance même.

Enfin la nuit arriva et mit un terme à cette canonnade sans objet ; bon gré, mal gré, il fallut y renoncer. Aux obstacles qui existaient déjà, se joignait celui des ténèbres. D'ailleurs, loin de se calmer, l'ouragan re-

doublait de fureur ; l'atmosphère passait d'un embrase-
ment subit à une obscurité profonde ; la mer, remuée
dans ses abîmes, grossissait à vue d'œil et poussait
contre le brick des montagnes d'eau et d'écume ; la
pluie tombait en gouttes énormes mêlées de grêlons ;
une flamme électrique s'était fixée au sommet de
chaque mât et le couronnait comme une lampe éclairée
à l'esprit-de-vin. Au milieu d'un tel désordre, il ne restait plus qu'à songer au brick, et pourtant Plouéven
s'obstinait dans d'autres pensées.

— La fatalité s'en mêle, dit-il, c'est évident. Mais
n'importe, je maîtriserai le sort. Et si je ne le coule pas,
ajouta-t-il avec une fureur concentrée, du moins je
veillerai sur lui. Enfants, fermez vos sabords !

Avec la rapidité de l'éclair l'ordre fut exécuté.

— La moitié du monde en bas et l'autre moitié sur
le pont. Allez !

C'était accorder une trêve à ses gens et un repos dont
ils avaient grand besoin. Lui seul n'en profita pas ; il
ne devait ni quitter son poste, ni fermer la paupière ; il
s'agissait de se maintenir en vue du navire poursuivi, et
une chasse de nuit exigeait un œil aussi vigilant, aussi
exercé que le sien. Rien de plus délicat, de plus difficile,
surtout par un temps pareil. Un instant d'oubli suffisait
pour séparer les deux navires, les dérober l'un à l'autre,
anéantir le prix de tant d'efforts, enlever au capitaine sa
dernière illusion et son dernier espoir. A cette pensée

Plouéven tressaillait d'épouvante et de fureur; c'était comme la vie qu'on lui arrachait.

Il n'abandonna donc point le gaillard d'arrière et gouverna de façon à serrer son ennemi le plus possible et à diminuer la distance qui régnait entre les deux bâtiments. Leur marche était presque égale : tantôt l'avantage restait au corsaire, tantôt il passait du côté du trois-mâts. Expérimenté comme il l'était, Plouéven reconnut bientôt qu'il avait rencontré un adversaire digne de lui. Si savante et si hardie que fût sa manœuvre, on lui opposait une manœuvre qui n'était ni moins savante ni moins hardie : il était impossible de mieux défendre ses avantages, ni de se garder avec plus de soin. Jamais de position équivoque; point de ces fautes qui compromettent sans retour : au contraire, des mouvements d'une prudence et d'une habileté consommées. Plouéven en fut frappé.

— Quels manœuvriers ! se disait-il; où ces gens-là ont-ils appris la tactique? Pas moyen de les prendre en défaut. On ne m'avait rien marqué de pareil, ajouta-t-il en faisant un retour sur lui-même; me serais-je trompé?

Il essaya d'opposer évolution à évolution, calcul à calcul, ruse à ruse ; il força de voiles pour arriver bord à bord avec le trois-mâts et faire servir de nouveau son artillerie; mais au moment où il allait employer cette manœuvre contre son ennemi, celui-ci le gagna de vitesse, laissa porter, le doubla par l'avant et l'élongea en lui envoyant toute sa volée en plein bois.

— Malédiction sur moi? s'écria Plouéven ; je suis joué. Enfants, tout le monde en haut ? Servants, à vos pièces et feu de bâbord ! La barre au vent ! .

Il était trop tard ; le trois-mâts , après ce coup hardi, avait repris de l'avance et ne semblait pas d'humeur à pousser ses avantages plus loin ; il s'éloignait, chassé par la mer et par la tempête, et laissait *le Grégeois* en désarroi avec un mât de hune brisé et cinq boulets à la hauteur de la flottaison. La poursuite devenue impossible ; le brick avait assez de besogne sans cela, et il fallait avant tout s'occuper à panser ses blessures. Quand Plouéven s'en fut assuré, sa fureur se calma tout à coup.

— A la bonne heure, dit-il, je l'ai mérité ; la fureur m'a aveuglé ; un enfant y aurait vu plus clair que moi. Mais n'importe, tu ne m'échapperas pas. La partie est perdue, mais gare à la revanche.

Le lendemain, quand le jour parut, *le Grégeois* restait seul sur ce champ de bataille où le beau rôle ne lui était pas échu. Le capitaine était d'une humeur de dogue, et l'équipage ne riait pas.

VIII

L'ANSE AU MARIGOT.

Quelques semaines après cet événement, deux personnages que l'on a vus figurer dans ce récit s'étaient réfugiés dans l'une de ces cabanes à l'usage des nègres, que l'on nomme des *ajoupas*, et qui se composent de quelques bambous plantés en terre et surmontés d'une toiture en vacois. Le soleil, alors à son méridien, incendiait l'atmosphère et couvrait le sable du rivage de reflets éblouissants; la mer étincelait au loin, et dans la perspective un brick se balançait sur ses ancres, à l'abri d'un petit îlot. Plus près de là et à l'embouchure d'une rivière flottait une chaloupe montée par cinq ou six marins qui renouvelaient leur provision d'eau douce, et profitaient de l'occasion pour prendre un bain jusqu'à mi-corps.

Tout, d'ailleurs, dans ce paysage, semblait dénoncer le lieu où l'on se trouvait : les ardeurs du ciel, l'aspect de la mer, le port et l'essence des arbres, même la végétation inférieure, qui ne ressemblait à rien de ce que nous voyons dans nos climats. Sur les coteaux, on distinguait le courbaril et le balisier des bois, si communs sous les tropiques ; l'acoma, qui se pétrifie dans la terre et ne souffre pas de voisins ; le gommier à bois blanc veiné de gris ; le caratas et le catalpa aux longues gousses ; puis, dans la plaine, et plus rapprochés des habitations, les arbres à fruit, comme le manguier, le cocotier, le palmiste, le pommier-cannelle, le tamarinier, l'arbre à pain, le bananier du paradis ; puis les plantes alimentaires, comme le manioc, les ignames, les patates ; enfin les cultures coloniales, sources d'un si grand revenu, comme le tabac et la canne à sucre, le café et le rocou.

C'est à l'une de nos Antilles qu'appartenait cette végétation, et l'endroit où elle étalait ses richesses était célèbre dans les annales de la conquête. Là, en effet, avaient débarqué, en 1635, Lolive et Duplessis, chargés de faire à la Guadeloupe des essais de culture et d'y fonder un premier établissement. Ils y construisirent, au confluent de petites rivières, deux fortins, dont on ne voit plus que les ruines, et qui servirent longtemps d'abri aux colons contre les attaques des Caraïbes qui occupaient les mornes environnants. Entre ces deux fortins, et sur le point le plus recueilli de la plage, se trouve l'anse aux Marigots, que fréquentent les pêcheurs de Sainte-Rose et du Lamentin, et que bordent de magnifiques champs de cannes à sucre. L'îlot en vue est celui de Kahouane, et le brick qui s'y balançait alors est un bâtiment de notre connaissance, *le Gré- geois*. Comment s'y trouve-t-il ? par quel hasard ? par quel enchaînement de circonstances ? C'est ce qu'on apprendra dans la suite de ce récit.

Pour se réfugier sous l'ajoupa, les deux personnages dont nous avons parlé avaient un autre motif que celui de se dérober à une température de feu. Cet ajoupa, vaste et commode, était le domicile légal d'une mulâ- tresse d'attraits un peu murs, mais avenante encore et de nature à exciter l'enthousiasme de gens qui ont six mois de mer. Elle avait établi sur cette plage, à l'inten- tion des pêcheurs qui y jetaient leurs filets, un débit de rafraîchissements, si tant est qu'on puisse appeler de ce nom les rhums, tafias et eaux-de-vie de France qui y formaient la base de l'approvisionnement. Il est vrai qu'au besoin elle tirait des profondeurs du local quelques vieux sirops aigris par l'âge et le climat ; il est vrai aussi qu'elle ne se refusait pas à composer une limonade pour ses clients et qu'elle y excellait ; mais c'était une exception dans son débit ; l'alcool en était la règle, et le plus monté en titre était celui qui obte- nait le plus de succès. Ajoutons, à l'honneur de la mulâtrasse, qu'elle en servait aux autres et n'en usait pas pour son compte ; elle n'était pas de ces marchands qui mangent et boivent leur propre établissement. D'ailleurs, dans la situation où elle se trouvait, isolée

sur cette plage et sans agent de police sous sa main,
elle avait besoin de tout son sang-froid pour se défendre et percevoir ses écots. De là cette sobriété exemplaire : jamais maman Blanche n'y dérogea. On l'appelait maman Blanche, probablement à cause de son
teint de suie.

Y a-t-il lieu de s'étonner qu'un toit si naturellement
hospitalier fût devenu l'asile de deux marins du *Grégeois* ? Ils étaient là dans leur élément, s'abreuvant de
sirops, fumant leurs calumets, étendus sur des nattes
et en compagnie de la maîtresse du logis.

— Oui, maman Blanche, disait l'un d'eux à la mulâtresse en lui montrant son compagnon, je vous présente mon élève, le jeune Yvon, né natif des côtes
de Bretagne, à peu de toises au-dessus du niveau de la
mer. Quand je dis mon élève, ce n'est point encore un
sujet à avouer ; jusqu'ici il ne me fait aucune espèce
d'honneur. Voyons, Yvon, ne vous révoltez pas, et ne
vous affligez pas non plus. C'est la vérité pure que vous
ne me faites aucune espèce d'honneur. Mais il n'y a à
désespérer de rien ; les capitales ne se sont pas bâties
en huit jours ; nous y mettrons le temps. Commencez
par tenir un peu mieux votre calumet ; voyez ! dans
mon genre, genre de Paris ; prenez exemple, Yvon.

A ce langage, à cet incomparable aplomb, on devine
sans peine quel est le personnage en possession de la
parole, celui qui s'est constitué le précepteur et le

guide du jeune matelot : c'était le Malouin. Là comme ailleurs, il n'y en avait que pour lui ; il posait, il déployait ses grâces. De son côté, la mulâtresse n'était point insensible à de si grands airs ; elle s'agitait, se mettait en quatre, prodiguait les attentions et offrait ce qu'elle avait de mieux. On voyait qu'elle était à la fois honorée et intimidée : la couleur de la peau, l'aisance de l'élocution lui donnaient une grande idée de ses consommateurs, et elle craignait que son ajoupa ne fût indigne d'eux. Aussi ne ménageait-elle pas les éclats de rire à chaque saillie du Malouin :

— Dents magnifiques ! disait celui-ci en jouissant de son triomphe et y répondant par un propos galant. Râtelier superbe ! et dont la nature a fait les frais ! Puis quel teint ! quel teint ! On ne voit ça que dans ces pays-ci, Yvon ! Lis et roses des tropiques ! Latitude des grands coups de soleil !

Là-dessus la mulâtresse riait de plus belle, et le jouvenceau se mit aussi de la partie : l'orateur seul conservait son sang-froid ; il s'écoutait. Accoudé sur sa natte, il portait à la bouche tantôt son verre de limonade, tantôt son calumet, et acceptait ces hommages en homme qui y est accoutumé. Ce fut lui qui y coupa court :

— Assez de jeux et de ris, dit-il ; nous ne sommes point sur ce globe pour y batifoler seulement. Passons au sérieux ; tout nous y invite, la chaleur, l'occasion, la vue de la mer, et le reste. Écoutez-moi donc, belle Américaine, ajouta-t-il en s'adressant sous cette forme choisie à la maîtresse de l'établissement.

— Je vous écoute, monsieur, répondit celle-ci avec un accent créole des plus caractérisés.

— Un mot, un simple mot.

— Autant que vous voudrez, monsieur.

— Un seul suffit quand il frappe juste. Mais d'abord, promettez-moi une chose, maman Blanche, ou j'en reste là.

— Dites, monsieur.

— C'est d'être discrète : de la part d'une personne de votre sexe, c'est beaucoup exiger, je le sais ; mais vous ferez cet excès pour moi.

— Ah ! monsieur, dit la mulâtresse.

— Et puis voyez-vous, il y va de votre repos, rien que cela.

— Vous m'effrayez, monsieur.

— Je l'espère bien ; et vous, Yvon, de la discrétion aussi !

— N'ayez pas peur, répondit le jeune homme.

— C'est qu'il s'agit d'un pèlerin qui plaisante tout juste et qui expédie les gens sur un mot et sans autre explication. C'est donc convenu : muets tous les deux ! comme la tombe ! comme des poissons ! tout ce qu'il y a de plus muet !

— Soyez tranquille, dirent-ils.

— Et par surcroît de précaution, maman Blanche, allez-vous-en rôder un instant aux alentours, afin de vous assurer qu'il n'y a point d'oreille indiscrète cachée derrière le feuillage. Battez les buissons, battez les buissons.

La mulâtresse crut devoir déférer aux ordres d'un homme qui parlait si agréablement ; mais le résultat de sa recherche ne pouvait être douteux : par un soleil à fendre le crâne, les espions n'auraient pas eu beau jeu : aussi maman Blanche reparut-elle peu de minutes après et rassura-t-elle son client.

— Point de mouche ? dit celui-ci en insistant.

— Pas l'ombre d'une, répondit l'hôtesse.

— Eh bien, alors, reprit le Malouin, écoutez : il s'agit du capitaine.

— Le capitaine ! s'écria le jeune Breton avec effroi ; je n'en suis plus ; je m'en vais.

Il se leva en effet et commença à battre en retraite ; le Malouin le retint par les basques de son paletot, et, moitié de gré, moitié de force, le contraignit à se rasseoir.

— Par exemple, dit-il, voilà qui serait curieux ! Un élève qui boude quand le maître ne boude pas ! Avais-je tort, maman Blanche, de le désavouer ? Que voulez-vous qu'on fasse d'un poltron pareil ? Yvon, Yvon, j'avais de grands projets sur vous : je me proposais de vous dresser à la façon de Paris, mon ami, d'entreprendre votre éducation de fond en comble, de vous passer à une lessive générale, de vous revêtir d'un vernis de belles manières ; tout cela gratuitement, sans rien demander ni pour mes soins, ni pour mes fournitures. Et vous vous y refusez ! et vous lâchez pied sur un mot ! et vous prenez peur avant l'événement ! Soit, Yvon, soit ; partez, je ne vous retiens plus ; je ne vous connais plus ; vous n'êtes plus mon élève ; non, non ; allez vous faire former par un autre ; j'y renonce, je vous renie, je vous abandonne ; partez ?

Le Malouin disait tout cela avec un tel sérieux que personne autour de lui n'osait en rire, ni la mulâtresse, ni le jouvenceau ; ce dernier vit bien qu'il n'aurait pas bon marché d'un homme qui maniait la parole avec tant de succès ; il se résigna :

— Puisque vous le voulez, dit-il.

— A la bonne heure, s'écria le Malouin, triomphant de cette soumission ; je savais bien que je retrouverais mon élève. Merci de votre confiance, Yvon ; vous n'aurez pas à vous en repentir. Maman Blanche, vous voyez ce garçon ; il ira loin, je me charge de sa fortune. Mais revenons à notre objet, ajouta-t-il en se remettant brusquement sur la voie ; il s'agit donc du capitaine.

— Lequel ! demanda la mulâtresse.

— Belle question ! Là où il est, il n'y en a pas deux ; le capitaine par excellence, aimable Américaine.

5.

— Mais encore, monsieur ?

— Celui du *Grégeois*, le nôtre, le célèbre, le fléau des mers. Y êtes-vous ?

— Oui, monsieur, à présent.

— Eh bien, maman Blanche, j'en viens au mot que j'avais à vous dire. Répondez-moi franchement, et la main sur la conscience. Cette plage est votre domaine, vous y avez l'œil toujours ouvert. N'est-ce pas que le capitaine s'y promène quelquefois et le plus sentimentalement du monde ? avouez-le.

— S'y promener ? oui, monsieur ; sentimentalement ? je n'en sais rien.

— A son âge, maman Blanche, et avec sa tournure, on se promène toujours sentimentalement. Le capitaine ! mais il suffit de le voir pour deviner que c'est un véritable conquérant. D'ailleurs c'est ainsi que nous sommes à bord du *Grégeois*, tous galants, et accomplis et irrésistibles. Le genre de Paris, le cachet de Paris : ceux qui en reviennent en droite ligne, on les reconnaît-là.

— Vous m'en direz tant, monsieur.

— Comprenez-vous la chose maintenant, belle limonadière des Antilles ?

— A peu près, monsieur.

— Vous allez me comprendre tout à fait. Je vais vous inonder de clartés ; vous en serez éblouie. Lorsque le capitaine débarque à deux pas de votre établissement, là, sous vos yeux, dans l'anse au Marigot, où va-t-il? où erre-t-il? où se dirige-t-il? Répondez, déesse de cet ajoupa!

— Mais, monsieur, la réponse est facile, répondit la mulâtresse; il va à l'habitation d'Angremont, au pied du Morne-aux-Cabris.

— Très-bien! très-bien! Voilà le nœud de l'affaire!

— Les d'Angremont, reprit l'hôtesse, ah! monsieur, n'en parlez pas légèrement! Une famille connue, estimée, respectée; pas très-riche, mais si honorable! si honorable!

— Au mieux, continuez, maman Blanche.

— Ce serait long, s'il fallait dire tout le bien qu'on pense d'eux. Interrogez les gens du quartier, pas un ne me démentira. Les d'Angremont! la crème des humains, et si bons pour leurs esclaves!

— Et puis?

— N'est-ce point assez, monsieur! Quand je vous dis qu'il n'y a rien d'excellent comme eux.

— Adjugé! D'accord; je ne conteste pas; mais encore faut-il s'entendre. Vous dites que le capitaine va à l'habitation d'Angremont?

— Oui, monsieur.

— Or, de quoi se compose-t-elle cette habitation? Pas de moellons seulement. Il y a des êtres vivants, des êtres animés dans son enceinte...

— Il y a les dames d'Angremont, monsieur, la mère et la fille !

— La fille ! nous y voici ; appuyons sur ce mot, maman Blanche : la fille !

— Un ange de bonté, monsieur.

— Bravo !

— Belle comme le jour.

— Parfait !

— La grâce même.

— A souhait ! Rien n'y manque, et plus c'est complet, plus il y a de chance que le capitaine s'en soit coiffé.

— Ah ! monsieur, quelle supposition ! une enfant ! tout ce qu'il y a de plus pur au monde !

— Raison de plus.

— Élevée dans des principes de vertu, il faut voir !

— Très-bien, maman Blanche, très-bien ; vous tenez là un langage que j'approuve et dont je vous sais gré. Vous avez affaire à un troubadour ; il ne vous démentira pas. Oui, la petite d'Angremont est une vertu, une rosière, ce que vous voudrez ; j'accepte tout ; j'irai même au delà ; mais enfin ça a un cœur ; qui n'en a pas ? vous en avez bien un, vous, magnifique Américaine ; pourquoi cette enfant n'en aurait-elle pas ?

Le Malouin aurait poussé beaucoup plus loin ces appréciations peu charitables et ces commentaires désobligeants, si un coup de canon n'eût retenti et donné un autre cours à ses pensées.

— Ah ! mon Dieu, s'écria-t-il en ramassant son chapeau et poussant son compagnon hors de l'ajoupa, Nous sommes en retard. Vite, vite ! Tenez, notre belle hôtesse, ajouta-t-il en jetant une piastre sur la natte, comme l'eût fait un millionnaire, voici l'écot. Et maintenant, Yvon, en avant les jambes.

— C'est bien de votre faute, dit le jeune Breton ; quand vous démarrez, il n'y a plus moyen d'en finir. Quelle langue ! quelle langue !

— Silence ! jouvenceau, et respect à vos maîtres ; il arrivera ce qu'il arrivera.

— Des fers et du cachot, voilà notre ration pour ce soir, dit le jeune homme. Vous en tâterez, et moi aussi.

— Eh bien, mon élève, nous aurons souffert à cause des dames, et nous leurs ferons hommage de nos douleurs. Les chevaliers n'agissaient pas autrement. A la garde de Dieu, et détalons ; un temps, deux mouvements.

En redoublant de vitesse et ne ménageant pas leurs poumons, les deux marins arrivèrent sur la grève au moment où la chaloupe, débouchant de l'aiguade, allait regagner le large. Ils se jetèrent à l'eau pour la rejoindre et s'embarquèrent précipitamment.

— Vive Dieu ! s'écria le Malouin en battant un entrechat sur les bancs de la chaloupe ; nous voici parés. Hurrah !

IX

L'HABITATION D'ANGREMONT.

Pour trouver l'habitation que le Malouin vient de signaler comme suspecte, il est nécessaire de s'éloigner de la plage et de pénétrer dans l'intérieur de l'île. Les chemins qui y conduisent ne sont en rien semblables à ceux que nous voyons en France; ils n'ont ni chaussées empierrées, ni fossés d'écoulement; les ingénieurs y mettent peu la main et la nature en fait ordinairement les frais. Ce sont des sentiers créés par les piétons et élargis par le passage des cabrouets qui servent au transport des denrées et des cannes à sucre. Au lieu des ormeaux et des noyers qui bordent nos routes, ces chemins ont une double haie de cierges épineux qui tendent constamment à les envahir et dont on a toutes les peines du monde à se défendre.

En suivant ces sentiers, depuis l'anse au Marigot jusqu'au pied du Morne-aux-Cabris, on traverse un pays parsemé d'accidents, coupé de ravines profondes et où le sol garde les traces de soulèvements volca-

niques nombreux et récents. La végétation s'y déve-
loppe dans les fentes mêmes du rocher qu'elle sépare
et pénètre : ici, dans les bas-fonds, est le domaine des
mangliers et des palétuviers, et de toute cette famille
des chalefs, dont les branches, en touchant la terre, y
prennent racine et poussent de nouveaux jets ; là, dans
la zone moyenne, croissent les bois de fer et les aca-
jous, le bois de chandelle et le bois de sandal, tous
deux odoriférants, le gaïac à fleurs bleues ou blanches,
l'acacia dur et tendre, et ces lataniers d'un aspect si
élégant, dont la tige est droite comme la flèche et dont
les feuilles se déploient comme les lames d'un éventail ; enfin, dans la zone élevée, commence la région
des fougères et de ces mimeuses, rampantes pour la
plupart, et sujettes à la nutation, qui épanouissent leurs
feuilles au lever du soleil et les replient dès qu'il disparaît et que la nuit commence.

De cette partie de l'île, quand le ciel est pur et l'air
transparent, on peut embrasser d'un coup d'œil cette
suite de mornes qui se dirigent du nord au sud et en
forment pour ainsi dire la charpente. Dominant la région inférieure, ils sont dominés à leur tour par un
volcan que l'on nomme la *Soufrière*, et qui était encore,
il y a un demi-siècle, en activité. Des flancs de cette
chaîne, s'échappent, à l'est et à l'ouest, une foule de
rivières et de ruisseaux, qui coulent dans des lits escarpés, avec l'impétuosité que leur impriment la pente et

les obstacles du terrain, portent la fertilité dans les savanes et débouchent dans la mer, en élargissant leur cours et formant des marécages, siéges d'une permanente insalubrité.

Pour trouver un air plus sain et à peu près semblable à celui de nos climats méridionaux, c'est à la base même des mornes qu'il faut se rendre ; c'est là que se trouvait l'habitation d'Angremont, adossée à la chaîne et planant sur la mer dans un horizon étendu. Rien de plus imposant que ce site, dont la majesté se tempérait par une sorte de grâce rustique et un peu sauvage. Le sol, au lieu de conserver un niveau régulier, était parsemé de blocs moussus et chargés de lierre, au sommet desquels se reposait de temps en temps une de ces tourterelles grises, si communes dans nos colonies. Deux ruisseaux enlaçaient la partie supérieure de l'habitation, et, en se confondant, formaient la petite rivière que l'on nomme, à raison de ses bords touffus, la rivière de la Ramée. Dans la presqu'île s'étendait un bois de caféiers, et au confluent même s'élevait le bâtiment de maître, entouré de boulingrins et de parterres dessinés avec un certain art.

Dès le premier coup d'œil, il était facile de s'assurer que cette construction remontait à la grande époque coloniale et aux temps où le faste des créoles ne reculait devant aucune prodigalité. C'était un véritable château d'un grand style et précédé d'une magnifique avenue de tamarins. La matière employée se composait de bois seulement, les tremblements de terre auxquels l'île est sujettte ne permettant pas d'employer autre chose ; mais on en avait tiré un tel parti, on l'avait couvert de si riches sculptures, que la pierre n'aurait pas eu un plus bel aspect, ni produit un plus grand effet. Un double perron à rampes ornées conduisait à une terrasse d'où le regard embrassait la Grande et la Basse-Terre, l'isthme qui les sépare, les mers intérieures qui les baignent et les petites îles dont elles sont semées. Sur la façade s'ouvraient dix croisées et autant sur deux pavillons en retour qui servaient à encadrer une sorte de cour d'honneur. Les dépendances de l'habitation étaient en arrière des constructions principales et formaient une espèce de camp circulaire, comprenant les logements des esclaves, les communs du château, les magasins, les moulins à sucre et les basses-cours.

Cependant, si d'un premier coup d'œil on passait à un examen plus attentif et à une revue du détail, il y avait beaucoup à rabattre de l'opinion qu'on s'était d'abord formée. Château, parterre, avenue, dépendances péchaient du côté de l'entretien. On voyait que la fortune des maîtres actuels n'était pas en rapport avec ces magnificences du temps passé et les charges qui en étaient la suite. Les sculptures, souillées par le temps et rongées par le soleil, auraient eu besoin d'une restauration, les façades même offraient quelques lézardes ; les arbres, mal taillés, mal tenus, ne faisaient pas valoir les beautés de la perspective ; les boulingrins étaient négligés, le parterre foisonnait d'herbes parasites ; il n'était pas jusqu'à la cour d'honneur qui n'en fût envahie. Partout se révélait cette négligence, ce délabrement qui trahissent une insuffisance de ressources et inscrivent sur chaque pièce d'un domaine la décadence de ses possesseurs.

C'est sous le dernier des d'Angremont que cette décadence avait eu lieu, et à la suite de circonstances qu'il n'avait pu ni prévenir ni maîtriser. Quand son père mourut, jamais la fortune de cette maison n'avait été plus grande : non-seulement les d'Angremont occupaient alors le pied des mornes dans un espace considérable, mais ils s'étendaient fort avant dans la plaine et sur le rivage, et touchaient d'un côté à Sainte-Rose, de l'autre au Lamentin. Plus sages que beaucoup de planteurs, jamais ils n'avaient quitté leur habitation et ne se prévalaient pas de leur fortune pour aller faire grande figure à Paris ; ils préféraient rester sur le sol où ils étaient nés, occupés de travaux qu'ils connaissaient, utiles aux autres et à eux-mêmes, cherchant dans des procédés nouveaux de nouveaux éléments de prospérité, les essayant à grands frais, perfectionnant leur agriculture, améliorant leur industrie, choisissant leurs débouchés, enfin apportant en toute chose ce qui seul assure le succès, l'œil et les soins du maître. Telle était la règle de cette maison, et depuis un siècle aucun n'y avait dérogé ; sans les événements, son dernier chef n'eût pas fait autrement que les autres.

Cette résidence ininterrompue avait eu un autre avantage, c'était de ne jamais éloigner de leur tutelle les esclaves qu'ils possédaient. De tout temps et sous toutes les générations, cette tutelle avait été douce, paternelle et éclairée ; nulle part le travail n'était mieux exécuté que dans l'habitation ; elle passait, aux yeux des autres planteurs, pour un modèle de tenue : nulle part aussi la discipline n'était plus sévère, et pourtant les châtiments corporels en étaient presque exclus. Les d'Angremont aimaient mieux purger leurs ateliers d'un nègre indocile que de recourir à ces extrémités. Et telle était la douceur du régime auquel les esclaves étaient assujettis, que cette perspective les contenait mieux que n'auraient pu le faire les plus rudes traitements ; le fouet leur eût semblé moins cruel. Où auraient-ils trouvé, en effet, plus de ménagements et plus de soins, une nourriture meilleure, une besogne plus douce et plus d'égards pour leur condition ? Ailleurs ils avaient affaire à des intendants ; ici c'était aux maîtres en personne ; les hommes visitaient les ateliers, même ceux des champs ; les dames de la maison surveillaient l'infirmerie, et paraissaient au chevet des malades pour les soigner et les consoler.

C'est ainsi que cette famille, l'une des plus anciennes et des plus honorées de la colonie, avait traversé un siècle d'existence, sans jamais déroger à la règle que les ancêtres avaient tracée, ni se départir de cette obligation de résidence, à laquelle ils étaient assujettis. Les bonnes méthodes portent en elles leurs fruits comme les bonnes actions leur récompense. Grâce à cette conduite, suivie fidèlement, cette maison grandit en richesse, en honneur et en éclat : point de tache sur son nom, point d'ombre dans sa généalogie. D'ailleurs, si les d'Angremont vivaient chez eux, ils y vivaient en seigneurs : aucune hospitalité n'était à comparer à la leur, aucun luxe de service et de table n'égalait celui qu'ils déployaient, même dans la vie habituelle. Quand ils donnaient des repas ou des fêtes, on en parlait longtemps avant et plus longtemps après. Cinq ou six fois dans le cours de l'année, le gouverneur de la colonie devenait leur hôte et passait quelques jours dans leurs domaines. De tous les points on y accourait, sûr d'être bien accueilli, quelque fût le rang, quelle que fût la condition. C'était une puissance ou peu s'en faut ; on les nommait les souverains du nord de l'île.

Tel fut l'héritage que recueillit le dernier chef de cette maison ; il n'avait, pour s'élever plus haut, qu'à suivre les exemples qui lui avaient été donnés et dont la vertu était si évidente. Libre d'agir, il l'eût fait ; il

était du sang des d'Angremont et n'y eût pas menti.
C'était une nature droite, austère, trop inflexible seulement, ne transigeant pas sur des devoirs de position.
En des temps ordinaires, il eût réglé sa vie comme
ses pères avaient réglé la leur, marchant dans leurs
voies et suivant strictement leurs traces, sans rester en
deçà ni aller au delà, maintenant leur nom à la même
hauteur et augmentant encore leur fortune, ajoutant
à leurs domaines des espaces nouveaux et à leurs ateliers de nouveaux esclaves, enfin se servant avec sagesse et avec fruit de cette force que donnent le richesse et la considération accumulées d'âge en âge.
Voilà ce qu'il eût fait ; malheureusement les circonstances ne le lui permirent pas.

X

COMMENT FINIT UNE MAISON.

Lorsque le dernier des d'Angremont resta seul chargé du poids de ce nom et de cette fortune, rien ne laissait prévoir que les jours de déclin fussent proches, et que l'heure arrivait où il faudrait compter avec le destin. On était en 1783, et, sauf un échec du comte de Grasse, la France avait eu le beau rôle dans la campagne qui venait de finir. Elle avait tenu son pavillon d'une main ferme et contribué à l'affranchissement des États insurgés de l'Amérique du nord. La paix était signée, la mer était libre, le commerce respirait; rien ne faisait obstacle aux prospérités coloniales. De ce côté, tout souriait aux d'Angremont et ne pouvait qu'ajouter à l'éclat de leur étoile.

Sous d'autres rapports, ils n'étaient pas moins favorisés. Leur opulent héritier venait de s'allier à une famille considérable, à celle qui marchait immédiatement après la leur : grand nom, grands biens, rien ne manquait à cette union, et si la dot d'argent était belle, la dot de vertus ne l'était pas moins. Ce fut un beau moment, beau autant qu'éphémère. L'habitation avait alors pour maîtres un couple charmant, dans les grâces de l'âge et les feux d'un premier amour; bon parce qu'il était heureux; ne se refusant à aucun plaisir ni à aucune aumône; jouissant de sa richesse et la rendant sensible par ses bienfaits; grand, généreux, hospitalier, aimant le luxe et en usant avec goût; tenant table ouverte et n'y épargnant pas les raffinements; répandant, en un mot, autour de lui la gaîté, l'aisance et le bonheur. Astreint à la résidence, le jeune ménage se donna la distraction de l'embellir; chaque jour c'était une surprise nouvelle : tantôt un jardin anglais avec ses accidents, tantôt une serre garnie de plantes rares, tantôt des jets d'eau et des cascades empruntées aux ruisseaux voisins, puis des fêtes dans le camp des noirs, ou bien des illuminations et des feux d'artifice qui émerveillaient la population des environs et frappaient même les bâtiments qui cinglaient vers l'Europe ou en arrivaient.

Au milieu de ces petits bonheurs, il leur en échut un bien plus grand; la jeune femme devint mère et accoucha d'une fille, qui allait être l'orgueil et la joie de la maison. On la nomma Mézélié, et son baptême fut un événement; il en fut question dans la Grande et la Basse-Terre, tant il y eut de pompe déployée à cette occasion, d'argent distribué, de fêtes données. Le tafia et l'arack coulèrent pendant un mois dans les cases à esclaves ; dix d'entre eux furent affranchis, vingt mariés ; les enfants nés le même jour eurent leur liberté et une dot. Jamais l'habitation n'avait vu une telle liesse, des cérémonies plus belles, des repas plus somptueux. La fille d'un souverain n'eût point été accueillie à son entrée dans le monde avec plus de bruit ni d'honneur. Parmi les gens de service, c'était à qui préviendrait ses fantaisies ; son père s'enivrait à la regarder ; sa mère ne pouvait s'en séparer ni de jour ni de nuit ; elle grandit ainsi au milieu des extases et des caresses.

Que pouvait désirer désormais d'Angremont? Il avait toutes les joies d'ici-bas ; celles de la famille, celles de la fortune ; son esprit ne s'ouvrait pas à d'autres ambitions. Sur ses terres même, il avait su trouver des aliments nouveaux à son activité. Ce fut lui qui amena à un certain degré de précision les distilleries du tafia, qui, jusqu'alors, avaient été abandonnées aux procédés rudimentaires des nègres. Ce fut lui aussi qui créa le premier haras que l'on eût vu dans la colonie, et où il s'étudia à améliorer la race des chevaux du pays, race excellente, appréciée en Amérique et douée de brillantes qualités. Rien ne lui échappait, et à toute chose il apportait un perfectionnement. Les instruments qu'il mettait dans les mains de ses noirs étaient les meilleurs que l'on connût et les moins pénibles à manier ; il s'appliquait à ménager leurs forces, en même temps qu'à

accroître leur bien-être : c'était une tradition, un devoir de race, et celui que d'Angremont remplissait avec
le plus de scrupule et le plus de fidélité.

Ainsi s'écoulaient pour cette maison des jours d'une
sérénité constante, lorsque la foudre l'atteignit inopinément. On touchait à 1789 ; la révolution venait d'é-
clater en France, et la nouvelle, arrivée aux Antilles, y
éveilla des ressentiments et des espérances qui som-
meillaient depuis longtemps. Les blancs y virent une
menace, les gens de couleur une revanche ; la politique
se compliquait d'un privilége de sang. Pour un d'Angremont, la conduite à suivre était toute tracée ; il
devait être de sa race et avec sa race, en partager les
périls, succomber avec elle s'il l'eût fallu. Qu'elle com-
mît des fautes, qu'elle cédât trop à ses passions ou à
ses préjugés, il ne pouvait se séparer d'elle sans dés-
honneur. D'ailleurs, à cette union était attaché le salut
même ; désunie, qu'aurait pu cette poignée de blancs
en face d'une population de cent mille noirs et mulâ-
tres, toujours frémissante et attentive aux événements ?
Le drapeau était là où était la couleur, et ainsi s'explique le parti qu'adopta d'Angremont dans cette crise
inattendue.

Puis, il faut le dire, ses principes et ses habitudes
répugnaient aux nouveautés dont on parlait alors. Il
était de ceux qui n'admettaient pas que la France pût
être autre chose qu'une monarchie ; il ne reconnaissait

6

qu'une cocarde, celle que ses ancêtres avaient portée.
C'était un royaliste dans toute l'acception du mot, ne
transigeant pas avec ses opinions et les mettant sur la
même ligne que ses croyances ; aussi ne fut-il pas des
derniers à entrer dans le mouvement de résistance
qu'opposèrent les Antilles aux événements métropoli-
tains. Brave, ardent, dévoué, il ne paya pas seulement
de sa fortune, il paya de sa personne et de son exemple.
Tant qu'il le put, il lutta dans les assemblées locales, et
quand cet instrument ne le servit plus à son gré, il
tint la campagne comme chef de milices et en imposa
aux populations des villes, plus dociles à l'esprit du
temps. La métamorphose était complète : le planteur
avait disparu ; il ne restait plus que le capitaine des partisans, toujours armé, toujours sur la défensive, ne relevant que de son épée depuis qu'il ne recevait plus
d'ordres de son roi.

Une fois engagé dans cette vie d'aventures, d'Angremont y apporta cette opiniâtreté héréditaire qui avait
distingué les siens : argent, efforts, il ne ménagea rien
pour le triomphe de sa cause, arma ses noirs, fit de son
habitation une espèce de camp retranché qui eût arrêté des troupes régulières, se déclara hardiment contre
les commissaires que la métropole avait envoyés, s'unit
à tous les révoltés des Antilles, entretint des correspon-
dances avec les comités de planteurs réfractaires comme
lui, se livra enfin à des actes de rébellion ouverte, dont

sa tête devait répondre en cas d'échec. Peu lui importaient ses ateliers, ses cultures, le soin de ses terres, tout ce qui naguère avait pour lui tant de prix ; cet intérêt devenait secondaire : il n'en avait plus qu'un présent à l'esprit, celui de sa race, celui de sa couleur, la cause de son Dieu et celle de son drapeau.

Aussi son nom fut-il mêlé à toutes les agitations dont les îles du Vent devinrent le théâtre. Pendant deux ans il maintint, dans le nord de la Guadeloupe, un régime qui semblait avoir succombé ailleurs, balança l'autorité du gouvernement, intimida M. de Clugny, et entraîna M. de Béhague ; et lorsque enfin le moment parut opportun et qu'il s'agit de rompre d'une manière ouverte, quand on eut trouvé un point d'appui dans l'assemblée coloniale et un instrument dans des corps de fédérés, quand on eut découragé les agents fidèles à leur devoir et séduit quelques officiers de la flotte, il descendit de ses mornes à la tête d'un corps dévoué, l'épée haute et la cocarde blanche au chapeau, et entra ainsi dans la Pointe-à-Pitre, pendant que la frégate *la Calypso* arborait le drapeau blanc et l'appuyait de vingt et un coups de canon. Ce fut un beau jour pour lui ; l'insurrection était accomplie ; les deux grandes îles du Vent reprenaient possession d'elles-mêmes et s'affranchissaient par un acte éclatant. L'aventure fut poussée plus loin encore : deux mois après, la Guadeloupe et la

Martinique déclaraient la guerre à la France : la folie s'en mêlait.

On sait ce qui survint ; ce triomphe fut de courte durée. Dès le lendemain il devint un embarras pour les vainqueurs, et dans la colonie même, un parti se forma contre eux. Les soldats du régiment de Forez refusèrent de prêter un nouveau serment ; les bâtiments de commerce mouillés dans les ports et dans les rades gardèrent les trois couleurs au sommet de leurs mâts ; les citadins et les marins de la station ne déguisèrent pas leur répugnance pour ce retour à l'ancien régime ; les gens de couleur ne le supportaient qu'impatiemment. De là un mouvement en sens inverse qui eut lieu de lui-même et que seconda l'arrivée d'un nouveau commissaire du gouvernement, le capitaine Lacrosse, envoyé de Brest sur la frégate *la Félicité*. Dès lors les deux opinions se dessinèrent nettement : les royalistes d'un côté, les républicains de l'autre ; les planteurs contre les commerçants, la campagne contre la ville. La ville l'emporta ; quelques forts tombèrent en son pouvoir ; c'en fut assez pour rendre la partie inégale. Le commissaire du gouvernement fut reçu à la Pointe-à-Pitre au milieu de vives acclamations ; tout se soumit, tout demanda grâce. D'Angremont tint bon néanmoins ; il engagea de nouveau le combat avec les débris de sa petite armée ; mais, battu par un corps nombreux, abandonné des siens et poursuivi à outrance, il eut toutes les peines du monde à gagner, avec quelques amis, un point du rivage où les attendait un bâtiment qui les débarqua à la Trinité espagnole. Ainsi cet homme si heureux naguère et que le sort avait comblé de ses faveurs, le maître de si beaux domaines et d'esclaves si nombreux, n'était plus qu'un fugitif et un proscrit. Pour la première fois les d'Angremont dérogeaient à leurs habitudes de résidence ; le devoir avait parlé, et pour celui-ci le sacrifice était bien rude ; il abandonnait sa femme et son enfant.

XI

VULCAIN.

Pendant que ces faits se passaient au dehors de l'habitation, des faits non moins graves, quoique plus circonscrits, avaient lieu au dedans. Les événements d'Europe n'étaient pas restés sans influence sur les ateliers d'esclaves ; la discipline en avait souffert, les règles s'y étaient relâchées ; on n'obéissait plus avec la même docilité qu'autrefois. Ce n'était point une révolte ouverte, ni rien qui y ressemblât ; mais seulement de vagues élans d'émancipation, aggravés par un ralentissement du travail. Comment en aurait-il pu être différemment ? Comment les habitations seraient-elles restées seules à l'abri de l'effervescence qui régnait dans la colonie ? Les nègres voyaient les hommes de la classe dominante se diviser entre eux, arborer des drapeaux divers, se disputer l'empire et se combattre. De tels spectacles étaient de nature à jeter du trouble dans leur esprit et à y affaiblir de vieilles habitudes de respect. Si l'on ajoute à ces circonstances une négli-

gence inaccoutumée dans la police coloniale, on aura
lieu de s'étonner que l'émotion des ateliers n'ait pas
été plus vive, et que de plus grands malheurs ne s'en
soient pas suivis.

Entre les habitations, s'il en était une qui dût se
trouver à l'abri de ces influences, c'était celle de d'Angremont : dans aucune la règle n'était plus douce et ne
pesait moins sur les noirs. Et pourtant la contagion y
avait pénétré comme ailleurs, et si l'un des anciens
maîtres était sorti de sa tombe, il n'eût pas reconnu
son œuvre dans cet établissement où l'esprit de désordre régnait déjà. Affectées par les troubles civils, les
relations n'avaient plus l'étendue et n'offraient plus la
sécurité qu'elles avaient eues en des temps réguliers.
Les débouchés s'étaient réduits, les affaires marchaient
péniblement, le crédit semblait éteint. De là une mé-
vente dans les produits, et par suite une diminution
dans les cultures. C'était un premier motif pour que la
discipline des ateliers souffrît et s'altérât. Moins occupés, les noirs étaient devenus plus raisonneurs, et de
jour en jour leur langage était plus hardi, moins me-
suré, moins respectueux. Si d'Angremont eût été présent, ces écarts auraient été châtiés et réprimés, mais
il battait le pays et négligeait ses affaires pour celles de
l'État.

Cependant le mal n'eût pas été grand et eût cédé aux
premiers remèdes, s'il ne s'était trouvé, dans les ate-

liers, un de ces hommes qui ont le génie de la destruction et ne se plaisent qu'au milieu des ruines. C'était un noir de traite, acheté jeune, et qui avait grandi dans l'habitation, sans y dépouiller ni les préjugés ni les haines des peuplades d'Afrique. Il appartenait à cette classe de magiciens qui exercent une si grande influence sur l'esprit des nègres, et, au besoin, il réduisait par la force ceux que ses sortiléges ne fascinaient pas. Avec les épaules et le corps d'un athlète, il avait, dans la physionomie, tous les caractères auxquels on reconnaît le naturel de la côte de Guinée, le front déprimé et fuyant, le nez épaté, les cheveux laineux, les lèvres charnues ; son œil, injecté de sang, ne regardait jamais qu'à la dérobée et se détournait dès qu'on le rencontrait : mais, dans ces mouvements furtifs, il était impossible de ne pas distinguer des instincts de férocité qui rapprochaient cet homme de la brute. Aussi, pour le dompter, l'employait-on aux travaux les plus pénibles ; il était chargé des soins de la forge, et, à raison de ses fonctions, on l'avait appelé Vulcain.

Souvent réprimandé, souvent puni, Vulcain ne trouvait dans ces châtiments qu'un aliment de plus pour ses colères ; il les amassait en silence et avec une sorte de volupté ; il se sentait heureux de haïr chaque jour davantage et de charger sa mémoire de griefs nouveaux. Différée, la revanche n'en serait que plus

terrible, et il ne fallait pas la compromettre en la précipitant. Ainsi pensait-il, et il attendait une occasion
favorable ; les événements se chargèrent de la lui
fournir.

Aux premiers troubles qui agitèrent la colonie,
Vulcain releva la tête en homme qui entend un signal
longtemps désiré. Il jeta les yeux autour de lui ; le
maître était absent. S'il eût été là, peut-être se serait-
il abstenu encore : la présence d'un d'Angremont suffisait pour contenir les esclaves et les préserver des
mauvaises suggestions ; mais le champ était libre, et
Vulcain en profita. D'atelier en atelier et de case en
case, il parvint à former une vaste conjuration qui devait éclater à l'improviste et surprendre les habitants
du château. Pour entraîner ses compagnons, il savait à
propos répandre un faux bruit, débiter une fausse
nouvelle. A l'entendre, un vaste soulèvement se préparait, et la dernière heure des blancs avait sonné :
déjà les noirs étaient maîtres d'une portion de l'île ;
encore un effort, et elle leur appartiendrait en entier.
Alors ils n'auraient plus qu'à se partager les dépouilles
des maîtres, leurs maisons, leurs champs de cannes,
leurs meubles, leurs vêtements, leurs bijoux et leur
vaisselle plate. Il ajoutait, en forme de conclusion, que
les fétiches lui avaient annoncé l'événement comme
très-prochain, et il invoquait à l'appui le témoignage
de son *gri-gri*, espèce d'amulette qu'il portait suspen-

due à son cou et qui inspirait aux autres esclaves une terreur superstitieuse.

Sous l'influence de pareilles menées, cette habitation, naguère si paisible, devint le siége d'une agitation sourde et un foyer de mécontentements. Dans le jour, les nègres se parlaient à voix basse et échangeaient des coups d'œil mystérieux, la nuit, ils tenaient des conciliabules en plein air, et ne se séparaient que lorsque l'aube aurait pu les trahir ; quelquefois, sur la crête d'un morne voisin, s'allumait un feu auquel d'autres feux semblaient répondre ; enfin de toutes parts éclataient les signes d'un travail souterrain et d'une explosion imminente. Les commandeurs, chargés de la surveillance et de la conduite des ateliers, en avertirent le propriétaire, et de toute nécessité il fallut sévir.

On interrogea les noirs ; le plus grand nombre se montra impénétrable, les uns par caractère, les autres à cause de la frayeur que leur inspirait le nègre de Guinée ; mais il y en eut qui, pressés de questions et sous la crainte d'un châtiment, firent des aveux complets. Sur quelques détails les aveux différaient, mais ils s'accordaient sur l'origine du complot et sur l'homme qui en était le chef. Le nom de Vulcain était dans toutes les bouches, et déjà les commandeurs l'avaient signalé. On l'interrogea à son tour, et au lieu de s'humilier et de montrer du repentir, il se montra insultant, hautain, ne répondant aux questions qu'on lui adressait que par la menace et le défi. Sous peine de voir se rompre les derniers liens d'obéissance qui retenaient les nègres de l'habitation, il fallait un exemple sévère. Cet homme régnait déjà par l'audace; il était plus maître que le maître; un regard de lui en imposait à ses compagnons, un mot les eût entraînés à la révolte.

Pour cette fois, et afin de mieux frapper les esprits, d'Angremont crut devoir recourir à un châtiment bien rarement infligé sur ses domaines. Ce fut moins en vue du coupable qu'il s'y décida qu'en vue des complices avoués ou cachés qu'il pouvait avoir et qu'il était nécessaire d'intimider. Vulcain était l'âme d'une association mystérieuse; à tout prix il fallait la dissoudre. Il fut donc condamné à la peine du fouet, et l'exécution eut lieu avec un certain appareil. Tous les noirs de l'habitation y assistaient; d'Angremont lui-même, quelque répugnance qu'il en eût, voulut être présent, afin de donner plus de solennité à cet acte de justice. Il espérait que, dès les premières atteintes, Vulcain demanderait grâce et qu'il pourrait ainsi concilier ses sentiments d'humanité avec les nécessités de la discipline.

Quand le jour fut venu, un poteau s'éleva au milieu du camp, avec un anneau à chaque extrémité : à l'un devaient être liés les pieds, à l'autre les mains du patient, de manière à ce qu'il ne pût faire aucun mouvement ni opposer aucune résistance. Ces apprêts achevés, on amena Vulcain ; un commandeur l'accompagnait, armé de l'instrument de correction ; il passa entre deux rangées d'esclaves qui baissaient les yeux devant lui et gardaient l'immobilité de statues. Jamais le nègre n'avait eu plus de fierté dans le regard, ni plus d'audace dans la pose ; ses lèvres respiraient on ne saurait dire quel dédain du châtiment. On l'attacha au poteau, le visage tourné vers le bois, après quoi l'exécution commença. Le commandeur qui en était chargé releva vingt fois sa lanière et la fit retomber vingt fois sur les épaules du patient ; les coups se succédaient et retentissaient aux oreilles des nègres, témoins du supplice ; il n'en était point qui n'en fût péniblement affecté ; les visages étaient mornes, un silence profond régnait dans leurs rangs. Seul, Vulcain paraissait insensible ; sans les sillons que le fouet traçait dans ses chairs, on l'eût cru de marbre ; il ne poussa pas un cri, ne fit entendre aucune plainte ; c'était comme un cadavre que frappait l'exécuteur.

Ce spectacle manquait son but ; d'Angremont ne le prolongea pas ; il donna l'ordre de détacher l'esclave et de le conduire à l'infirmerie. Celui-ci se releva les épaules ensanglantées ; mais son regard n'avait rien perdu de sa fierté, et la même expression de mépris se retrouvait sur ses lèvres. La journée devenait de plus en plus mauvaise, l'exemple plus fâcheux. Les nègres faisaient déjà de Vulcain un héros ; les commandeurs

agitaient la tête en gens qui n'augurent rien de bon.
Les choses étaient loin de s'arranger. Et pourtant ce
n'était rien encore auprès de l'incident qui allait survenir. Lorsque le patient fut arrivé en face de son
maître et à portée d'en être entendu, son œil étincela,
sa figure s'anima jusqu'à la rage, et brandissant le poing
vers lui :

— Massa, vous vous en repentirez ! s'écria-t-il.

On entraîna ce forcené, et il fallut songer à une correction plus efficace. Un pareil acte était de ceux qui
ne pouvaient rester impunis et que le code noir frappait des peines les plus sévères. C'était une rébellion
ouverte, accomplie dans des circonstances qui en ag-
gravaient le caractère et en augmentaient le péril.
Quand les plaies de Vulcain furent cicatrisées, on le
mit au cachot, et on l'y oublia pendant quelque temps.
D'Angremont hésitait; il n'eût pas voulu en venir à des
actes de rigueur; il attendait un retour salutaire, un
bon mouvement; volontiers il eût pardonné une offense
qui lui était personnelle. Cette compassion devait lui
coûter cher.

Ce que l'on nomme un cachot dans une habitation
ne ressemble en rien à ce qui porte le même nom dans
nos prisons d'Europe. Ce n'est point une cellule sou-
terraine privée d'air et de jour, un espace étroit ménagé dans des catacombes. On appelle ainsi aux colonies
une ou plusieurs cases à nègres, où l'on enferme ceux

qui ont mérité d'être châtiés. Cette case n'a ni plus de
solidité, ni plus de moyens de défense que les cases en-
vironnantes : seulement, pour les cas extraordinaires et
afin d'empêcher une évasion, il existe dans un angle du
cachot une chaîne scellée dans un bloc de pierre et
terminée par un anneau qui se rive à la jambe du prisonnier. C'est dans une de ces cases que Vulcain avait
été renfermé, et en raison de la gravité de sa faute il
avait les fers aux pieds.

Or, une nuit le camp des noirs fut réveillé en sursaut
par un événement qui resta sans explication. Chassés
de leurs cases par une fumée épaisse, les esclaves virent avec effroi qu'une partie des constructions était
en feu, et que, poussées par le vent, les flammes gagnaient successivement le reste. A l'instant tout le
monde fut sur pied ; on fit jouer les pompes, et, après
bien des efforts, on parvint à se rendre maître de l'incendie. Ce n'était pas sans dommage : tout un quartier
avait brûlé, précisément celui qui renfermait les ateliers de discipline et les salles de correction. A cette
vue, un nom s'échappa de toutes les bouches : Qu'était
devenu Vulcain ? Enchaîné, ne pouvant fuir, il avait dû
périr sur place, être consumé à petit feu, finir le plus
misérablement du monde, au milieu de tortures affreuses et d'un supplice digne de l'enfer. On n'y pouvait
songer sans pitié ni douleur ; aussi, dès qu'on le put,
essaya-t-on de pénétrer dans le cachot où il avait été

renfermé : il n'y restait que des cendres brûlantes, tout avait été consumé ; la chaîne était rouge encore, l'anneau aussi, mais aucun débris humain n'y adhérait. On crut que le feu avait anéanti jusqu'à ces vestiges. Ce fut l'opinion la plus communément répandue parmi les noirs ; seulement quelques-uns d'entre eux disaient avec assurance qu'un sorcier comme Vulcain ne se laissait pas rôtir ainsi, et que son gri-gri l'avait sauvé.

Trois mois s'étaient écoulés depuis cet incident, et le souvenir s'en effaçait de plus en plus, lorsqu'un jour le propriétaire de l'habitation alla visiter, avec l'un des commandeurs qui dirigeaient cette culture, un plant de caféiers situé fort avant dans la montagne et au fond d'une gorge que dominaient des escarpements. Par précaution, le maître et l'esclave avaient pris leurs armes. Ils venaient d'achever cet examen, et de s'assurer des travaux à faire, lorsque le commandeur aperçut au sommet du rocher et dans une échancrure, où elle était comme encadrée, la tête d'un nègre qu'il reconnut à l'instant.

— Vulcain ! s'écria-t-il.

D'Angremont regarda à son tour et put constater cette identité : c'était bien le noir de Guinée, que l'on croyait mort et qui avait échappé à l'incendie. A défaut d'autres signes, le créole l'eût reconnu à la haine qui animait ses traits et au sourire affreux qui contractait ses lèvres. D'ailleurs, s'il eût conservé quelques doutes, l'esclave fugitif prit soin de les dissiper lui-même.

— Vous vous en repentirez, Massa, dit-il d'une voix qui retentit dans cet entonnoir et y trouva des échos.

C'était le défi et la menace que d'Angremont avait essuyés une fois, et quand il en pouvait tirer vengeance.

— Coquin ! dit le commandeur en le couchant en joue.

Mais à ce mouvement la tête du nègre disparut et trompa le feu de son agresseur ; le coup partit dans le vide. La seule réponse à cet acte d'hostilité fut un ricanement lointain.

XII

LA HAINE.

Depuis cette aventure, il y eut comme un sort jeté
sur l'habitation des d'Angremont et sur ce qui en dépendait. On eût dit que le génie du mal s'y était abattu
et la couvrait de ses ailes. Cette maison expia en quelques années le siècle de prospérité dont elle avait joui,
et lentement élevée à la fortune par l'épargne et les
efforts de plusieurs générations, elle en fut précipitée
brusquement et par une suite de fatalités irrésistibles.
Dès l'origine des troubles, des pertes nombreuses étaient
venues la frapper. Elle avait, dans les ports d'Europe,
des cargaisons qui ne se réalisèrent qu'avec de grandes
difficultés et de fortes dépréciations. Parmi ses correspondants, il en est qui succombèrent aux embarras du
moment et lui emportèrent des sommes considérables ;
d'autres, que la tourmente révolutionnaire atteignit, et
dont les biens, mis sous le séquestre, comprenaient
une portion du sien. A la Guadeloupe même, elle eut

des agents infidèles ou trop fortement engagés, des affaires qui tournèrent à son détriment, des spéculations malheureuses. La main des événements pesait sur tout cela ; elle était plus forte que la sagesse des hommes. Ce fut ainsi que disparut peu à peu la portion disponible de cette fortune qui, naguère, échappait au calcul ; ce qu'il en resta se composait de débris que la guerre maritime allait anéantir.

Il ne restait donc aux d'Angremont que leur opulence territoriale, et elle était grande encore ; aucun de leurs beaux domaines n'avait été aliéné ; ils constituaient un capital important, liquide et en plein rapport. Nuls champs de cannes n'étaient plus productifs que les leurs ; ils avaient fait au sol de larges avances, et celui-ci les leur rendait amplement ; on citait leurs caféiries comme les mieux soignées et les plus importantes des Antilles ; pour les autres denrées, ils n'étaient inférieurs à aucun planteur des îles du Vent. C'étaient là de grandes richesses. Ils y en joignaient une autre non moins appréciée, celle des cultures alimentaires, dont une partie était consommée par leurs noirs sur les lieux mêmes, et dont l'excédant s'écoulait sur les marchés de la Pointe-à-Pitre et des bourgs avoisinants. Quelques pertes qu'ils eussent essuyées au dehors et si réduit que fût leur capital de circulation, il leur suffisait pour rester ce qu'ils avaient été, de maintenir intacte leur position territoriale. Rien n'eût changé pour-

eux, et, à la longue, la terre eût réparé les dommages
que de fausses spéculations avaient causés.

La fatalité ne permit pas qu'il en fût ainsi ; la ruine
de cette maison devait être complète et irrémédiable ;
pour la perdre tous les fléaux semblaient se conjurer.
Le premier qui les frappa fut une mortalité épouvantable dans le bétail d'exploitation. Dès qu'elle sévissait
dans une étable, il était rare qu'un bœuf y échappât ;
ils mouraient par douzaine et sans qu'on pût dire de
quel mal. La veille ils étaient revenus du labour bien
portants ; le lendemain ils gisaient mourants sur leur
litière. En vain pressait-on de questions les noirs chargés de ce service ; en vain leur infligeait-on des châtiments ; ils subissaient les châtiments en silence, et ne
répondaient que d'une manière évasive aux questions
qu'on leur adressait. Les commandeurs eux-mêmes de-
meuraient confondus devant cette destruction rapide,
qu'aucune précaution ne pouvait arrêter ni prévenir.
Quand on leur en demandait la cause, ils parlaient de
maléfices et n'étaient pas moins sobres d'explications
que leurs subordonnés. Une influence occulte, mystérieuse, ténébreuse, semblait peser sur eux comme sur
le reste des ateliers et se substituer peu à peu, sur
cette malheureuse habitation, au gouvernement régulier des maîtres.

Quand le bétail y eut succombé presque en entier et
qu'il resta à peine quelques bœufs dans les étables et

quelques chevaux dans les écuries, un autre fléau se déclara. Tout à coup et comme par un concert, des incendies éclatèrent sur quatre points de cette vaste propriété : ici dans un champ de manioc, là dans un champ de cannes à sucre, l'un et l'autre en pleine maturité et à la veille de la récolte ; plus loin dans une plantation de cafés, la plus riche sans contredit de toute l'habitation. La cause de ces sinistres simultanés ne pouvait être douteuse : une main ennemie les avait allumés. Mais quelle main ? voilà où l'incertitude commençait. Était-ce parmi les esclaves de la maison qu'il fallait chercher des coupables, ou bien parmi ces nègres maraudeurs ou marrons, comme on les appelle dans les colonies, qui, échappés au joug de leurs maîtres, se réfugiaient dans les mornes comme les vautours dans leur aire et en descendaient de temps à autre pour infester la plaine et la couvrir de dévastations ? Rien ne fournissait là-dessus des indications concluantes ; on ne savait que croire ni contre qui sévir.

Il est vrai que des nègres, étrangers à l'habitation, avaient été aperçus y rôdant à toute heure, et qu'il n'était pas rare de voir briller dans un buisson des yeux qui n'étaient pas ceux d'une bête fauve ; mais, d'un autre côté, les nègres de l'habitation étaient eux-mêmes dans une effervescence qui autorisait à s'en défier ; de sorte qu'on ne savait dire ce qui était le plus dangereux des ennemis du dehors ou de ceux du dedans, ni auxquels attribuer la plus grande part dans cette suite de catastrophes. De quelque côté que vînt le mal, il n'en était pas moins visible et ne paraissait pas près de finir. A tout prix il fallait y opposer des obstacles. Les incendies allaient se multipliant et frappaient l'habitation dans ses richesses ou dans ses ressources. C'était toujours aux plantations les plus belles, aux champs les plus riches que l'on s'attaquait, et la main qui commettait ces ravages semblait guidée dans ses choix par une grande connaissance des localités.

D'Angremont avait épuisé les voies de la douceur, il essaya celles de la sévérité. Désormais les ateliers furent assujettis à la discipline la plus rigoureuse; les châtiments-corporels dont il s'était montré jusque-là si avare, il les multiplia, et forma, des esclaves les plus déterminés, le corps de partisans avec lequel il se mit en campagne. Ces moyens eurent de bons résultats; il s'ensuivit une trêve momentanée. Quelques incendies attestaient bien, de temps en temps, l'action d'une haine persistante; mais ce n'étaient plus que des cas isolés et non cette conflagration générale qui ressemblait à une campagne en règle contre la propriété.

Les choses durèrent ainsi jusqu'au moment où d'Angremont, vaincu et abandonné des siens, se vit obligé d'aller chercher à l'étranger un refuge contre la proscription. De la troupe qui l'avait suivi, les uns rentrèrent dans leurs cases et reprirent leurs travaux; les autres, on ne les revit plus, et il était à croire qu'ayant des munitions et des armes, ils tenaient désormais la campagne pour leur propre compte, rançonnaient les maisons isolées ou attaquaient les passants, à la manière des reîtres du moyen âge quand ils étaient licenciés à l'issue des hostilités.

Un bruit, qui se répandit dans le nord de la colonie, vint bientôt confirmer cette conjecture. On disait que, sur l'un des points les plus inaccessibles du morne de la Belle-Hôtesse, venait de se former une bande redoutable de nègres marrons, pourvue de fusils et commandée par un Africain de la côte de Guinée, qui avait des intelligences dans les habitations et exerçait sur les siens un empire sans bornes. On ajoutait que des actes d'un brigandage régulier avaient signalé le passage de cette troupe sur certains points du littoral; qu'elle n'avait pas craint de pénétrer de force dans des hameaux et d'y frapper une rançon à son profit sur les créoles les plus riches. On citait encore d'autres détails de nature à répandre une certaine terreur : par exemple, que cet homme avait des espions partout, même dans le sein des maisons, et que les serviteurs des blancs étaient presque tous ses complices; qu'on lui ouvrait les portes; qu'on lui livrait les issues, toutes les fois qu'il en avait besoin, et qu'on pouvait regarder la race africaine comme associée à ses violences et à ses déprédations.

Au nombre des particularités qui accompagnaient ces récits, il en était une de nature à expliquer l'influence que cet homme exerçait sur ses gens. Son camp était une espèce de sanctuaire africain, peuplé de tout les fétiches qu'on adore depuis la Sénégambie jusqu'à la côte du Gabon ; lui-même était· l'interprète raffiné et le résumé vivant des superstitions nègres. Il avait le secret de toutes les amulettes et la recette de tous le talismans ; il connaissait les moyens à l'aide desquels on agit sur ces imaginations crédules. Aussi entraînait-il à sa suite ou retenait-il dans les liens de sa redoutable affiliation tous les noirs de traite, et ceux qui, bien que d'origine créole, avaient conservé quelques souvenirs, même vagues, du pays d'où leurs pères étaient venus. Il n'était pas jusqu'à la musique et la danse dont il n'eût fait revivre dans son camp la tradition et l'imitation exactes. Jour et nuit, sur ces hauteurs escarpées, le tambour résonnait et les malheureux s'animaient à ces sons comme à un écho de la patrie.

Voilà les nouvelles qui se débitaient dans les habitations des planteurs exposées aux visites de ce terrible voisin. Il n'en était aucun qui ne se fût mis sur ses gardes et n'eût ajouté quelques éléments nouveaux à ses moyens ordinaires de défense. Quelques-uns d'entre eux avaient poussé les choses plus loin, et, au lieu de déjouer les surprises, avaient mieux aimé les prévenir : se réunissant en corps de volontaires et armés jus-

qu'aux dents, ils avaient marché sur le repaire de
ces maraudeurs avec l'intention d'y étouffer ce commencement de révolte. Jusqu'au pied du morne, où
les nègres s'étaient réfugiés, leur courage les avait soutenus; mais, arrivés là, ils avaient, d'un commun accord, reconnu les impossibilités de leur entreprise. Le
seul point par lequel le sommet fût accessible était une
corniche du rocher, large à peine de quelques pouces,
dont l'aspect seul frappait de vertige, et d'où, au moyen
de quelques blocs roulés d'en haut, une armée entière
aurait été précipitée dans l'abîme. A moins de folie, il
fallait renoncer à forcer un semblable retranchement;
la nature l'avait mis à l'abri de toute atteinte. Tout ce
que l'on put faire, ce fut d'organiser un système de
surveillance autour de ce nid d'oiseaux de proie et de
se tenir prêt à secourir dans la plaine les habitations
qu'ils attaqueraient.

XIII

LA SURPRISE.

Des résidences sur lesquelles la nouvelle bande pouvait diriger ses excursions, aucune n'était plus menacée que celle des d'Angremont, et c'était celle, pourtant, où l'on cherchait le moins à s'en garantir. Cela s'explique : il y manquait le bras et le cœur d'un homme ; il n'y restait qu'une femme et une enfant, celle-ci en bas âge, celle-là inconsolable de l'absence de son mari. Pour obtenir d'elle un peu d'attention, c'était sur ce sujet qu'il fallait la ramener ; aucun autre soin ne pouvait la toucher, aucune autre calamité ne lui semblait à craindre.

Un matin pourtant qu'elle était entre les mains de sa femme de chambre, celle-ci essaya de lui faire partager les craintes qu'elle avait conçues et qui lui étaient communes avec toute la domesticité. En pouvait-il être autrement ? Dans tout le quartier on ne s'entretenait que du redoutable chef campé sur les mornes ; un jour on l'avait vu à la Pointe-Noire, un autre jour sur la

Grande Rivière à Goyaves; il passait comme l'éclair et par des défilés connus de lui seul, de l'est à l'ouest de l'île, déjouait les poursuites, bravait les autorités, ne se montrait jamais là où il était attendu, et paraissait inopinément là où il ne l'était pas, égorgeant, pillant, saccageant, enlevant les enfants à la mamelle sans qu'on pût savoir ce qu'il en faisait, se livrant enfin à tous les excès imaginables. Tel était le thème de mademoiselle Rodogune, et les développements n'y manquaient pas. Rodogune était le nom de cette femme de chambre, nom un peu tragique pour ses fonctions, qui consistait à coiffer et à habiller sa maîtresse, mais qui était en revanche parfaitement assorti à l'objet de l'entretien.

Il faut croire que madame d'Angremont était accoutumée à ces peintures sombres tant elle paraissait peu s'en émouvoir; mais la jeune négresse s'était promis de porter ce jour-là un grand coup, et elle persista :

— Allez, madame, c'est bien vrai ce que je vous ai dit. Si vous entendiez parler M. Actéon !

Cet Actéon était un palfrenier noir attaché à l'écurie d'honneur, et mademoiselle Rodogune avait une grande déférence pour son opinion.

— Peureuse ! lui dit madame d'Angremont en souriant.

— Peureuse ! répliqua-t-elle, on le serait à moins. Tenez, madame, il faut que je vous raconte tout. Nous sommes en danger.

— Encore ! dit la jeune femme.

— En danger ! en danger ! répéta la négresse en se mutinant. Vous me croirez ou vous ne me croirez pas, madame, mais je l'ai vu, là, vu, comme je vous vois.

— Qui donc cela, folle ?

— Qui ? le chef nègre des mornes, celui qui viendra nous égorger demain ou après-demain ; oui, là, madame, nous égorger. J'en sais long là-dessus.

— Alors explique-toi, dit madame d'Angremont d'un air plus sérieux. Tu prétends avoir vu ce chef : comment cela ?

— C'est toute une histoire : je la dirai bien à madame, pourvu qu'elle ne me gronde pas ; je suis sortie hier à la nuit, ajouta-t-elle avec un peu de confusion.

— Petite désobéissante, dit madame d'Angremont en la frappant légèrement de son éventail. Allons, va.

— Eh bien, madame, reprit la négresse se voyant pardonnée, c'est donc hier, à la nuit, que je l'ai vu ; lui ou un autre ; mais ce doit être lui.

— Quel barbouillage me faites-vous là, Rodogune ?

— Voici, madame, excusez-moi ; j'en suis encore toute troublée. Hier donc, je revenais des ateliers ; la nuit était noire, bien noire ; on n'y voyait rien à quatre pas devant soi. J'avais une peur, une peur... je marchais d'un vite... le cœur me battait, mes jambes tremblaient ; j'aurais donné beaucoup pour être rentrée. On avait tant parlé du chef des marrons dans la soirée,

que j'en avais la tête pleine ; c'est alors que je l'ai aperçu ;
jugez de mon état.

— Une vision, petite ?

— Non, madame, c'était bien lui : qui voulez-vous
que ce fût ? Il était appuyé sur une statue du parterre
et ne bougeait pas plus qu'elle. Allez, j'en suis bien
sûre, c'est lui. A ces heures, jugez donc, et dans cette
pose ! Il n'y a que lui. C'est connu qu'il vient voir de
près une habitation avant de l'attaquer. M. Actéon le
disait encore l'autre jour.

— C'est bien, Rodogune, dit madame d'Angremont
devenue pensive ; laissez-moi.

La négresse n'obéit pas sur-le-champ à cet ordre ;
elle hésitait, on voyait qu'elle abandonnait à regret la
partie.

— Ah ! madame, j'oubliais, dit-elle, comme si elle
se fût ravisée, j'oubliais le plus essentiel ; sotte que je
suis ! Que voulez-vous ? J'en ai la cervelle tournée.

— Qu'est-ce encore ? répondit la jeune femme d'un
air distrait.

— Vous savez, Sultan.

— Quel Sultan ?

— Le chien de garde ; celui que nous lâchons tous
les soirs et qui veille sur la maison.

— Au fait, c'est juste, dit madame d'Angremont ;
comment a-t-il laissé quelqu'un s'en approcher ?

— Ah bien ! madame, c'est pire que cela. Figurez-vous qu'il était aux pieds de cet homme et le caressait ! Une bête si méchante ordinairement ! Encore une preuve que c'est bien lui ! le chef des marrons !

— Vraiment ! et comment cela !

— C'est connu qu'il charme les chiens ; il a ce secret. Encore hier, M. Actéon nous le racontait, et il le tient de personnes très au courant.

Quelque désir qu'eût mademoiselle Rodogune de prolonger l'entretien, elle comprit que sa maîtresse ne s'y prêterait pas, et qu'il était temps de songer à la retraite. Avant de s'y décider, elle lança, à la façon des Parthes, un dernier javelot ; c'était justifier son nom :

— Madame... dit-elle à voix basse et avec un certain mystère.

— Assez, petite, assez ; voici quinze jours que tu m'en rebats les oreilles ; je t'ai dit de me laisser.

— Plus qu'un mot, madame, et cela vous regarde plus que moi. Si cependant je vous ennuie trop... ajouta-t-elle avec un peu de dépit.

— Voyons, achève, puisque tu y es, dit la jeune femme.

— Pourquoi cela ? madame n'y tient pas.

— Mais oui ; va donc, va donc, follette !

— Ce serait abuser de la complaisance que madame y met.... Une radoteuse comme moi !

— Mais, achève donc ! Faudra-t-il t'en prier, à présent ?

— C'est madame qui le veut... Eh bien, voici la fin.
Je venais de passer près de cet homme, tremblante
comme la feuille, lorsque je me suis entendu appeler :
— Mademoiselle Rodogune ! me dit-il. Comme vous
pensez, madame, je ne répondis pas ; seulement je me
mis à courir, afin qu'il ne m'arrivât pas malheur. Il
m'appela encore : — Mademoiselle Rodogune ! répéta-
t-il, dites à Massa qu'il s'en repentira. J'arrivai à ce
moment sur le perron et n'entendis plus rien. Il était
temps ; quelques pas de plus, et je m'évanouissais.
Quand j'arrivai à l'office, j'étais pâle comme un linge.
Tous les domestiques de la maison s'y trouvaient : je
leur racontai la chose. M. Actéon voulait sortir : on le
retint ; ces gens des mornes sont si féroces !... Voilà,
madame, ce qui m'est arrivé. Allez, c'est bien terrible,
et il y a du sang au bout.

Restée seule, madame d'Angremont se mit à réfléchir sur ce que lui avait dit sa femme de chambre. Elle
ne prêtait ordinairement qu'une attention médiocre à
ces propos. Cette fois, néanmoins plusieurs circonstances l'avaient frappée, et, entre autres cette menace
adressée au maître de l'habitation. Il y avait là comme
un écho d'une menace antérieure, présente au souvenir
de la jeune femme. Dès ce moment, elle songea à
prendre, à l'exemple des planteurs voisins, les précautions que lui conseillait la prudence. Les fenêtres et les
portes de l'habitation furent garnies de défenses en fer,

susceptibles de soutenir au besoin une espèce de siége. Cinquante noirs des plus fidèles, placés sous les ordres de commandeurs choisis, reçurent une organisation militaire, et on leur confia la garde de la maison de maître. Tous les soirs, une douzaine d'entre eux veillaient dans une pièce située au rez-de-chaussée du château, et qui n'y avait pas de communication intérieure. Des vedettes placées au dehors et jusqu'à une certaine distance devaient donner l'alarme dans le cas où, durant la nuit, un mouvement hostile aurait lieu aux confins de la propriété. Ces mesures une fois prises, il n'y avait plus qu'à attendre la suite des événements.

Ce qui aidait singulièrement à la multiplication de ces bandes et aux prises d'armes des nègres fugitifs, c'était l'impunité qui semblait désormais acquise à leurs déprédations : on eût dit que la campagne leur appartenait. Sous les créoles de la vieille roche, jamais on n'avait rien vu de pareil ; ils savaient se garder eux-mêmes, faisaient leur propre police et ne s'en remettaient pas, pour défendre leurs foyers, aux troupes de la garnison. Tant qu'ils furent debout, les choses marchèrent ainsi. Le peu de nègres marrons que les mornes dérobaient à leurs poursuites y menaient la vie la plus chétive et la plus misérable que l'on pût voir. Dans les anfractuosités du roc, et sur des terrains qui ne semblaient pas susceptibles de culture, ils plantaient et récoltaient quelques vivres, du manioc, des ignames, en quantité à peine suffisante pour se soutenir. L'esprit d'indépendance leur donnait des forces dans cette lutte contre le besoin. Rien d'ailleurs ne les unissait, si ce n'est la communauté de condition. Ils marchaient isolés et point en corps; surtout ils ne formaient pas des ligues redoutables de nature à épouvanter et à ruiner la colonie.

L'une des conséquences de la défaite des créoles du vieux sang, fut de laisser sans répression immédiate les ravages des nègres évadés. Il ne resta plus dès lors pour s'y opposer que des milices partagées d'opinions et plus disposées à s'occuper de politique que de police; ou bien des soldats envoyés d'Europe et peu propres à cette guerre de buissons, faite sous un ciel ardent. D'ailleurs, une portion de la force armée se composait de gens de couleur disposés, sous l'empire des passions ou du temps, à plaindre les nègres au lieu de les blâmer et à trouver, dans leurs soulèvements, un point d'appui contre la résurrection de l'esprit créole. Il y eut donc là une sorte d'interrègne où l'audace de ces esclaves réfractaires ne connut point de limites et que remplirent des massacres nombreux. Chaque jour on signalait quelque catastrophe de ce genre, tantôt sur l'habitation Vermont, tantôt sur l'habitation Godet; le quartier des Trois-Rivières était surtout infesté par ces bandes, et l'une d'elles, après un de ces exploits, poussa l'insolence jusqu'à entrer à la

Basse-Terre, pour s'y justifier devant le comité de sûreté qui y avait été institué.

Cependant rien n'avait justifié jusqu'alors les mesures de précaution dont madame d'Angremont avait cru devoir s'entourer. Il semblait au contraire que les dangers, naguère objet de tous les entretiens, s'étaient éloignés de cette partie de l'île : le bruit qu'avaient fait les pillages du sud y avait attiré tout ce que la colonie renfermait d'éléments dangereux ou insubordonnés. Le nord respirait, jamais il n'avait joui d'une sécurité plus complète. On ne voyait plus ramper dans les taillis ni courir le long des escarpements ces nègres suspects qui répandaient l'épouvante sur leur passage : plus d'empoisonnements dans le bétail, plus d'incendies dans les cultures ; les ateliers eux-mêmes, si longtemps remuants et accessibles aux influences du dehors, semblaient avoir repris des allures régulières ; l'obéissance y régnait comme aux plus beaux jours de la colonisation ; enfin, point de symptômes fâcheux, et, au contraire, une sorte de pacification dans les esprits, de trêve dans les mauvais desseins. C'est au point que madame d'Angremont en était aux regrets d'avoir montré une défiance inutile et renonçait peu à peu à l'appareil de guerre qu'elle avait d'abord déployé.

Elle en était là, dans cette disposition d'esprit lorsque la catastrophe vint la surprendre.

Une nuit, par un temps d'orage, où aucune précaution n'avait été prise au dehors, il se fit autour de l'habitation un mouvement étrange. Des centaines d'hommes se glissèrent comme des reptiles dans les plantations et dans les jardins, et marchèrent vers le château. Arrivés devant le perron, ils poussèrent un cri furieux qui semblait répondre aux hurlements des chiens et aux grondements du tonnerre. Ce cri était de ceux au caractère desquels il est impossible de se méprendre : en un clin d'œil tout le monde fut sur pied, madame d'Angremont se trouva debout la première : l'heure du danger était arrivée ; elle avait des devoirs à remplir, et n'était pas femme à les déserter. Son sang-froid ne l'abandonna pas. Ouvrant une croisée du premier étage, elle regarda son ennemi en face, et, à la lueur des éclairs, en reconnut le nombre et les dispositions. C'était une bande considérable, armée de torches et de fusils, qui s'attaquait aux portes de la maison, en gardait les issues ou en faisait le tour en poussant des clameurs féroces.

Elle était assiégée et allait avoir un combat à essuyer.

XlV

L'ATTAQUE.

Dans la position critique où elle se trouvait, Mme d'Angremont n'avait pas le choix des partis : il ne lui en restait qu'un à prendre. Devant cette horde ivre de pillage
et de sang, une capitulation n'était pas possible. Il fallait résister, soutenir le siége, le prolonger jusqu'au
jour, avec l'espoir d'être secouru par les habitants des
bourgs voisins ou les planteurs les plus rapprochés du
théâtre de la catastrophe; il fallait se défendre d'abord
aux issues, puis d'appartement en appartement, de
chambre en chambre, lassant l'ennemi et mettant le
temps de son côté.

Quoiqu'elle eût réduit ses moyens de résistance, la
jeune femme avait encore autour d'elle une quarantaine
de serviteurs dévoués, avec des fusils à deux coups et
des gibernes bien garnies : c'était plus qu'il n'en fallait
pour tenir en échec la bande la plus redoutable et déjouer ses efforts. Il suffisait pour cela que la trempe des

assiégés ne s'affaiblît pas, et que leur présence d'esprit restât la même au milieu des vociférations de cette horde. Les volets des croisées allaient servir de meurtrières d'où l'on pourrait ajuster les assaillants à coup sûr et porter le désordre dans leurs rangs. Les femmes même devaient être utiles à la défense, verser de l'huile et de l'eau bouillante sur la tête des assiégeants, transformer en projectiles les meubles les plus maniables, opposer aux cris du dehors des cris non moins expressifs. Enfin il restait une dernière chance : c'est que le quartier des esclaves, au lieu de rester neutre dans le combat, s'armât pour ses maîtres, marchât à leur secours, et prît entre deux feux ces maraudeurs, plus tumultueux que redoutables. Une pareille diversion eût suffi pour faire échouer ce coup de main.

Mme d'Angremont n'avait pas imaginé seule et de son chef cet ensemble de combinaisons militaires; elle était trop de son sexe pour cela. Mais le château avait parmi ses défenseurs l'un des hommes sur lesquels elle pouvait le plus compter, un ancien serviteur, fidèle, dévoué, né sur l'habitation et en connaissant les ressources. C'était ce même commandeur qui tenait le fouet dans l'exécution de Vulcain et auquel son maître avait confié de tout temps les tâches les plus délicates et les plus difficiles. Depuis que des précautions avaient été prises, c'était lui qui y avait présidé ; il était le capitaine de la petite troupe, formée pour la garde du château,

et en avait choisi les hommes un à un et parmi les
meilleurs : il était le bras de défense ; madame d'Angremont lui en abandonna le soin. Son rôle, à elle,
était de se montrer plus forte que le danger, afin que,
la voyant calme et résolue, tout le monde le devînt à
son exemple.

Jusque-là il n'y avait eu des deux côtés rien de sérieux. Les assaillants espéraient toujours que la terreur, inspirée par leur présence, suffirait pour leur
donner accès dans le château, et ils exécutaient, autour
des murailles, une ronde, accompagnée de cris dis-
cordants, comme en doivent exécuter les enfants de
l'abîme dans leurs royaumes souterrains. Sur des cœurs
moins résolus, ce spectacle eût produit l'impression
qu'ils en attendaient. Aux lueurs des éclairs, aux clartés des flambeaux, on les voyait se démener nus jusqu'à la ceinture, noirs et hideux, altérés de sang et de
butin, jetant sur cette maison les regards de la bête de
proie. Cependant il y en avait parmi eux qui ne se bor-
naient pas à ces démonstrations bruyantes et qui com-
mençaient à employer des moyens plus efficaces pour
réduire les assiégés. Ceux-ci déchargeaient leurs fusils
contre les croisées ; ceux-là essayaient de pénétrer par
les issues, ou tentaient l'escalade de la maison. De l'in-
vestissement ils passaient à un siége en règle.

Quand le commandeur vit cela, il alla prendre les
derniers ordres de madame d'Angremont. Ouvrir le

feu était un acte grave ; il en voulait au moins partager
la responsabilité.

— Madame, lui dit-il, c'est le moment, que voulez-
vous faire ?

— Nous défendre, dit-elle.

— Alors feu pour feu ?

— Feu pour feu, commandeur, et que Dieu com-
batte avec nous ; il nous voit et nous juge.

— Feu ! dit le nègre en donnant des ordres aux
hommes qu'il avait apostés.

L'effet de cette mousqueterie fut d'autant plus grand
qu'elle était moins attendue. Il n'était pas un homme,
dans cette bande de forcenés, qui crût à une résistance
sérieuse ; tous ils avaient espéré enlever la place sans
coup férir. Aussi, quand ils virent tomber quelques-
uns des leurs, furent-ils pris d'une épouvante conta-
gieuse ; sauf un ou deux chefs, ils se débandèrent tous
et fuirent dans différentes directions. Ce fut un sauve-
qui-peut. Un instant on put croire dans le château que
la partie était gagnée ; la place était libre d'ennemis ;
le silence avait succédé aux clameurs. Mais il y avait là
un homme qui n'abandonnait pas le terrain et faisait
tous ses efforts pour y ramener ses compagnons. C'é-
tait un nègre aux épaules carrées et qui portait sur son
chapeau de paille une plume comme attribut de commandement. Il se multipliait par le geste et la parole,
allait des uns aux autres, gourmandait les peureux,

châtiait les indociles, reformait sa troupe et l'entraî-
nait de nouveau. Après une demi-heure d'hésitation,
l'assaut recommença sur des proportions bien plus redoutables.

Avertis par un premier échec, les assiégeants con-
duisirent cette fois leurs opérations avec plus de prudence ; ils ne s'exposèrent plus au feu des croisées et
concentrèrent leurs forces sur un point où ce feu n'arrivait pas. Au lieu de marcher au hasard, sans ordre
ni règle, ils obéirent désormais à une tactique ; au lieu
de s'épuiser en cris impuissants, ils gardèrent un silence profond. Les flambeaux qui pouvaient servir de
points de mire s'éteignireut tous ; les ténèbres régnè-
rent, et à peine distinguait-on des ombres confuses au
milieu des quinconces et des boulingrins. L'orage s'en
mêlait aussi et ne faisait qu'accroître l'obscurité ; des
nuées basses et sombres chargeaient l'atmosphère et
enveloppaient les objets ; on ne voyait, on ne distinguait plus rien à la moindre distance. Les éclairs
avaient cessé, le tonnerre ne grondait plus ; mais un
déluge semblait descendre du ciel et l'eau tombait par
cataractes. Dans cette rigueur des éléments, les assiégés
voyaient un appui pour eux ; cette illusion ne fut pas
longue.

Au moment où ils se croyaient délivrés de leur ennemi, un bruit violent se fit entendre, et une secousse
étrange fut imprimée à tout l'édifice : on eût dit qu'il

tremblait sur ses fondements. Que signifiait cet ébranlement inattendu? Quelle était cette machine de
guerre imaginée par les assaillants? Le voici. Sur un
des points de l'habitation, ils avaient trouvé un madrier
énorme, et vingt hommes, le chargeant sur leurs épaules, l'avaient amené devant la porte principale du château. Là, ils l'avaient mis en mouvement, s'en étaient
servis comme d'un bélier, et venaient d'exercer une
première et profonde pression sur les panneaux de la
clôture. Quoique maintenus au dedans par une arma-
ture en fer, les ais avaient cédé, et le jeu du bois attestait déjà la force de cet instrument formidable. Encore
quelques coups et la porte allait voler en éclats et livrer
passage à cette bande de forcenés.

Le commandeur fut le premier qui, dans la maison,
comprit l'étendue de ce nouveau péril; il ne s'était pas
mépris sur la nature de ce bruit et de cette secousse,
et, malgré les ténèbres, il avait aperçu le terrible engin
qui allait ouvrir aux bandits l'accès du château; il accourut auprès de madame d'Angremont.

— Madame, madame, lui dit-il, nous allons être
forcés.

— Forcés! dit-elle; où et comment?

Il lui rendit compte de ce qu'il avait vu et des inquiétudes que lui causait ce nouveau plan d'attaque;
puis il ajouta :

— Que faut-il faire, madame? Ordonnez.

Cette scène avait lieu en présence de la maison entière, des gens de service et de la petite garnison de
noirs chargée de la défense. Tous les visages étaient
tournés du côté de la jeune femme, comme si le salut
eût été attaché au mot qu'elle allait prononcer. La fermeté de madame d'Angrémont ne se démentit pas ; elle
puisait, dans l'imminence du danger, une vigueur de
plus ; ce n'était plus la créole nonchalante des jours
heureux, c'était une héroïne qui songeait au soin de
son honneur et au salut de son enfant. Elle répondit
d'une voix résolue :

— Vous me demandez ce qu'il faut faire, commandeur ? que feriez-vous si mon mari était ici ?

— Nous tiendrions jusqu'au bout, répondit-il.

— Eh bien, faites comme s'il y était, ajouta-t-elle ;
tenez jusqu'au bout. Je ne suis là que pour ordonner
ce qu'il aurait ordonné.

— Vous serez obéie madame, dit le commandeur ;
puis, se retournant vers ses hommes : « Frères ajouta-
t-il, vous l'avez entendu. Si la maison doit être emportée, que pas un de nous n'en sorte vivant. Madame
l'ordonne ainsi. Aux croisées les uns, les autres à la
porte ; envoyez d'en haut tout ce qui vous tombera
sous la main ; en bas, entassez les obstacles. Venez,
venez. »

Animés par l'exemple de leur maîtresse et les paroles
de leur chef, les noirs retournèrent à leur poste et

firent, pour se maintenir, des efforts surnaturels. Un feu croisé éclata de toutes les ouvertures; à l'aide de meubles et de matelas, on soutint la porte ébranlée et on encombra les corridors de manière à les rendre inaccessibles. Le terrible bélier frappait toujours les ais et en brisait jusqu'aux derniers fragments; mais, après ces obstacles, il s'en présentait un autre, puis un autre; c'était vingt siéges dans un, et à l'intérieur le combat eût recommencé à chaque issue. La résistance gagnait ainsi du temps, et des chances, par conséquent; et si les esclaves du quartier eussent imité la petite troupe des noirs fidèles, la bande eût été dispersée, après avoir laissé sur le carreau ses plus valeureux combattants. Mais les esclaves, au lieu de se porter au secours de leurs maîtres ou bien les abandonnèrent, ou bien passèrent à l'ennemi. La défection n'était pas l'œuvre du moment, ni le fruit d'un entraînement subit; elle avait été préparée de longue main.

Cette circonstance augmenta le nombre des agresseurs; c'était comme un flot qui montait à vue d'œil : les avenues du château fourmillaient de têtes. Avec le nombre s'accroissaient aussi l'ardeur et l'impatience d'en finir. Les vociférations recommencèrent de plus belle et prirent un caractère plus sauvage et plus féroce qu'auparavant; les cris n'avaient rien d'humain; c'étaient les rugissements de la bête livrée à ses appétits. Si la résistance était acharnée, l'attaque ne l'était pas

moins ; les coups de feu s'échangeaient, les impréca-
tions se confondaient ; on en arrivait à se battre corps
à corps. L'avantage passait d'un parti à l'autre, sans
qu'on pût dire à qui il resterait définitivement, lorsqu'un incident changea tout à coup la face des choses.
Le commandeur venait de recevoir une balle dans
l'épaule ; il était hors de combat. Inondé de sang, il
eut la force de se traîner vers sa maîtresse :

« Madame, lui dit-il avec une douleur mêlée de con-
sternation, sauvez-vous. Les voici ! les voici ! »

A l'appui de ces mots on entendit un frémissement
sinistre et des cris de victoire poussés au dehors : le
vestibule était envahi ; quelques assaillants s'étaient fait
jour à travers les obstacles accumulés. Madame d'Angremont comprit que le moment fatal était arrivé et
qu'elle allait se trouver, elle et son enfant, à la merci
de cette horde. Elle leva les yeux au ciel en qui était
son dernier espoir, prit sa fille par la main afin d'être
plus sûre qu'on ne l'en séparerait pas, et se tournant
vers les femmes qui l'entouraient :

— Venez, leur dit-elle.

Elle marcha, et ses gens la suivirent ; c'est dans la
chapelle qu'elle se rendait ; c'est là, avec Dieu pour
témoin, qu'elle voulait attendre ses bourreaux. La chapelle était éclairée comme pour une solennité ; la jeune
femme gagna sa place ordinaire et s'agenouilla devant
l'autel ; tout le monde imita son exemple. Pendant ce

temps le château s'emplissait; la foule des assaillants y pénétrait par toutes les issues. Plus de résistance, plus de lutte; à peine entendait-on quelques coups de feu isolés et tirés à l'aventure. Des défenseurs du château, les uns avaient péri; les autres avaient suivi leur maîtresse; ils étaient prosternés sur les dalles de la chapelle et préparés à tout. Les vainqueurs y entrèrent presque en même temps, les armes au poing, le cri de guerre à la bouche.

— Tue! tue! dirent-ils en se précipitant comme des furieux, et frappant à droite et à gauche.

— Tue! tue! répétèrent de nouvelles bandes en arrivant avec des torches à la main.

L'épouvante était à son comble, et une mêlée affreuse commençait. Les femmes, les enfants, poussaient des clameurs déchirantes, ou bien couraient vers l'autel comme vers un lieu d'asile et le tenaient embrassé; les derniers noirs de la garnison, les seuls qui eussent survécu, se relevaient et reprenaient l'offensive, bien résolus à mourir debout : madame d'Angremont avait la pose résignée et tranquille d'une martyre; déjà le sang coulait et inondait les parvis; la profanation était flagrante, lorsqu'un homme s'ouvrit, à coups de sabre, un passage au milieu de ces forcenés; c'était celui qui portait les insignes du commandement. A la clarté des flambeaux, les gens de l'habitation purent enfin voir à qui ils avaient affaire; pas un d'entre eux qui ne re-

connût cette figure hideuse, présente à tous les souvenirs :

— Vulcain ! s'écrièrent-ils.

— Oui, Vulcain, reprit cet homme en promenant sur
la foule des yeux sanglants.

Il marcha droit à son ancienne maîtresse, sur laquelle
le fer était levé, renversant les siens, écrasant ceux qui
ne s'écartaient pas assez promptement, la dégagea
des bras qui la menaçaient, et d'une voix qui remplit
les voûtes :

— Arrêtez ! s'écria-t-il, cette femme m'appartient.

La troupe obéit, le massacre cessa, l'ordre se rétablit
peu à peu.

— Eh bien, madame, dit Vulcain en s'adressant à sa
prisonnière, avais-je tort de dire que Massa s'en repen-
tirait ?

XV

LES NOUVEAUX MAITRES.

Madame d'Angremont venait d'échapper aux assassins, mais elle était à la merci de cet homme, et une semblable perspective n'avait rien de rassurant. En y songeant, elle était aux regrets que le sacrifice n'eût pas été consommé à l'instant même ; tout ce qu'elle avait lieu d'attendre était un raffinement de cruautés. Elle connaissait l'histoire du bandit entre les mains duquel elle était tombée ; elle savait quelles haines couvaient dans son cœur, et, au besoin, elle en eût retrouvé l'expression empreinte sur son visage. Il n'avait écarté la mort de sa tête qu'afin de lui en ménager une plus douloureuse et de savourer sa vengeance à loisir. Telles étaient ses impressions, et pourtant rien ne les trahissait : sa physionomie était la même, aussi sereine, aussi assurée que si elle eût été entourée d'esclaves soumis : son âme ne fléchissait pas. Au lieu d'attendre son arrêt en victime, elle alla au-devant.

— Eh bien, Vulcain, dit-elle avec un accent fier et méprisant, qu'ordonnez-vous de moi?

Quoique le nègre de Guinée ne connût rien au-delà des instincts et des passions de la brute, cet air lui imposa; il eut comme un instant de confusion.

— Vous allez voir, madame, répondit-il en s'efforçant de se dominer.

En même temps il fit un signe à ses gens pour qu'on lui ouvrît de nouveau un chemin.

— Place, vous autres! dit-il.

Cette opération n'était pas facile; la curiosité avait attiré la bande entière dans la chapelle; l'enceinte en était remplie, les avenues en étaient obstruées. La vue d'un ennemi vaincu est un spectacle attrayant pour les sauvages : ceux-ci en jouissaient; ne pouvant plus s'exercer la main, ils repaissaient leurs yeux.

— Place, vous autres! répéta le chef.

Après bien des efforts, un vide se forma enfin, et Vulcain s'inclina du côté de son ancienne maîtresse :

— Venez, madame, lui dit-il.

La jeune femme suivit son guide et traversa les rangs de ces nègres avec une dignité si naturelle et un maintien si ferme qu'ils en étaient comme déconcertés. Pas un mot, pas un geste dans le sein de cette foule; le respect et la compassion y dominaient. Ce fut ainsi qu'elle arriva à son appartement; Vulcain la précédait :

— Voici votre prison, madame, lui dit-il; personne

que moi n'y entrera ; je vais mettre des hommes sûrs à la porte.

— C'est-à-dire que les rôles sont changés, dit la jeune femme ; c'est vous qui commandez à ce que je vois.

— Oui, madame, dit le nègre, relevant la tête à ce mot.

— Et chez moi ? ajouta-t-elle.

— Chez nous, madame, chez nous ! s'écria-t-il avec un éclair dans les yeux et comme l'eût fait un Goth ou un Gépide prenant possession de Rome ; chez nous !

— Ah, chez vous ! dit la jeune femme ; et de quel droit ?

Le nègre porta la main sur son sabre, qui retentit sous la pression :

— De ce droit-ci, madame.

— Vraiment !

— Et vous allez voir comment en usent les nouveaux maîtres.

Il sortit à ces mots et donna ses ordres. Une garde fut placée aux issues de l'appartement, et deux noirs de confiance y eurent seuls accès : c'étaient mademoiselle Rodogune et M. Actéon. Quant à l'enfant, elle n'avait pas quitté sa mère et s'était montrée digne de son sang. Pas un cri, pas une plainte ; elle avait assisté à ces tristes scènes avec plus d'étonnement que d'effroi. Un seul incident avait réussi à l'émouvoir. Pour lui faire traverser la foule, Vulcain avait voulu la prendre dans ses bras; mais elle s'y était obstinément refusée et l'avait repoussé avec dégoût.

Quand le jour parut, les bandits étaient les maîtres, pour employer l'expression du chef, et comme prise de possession ils mettaient le château au pillage. Selon l'usage en pareil cas, le nombre des vainqueurs s'était beaucoup accru après la victoire; tous les nègres évadés que recélaient les mornes voisins, tous les esclaves maraudeurs, tous les sujets vicieux des habitations d'alentour, étaient venus se mettre de la partie et réclamer leur part de cette proie; quelques-uns des serviteurs des d'Angremont n'étaient pas les moins ardents à la curée, et ils avaient sur les autres l'avantage de connaître les lieux et d'aller droit au meilleur butin. Vulcain ne repoussait personne, il n'était pas exclusif; pourvu que la besogne se fît en conscience, peu lui importait par quelles mains :

— Allez, mes enfants, allez, disait-il en forme d'encouragement; prenez tout, pillez tout, saccagez tout. La maison est bonne; il y a de quoi; allez, fouillez.

Et quand il voyait l'œuvre de dévastation suivre son cours, son regard s'animait, ses lèvres frémissaient de joie :

— Enfin, disait-il, enfin ! Le beau spectacle ! le beau moment ! Ai-je assez soupiré pour le voir ! Oh ! Massa, Massa, que n'êtes-vous là ? Vous me manquez, Massa !

Quel dommage qu'une si belle fête se passe sans vous ! Mais ça se retrouvera, Massa ; nous ne sommes pas quittes. Je vous avais bien dit que vous vous en repentiriez.

Cependant les nouveaux maîtres multipliaient les actes de propriété. Le plus terrible avait été exercé sur les basses-cours ; pas une volaille n'y avait échappé ; déjà elles étaient alignées sur des broches informes et exposées à des feux allumés en plein air, au milieu des parterres et des pièces de gazon. Il y avait plus de mille vainqueurs à nourrir, et le festin devait être à la hauteur de la circonstance. Les bœufs furent abattus et dépecés, les moutons aussi ; il ne devait rien rester de vivant dans cette enceinte condamnée. Les celliers et les caves avaient livré leurs tafias, des liqueurs exquises, des vins et des eaux-de-vie de France, tout ce qu'il y avait de plus délicat et de plus recherché en fait de boissons. Les convives n'entendaient rien épargner et voulaient que la fête fût digne d'eux.

Au milieu de ce vertige, Vulcain eut une inspiration qui provenait d'une vengeance plus réfléchie. Dès qu'il était le maître chez les d'Angremont, il était naturel qu'il eût toutes les apparences et tous les attributs du rôle. Quelques minutes avant le repas, il monta dans la chambre du proscrit, força ses armoires, fouilla dans ses tiroirs, choisit dans sa garde-robe tout ce qu'il y trouva de plus élégant, de plus riche, surtout de plus

ample, et s'en revêtit, non sans difficulté. La chemise
à jabot de dentelles, l'épée, l'habit français, les culottes,
les bas de soie, les boucles en diamants, le gilet en
brocard, tout fut passé en revue, déployé, essayé. Tant
bien que mal il parvint à se composer un assortiment
passable et à y entrer en forçant les coutures au point
de les faire éclater. Il n'y eut que les chaussures dont
il ne put venir à bout ; mais cet inconvénient n'était pas
de nature à arrêter un homme comme Vulcain ; il
marcha hardiment sur ses bas de soie ; il n'était pas à
une paire de souliers près.

Quand il descendit dans cet accoutrement, ce fut
une ivresse générale parmi les nègres qu'il commandait. Le chapeau sous le bras, la brette au côté, il les
passa en revue, au milieu de leurs acclamations ; c'était
du grotesque qui se mêlait au terrible. D'ailleurs Vulcain ne s'en faisait point un jeu ; c'était une insulte
nouvelle qu'il infligeait au nom des d'Angremont. On
se mit à table : la troupe au milieu des jardins, les
chefs dans la salle à manger du château et avec le
service de table de la famille. Les cuisiniers avaient
été contraints, sous peine de mort, à déployer tous
leurs talents, et on devine s'ils s'étaient surpassés. Au
dessert, la parodie et l'outrage furent poussés plus
loin encore. On but à la santé des d'Angremont, à
la prospérité de leur maison, et c'était Vulcain qui
recevait ces hommages, d'un air modeste ou attendri

et au milieu des éclats de rire de ses affreux suppôts.

Le génie de cet homme n'était pas à bout de scélé-ratesses. Après le dessert, et quand les convives se furent suffisamment gorgés de viandes et de rhum, il se leva :

— Allons prendre notre café, dit-il.

Et passant auprès d'un de ses agents mystérieux :

— Tout est-il prêt? ajouta-t-il.

— Tout, maître, répondit cet homme.

— C'est bien ; allez m'attendre au quartier.

Et, en assurant sa marche du mieux qu'il put, il monta chez madame d'Angremont.

Depuis six heures qu'elle était demeurée dans son appartement, celle-ci avait pu suivre ou deviner une partie des scènes qui se passaient au dehors. C'était pour elle un supplice lent, le plus cruel et le plus in-tolérable de tous. Aux fureurs qui éclataient, elle voyait bien quel sort lui était réservé, et qu'après avoir ainsi traité le château on n'en épargnerait pas les maîtres. Mais quand ? mais où? mais comment? Cette incerti-titude lui était plus pénible que la mort même. L'en-trée de Vulcain lui porta un dernier coup; les vête-ments de son mari sur les épaules d'un esclave ! Il faut avoir le cœur d'une créole pour comprendre ce qu'elle en ressentit de douleur.

— Que me voulez-vous encore ? dit-elle d'un ton hautain.

Et s'apercevant de l'état où il se trouvait :

— Ah ! mon Dieu, s'écria-t-elle, il est ivre ! ivre !

Cependant le nègre gardait un maintien de nature à la rassurer ; il s'observait et montrait du respect.

— Je viens vous prier, madame, dit-il en s'inclinant, de nous faire une grâce. Nous allons prendre notre café, veuillez y assister.

C'était peut-être un piége ; mais comment y échapper ? N'était-elle pas à la merci de ces brutes ? Elle recommanda son âme à Dieu, et sortit avec lui, son enfant à la main.

XVI

LA REVANCHE.

Au milieu de ces saturnales où l'esprit nègre se donnait carrière, Vulcain n'avait pas oublié les représailles sanglantes que sa colère rêvait depuis longtemps. Dès que sa victoire avait été assurée, il avait fait cerner le château et le quartier des esclaves et y avait procédé à une recherche de ses ennemis particuliers. Une fois pris et désignés, il les livrait à ses bandes qui les exécutaient sommairement : conduits sur les bords de la rivière, ils y étaient fusillés, et leurs cadavres, descendant vers la mer, y allaient porter la nouvelle et le témoignage de ce massacre.

Mais au nombre de ces vengeances, il en était une que Vulcain avait voulu se réserver et qu'il se serait bien gardé de confier à ses agents ordinaires ; c'était celle du commandeur qui lui avait infligé un châtiment corporel. A ce grief ancien et dont ses épaules gardaient les cicatrices, venait de se joindre un grief nouveau et aussi peu digne de pardon : cet homme avait

présidé à la défense du château et privé la bande de ses
meilleurs soldats. La revanche personnelle s'aggravait
ainsi d'une revanche de corps, et pour un cas pareil la
mesure des rigueurs devait être épuisée. Malheureusement, l'habitation était fort au dépourvu à cet égard ;
elle manquait de ces ustensiles de torture qu'on avait
imaginés et employés ailleurs, comme la roue, le che-
valet, la cage de fer, et cet instrument perfectionné
qui consistait à placer le criminel à cheval sur une
lame d'acier. Faute d'un appareil aussi ingénieux, il
fallait se rabattre sur les procédés ordinaires ; mais
Vulcain pensait qu'avec un peu de soin et en y mettant
la main lui-même, il en tirerait quelque parti.

C'était à un spectacle de ce genre qu'il avait invité
madame d'Angremont et fait allusion en disant à ses
convives :

« Allons prendre notre café. »

Pour être peu compliquée, la vengeance du nègre
de Guinée n'en faisait pas moins d'honneur à son imagination. Il avait arrêté dans sa tête que le commandeur qui l'avait si rudement fustigé serait fustigé à
son tour, seulement d'une manière un peu plus rude ;
il s'était promis qu'il serait attaché au même poteau,
et châtié avec le même fouet, avec cette différence
qu'il ne devait plus s'en relever, et qu'on ne le tirerait
de là que par lambeaux. Vulcain, en sa qualité d'exécuteur, se réservait d'y ajouter tous les raffinements

que son esprit lui suggérerait et qu'il aurait à sa disposition. Voilà son programme.

Prévenue de cette exécution, toute la bande s'était
rendue dans le quartier des esclaves, afin d'y assister
et d'en réjouir ses yeux. C'était le complément du
triomphe et la dernière fête de la journée. Quand
madame d'Angremont arriva sur les lieux, cette masse
de spectateurs y était réunie, et, en apercevant au milieu de l'enceinte ce poteau debout et ces fers menaçants, elle crut y voir les préparatifs de son propre
supplice. Celui, hélas ! qu'on lui réservait, n'était pas
moins douloureux pour son cœur. La victime était l'un
de ses serviteurs les plus sûrs, qui venait, dans cette
nuit fatale, de lui donner une nouvelle preuve de son
dévouement et de sa fidélité. Quand la jeune femme
n'en put douter, et qu'elle vit ce malheureux, souf-
frant de sa blessure, traîné plutôt que conduit vers le
poteau, son sang reflua vers son cœur, et elle se sentit
prise d'une horreur profonde.

— Tirez-moi d'ici, s'écria-t-elle éperdue, tirez-moi
d'ici; je ne puis pas supporter ce spectacle.

Personne ne lui répondit, et lorsqu'elle voulut fuir
elle se trouva arrêtée par un rempart vivant et impénétrable. Tous ces noirs, serrés l'un contre l'autre, la
poussaient insensiblement vers le lieu de l'exécution,
de manière à ce qu'aucun détail ne lui échappât, et
qu'elle pût entendre le retentissement des coups et les

plaintes du patient. La nature vint heureusement à son secours : sa vue se voila, son ouïe s'altéra ; elle resta debout, mais insensible ; la vie était comme suspendue chez elle, et ce qu'il en restait avait un caractère machinal.

Cependant l'exécution suivait son cours : le commandeur venait d'être lié au poteau ; ses pieds et ses mains étaient fortement contenus ; la victime était donc prête ; l'exécuteur seul manquait. Vulcain y mettait un certain abandon, une négligence préméditée ; il n'entendait point passer pour un bourreau vulgaire, et voulait rendre sensible à chacun que c'était un acte de vengeance personnelle qu'il accomplissait. Enfin il se décida. A dessein, il n'avait pas quitté son costume d'emprunt, et c'est en bas de soie et l'épée au côté qu'il allait remplir son office. Personne, d'ailleurs, n'y était plus propre que lui : c'était un taureau pour la vigueur, et on put le voir aux premiers coups qu'il porta : ils retentirent aux oreilles les plus éloignées. Puis, comme assaisonnement, il accablait d'injures l'infortuné commandeur :

— Tiens disait-il en épuisant un vocabulaire qui ne peut pas figurer ici, voilà ta paye ! Tiens ! tiens ! encore celui-ci. Ah ! tu m'as frotté les épaules, coquin que tu es ; eh bien, à ton tour : tiens ! tiens ! D'abord les tiennes, et puis celles de Massa, si je peux. Alors je mourrai content et irai vers le Grand-Esprit. Tiens !

9.

tiens ! tiens ! et puis encore , tiens ! et puis toujours, tiens !

La lanière sifflait de plus belle, et c'était un lamentable tableau. Le patient se tordait sous le fouet, et ses convulsions faisaient mal à voir ; ses gémissements éveillaient la compassion dans les cœurs même, les plus insensibles. Enfin vaincu par la souffrance, il s'évanouit et s'affaissa, expirant enfin sous ces coups redoublés qui semblaient augmenter de violence à mesure que la vie s'en allait. Et telle était la fureur du bourreau, la rage dont il était animé, qu'il continua son office, même quand le patient eut expiré.

Il y a dans les foules, si dépravées et si cruelles qu'elles soient, un instinct de pitié qui y sommeille et n'attend qu'une occasion pour éclater. Il en fut ainsi ce jour-là. Ces hommes étaient accourus à l'exécution comme à une fête ; ils s'en retirèrent avec quelque regret et quelque deuil dans le cœur. Ils n'avaient pas tous, comme Vulcain, le cerveau obscurci par l'ivresse de la vengeance. Un incident, qui marqua les derniers moments de l'exécution, vint fournir une preuve de ce retour imprévu à de bons sentiments. Parmi les esclaves de l'habitation, il y en avait beaucoup qui ne se trouvaient là qu'entraînés et poussés par l'exemple. Au fond, ce spectacle les révoltait, et ils étaient surtout blessés du rôle qu'on y faisait jouer à madame d'Angremont. De là un complot, ourdi à l'improviste, et dont Vulcain, tout entier à ses fonctions et aveuglé par la haine, ne connut le résultat que lorsqu'il ne pouvait plus s'y opposer.

Par un de ces mouvements qui naissent dans le sein des foules, il s'était fait, autour de la jeune femme un changement qu'elle ne put s'empêcher de remarquer. On l'avait dégagée des figures hostiles qui l'avaient accompagnée au quartier, et il ne restait plus près d'elle que des visages amis et compatissants : c'était l'élite de ses noirs ; elle les reconnaissaient presque tous ; ils se concentraient par masses épaisses et la dérobaient de plus en plus aux noirs de la bande de Vulcain ; tout cela prudemment, insensiblement et avec une espèce de concert, de manière à en arriver à leurs fins sans éveiller le soupçon ni s'exposer à un échec.

Lorsque le commandeur eut expiré sous le fouet, la foule émue s'agita de nouveau, et, dans cette seconde oscillation, madame d'Angremont fut tout à coup enveloppée, soustraite aux regards et entraînée vers un point de l'enceinte d'où l'on pouvait gagner un bois voisin. Ce fut comme un coup de théâtre qui échappa aux chefs des nègres marrons et s'exécuta avec la rapidité de la pensée :

— Ne craignez rien, madame, disaient les noirs qui avaient imaginé et exécuté ce coup de main ; ne craignez rien. Vous bonne maîtresse à nous ! nous sauver vous !

En effet, tout était préparé pour assurer le succès de cette évasion. Au coin du bois étaient des chevaux sellés et bridés. La jeune femme en monta un, elle était excellente écuyère; Actéon le palefrenier monta l'autre, et prit l'enfant dans ses bras; enfin, le troisième était destiné à mademoiselle Rodogune qui n'avait pas voulu abandonner sa maîtresse et qui n'était point étrangère à l'art de l'équitation. Cette caravane, à peine en selle, s'ébranla au grand trot, tandis que les noirs retournaient vers le gros des bandes afin de déjouer les poursuites et les empêcher au besoin.

Quand Vulcain s'aperçut que sa prisonnière lui manquait, il poussa un cri semblable à un rugissement. Ne sachant à qui s'en prendre, ni de quel côté la chercher, il courut comme un insensé dans toutes les directions, détacha vers tous les sentiers les hommes les plus agiles de sa troupe, avec l'ordre de ramener morte ou vive la proie qui lui avait échappé. Mais les fugitifs avaient trop d'avance pour que cette chasse eût du succès, et d'ailleurs, à mesure qu'ils s'éloignaient des mornes, les nègres marrons perdaient de leur audace et se sentaient moins sûrs de leur terrain. Madame d'Angremont arriva donc à Sainte-Rose sans avoir fait de rencontre fâcheuse et put s'y remettre des émotions de la journée. Le lendemain elle partait pour la Pointe-à-Pître, et trouvait, chez des alliés de sa famille, une retraite plus sûre et des jours moins orageux.

Ne pouvant plus assouvir sa rage sur les maîtres, Vulcain ne s'en montra que plus implacable contre l'habitation : il la ravagea et la saccagea de fond en comble ; il ne laissa ni un meuble dans le château, ni un bœuf dans les étables ; il réunit à sa bande les noirs les plus indisciplinés, dispersa et décima les autres ; ne respecta ni les récoltes ni les plantations ; brûla les unes, coupa les autres ; brisa les instruments de travail, dissipa les approvisionnements et anéantit pour de longues années la valeur territoriale de l'habitation. Quand il battit en retraite devant les milices envoyées contre lui, il n'abandonnait que des ruines. Et pourtant il ne trouvait pas cette expiation suffisante, et gardait encore ses rancunes aussi vives, aussi profondes qu'au premier jour :

— Massa, Massa, disait-il en regagnant ses mornes, j'avais bien dit que vous vous en repentiriez.

XVII

LA DÉCHÉANCE.

La ruine des d'Angremont [était désormais consommée; leurs capitaux avaient disparu, leurs terres allaient demeurer en friche. Le chef de la maison était proscrit, et il ne restait plus à sa femme d'autre parti que d'aller le rejoindre. Son cœur l'y invitait depuis longtemps; mais elle avait voulu tenir bon jusqu'au bout, afin de conserver à leur enfant les débris de la fortune héréditaire. Désormais il fallait y renoncer : la mesure était comble. L'état du pays et la fermentation que les événements y avaient produite ne permettaient plus à une femme de vivre dans une résidence exposée à tant d'insultes et de dangers. Après avoir pourvu aussi bien qu'il lui fut possible aux intérêts qu'elle laissait dans la colonie, et confié à un intendant la gérance de son habitation, madame d'Angremont s'embarqua sur un navire neutre pour la Trinité espagnole, où elle devait désormais résider. Au milieu de tous leurs malheurs, les deux époux eurent au moins une joie, celle de se voir réunis et de veiller ensemble sur l’éducation de leur enfant.

Les sentiments du planteur créole ne lui permettaient pas de revoir la Guadeloupe, tant qu’il y resterait debout une institution révolutionnaire. Il n’y pouvait rentrer qu’après le triomphe absolu de ses opinions. A ses yeux, c’étaient là des principes sur lesquels il était impossible de transiger ; et les insurrections nègres ne se séparaient pas, à ses yeux, des concessions faites aux hommes de couleur ; les unes étaient la conséquence des autres. Avec un esprit aussi exclusif, aussi inflexible, le retour dans la patrie lui fut interdit pour longtemps. Même quand rien n’y fit obstacle, il persista dans un exil volontaire. Ni la vigueur déployée par Victor Hugues contre les déprédations des noirs, ni les mesures réparatrices du général Desfourneaux ne suffirent pour vaincre ses répugnances. Un séquestre avait été mis sur ses biens ; en vain lui offrait-on de le lever ; il repoussa toutes les faveurs et se refusa à toutes les capitulations de conscience. Le mulâtre Pélage était pour lui sur la même ligne que le noir Delgrès ; il ne pardonnait pas plus à l’un d’avoir défendu la colonie qu’à l’autre de l’avoir saccagée. Tel avait été l’homme, tel il était : le sort pouvait le frapper, mais non le modifier.

Il passa donc près de dix années de sa vie dans une colonie étrangère, y épuisant ses dernières ressources et y contractant des emprunts sans savoir s'il pourrait jamais les rembourser. Élevé dans le faste, il ne pouvait se résoudre aux privations inséparables d'un autre état de fortune, et conservait, en dépit de ses revers, cette générosité créole qui s'exerce sans calculer. D'ailleurs, ce qu'il eût admis pour lui, il ne l'admettait pas pour sa famille; il voulait que sa femme ne se refusât rien et que sa fille fût élevée en princesse du sang. On devine où pouvait le conduire un pareil système et de quels embarras nouveaux il chargea sa situation. Encore quelques années d'une pareille existence, et le dernier des d'Angremont en aurait été réduit à tendre la main et à faire des dettes criardes.

Heureusement les motifs de son exil venaient de disparaître. Douze ans de troubles et de décadence avaient appris ce qu'un pays gagne aux nouveautés; on les effaçait en remettant les choses sur l'ancien pied. L'esclavage était rétabli tel qu'il avait existé avant 1789. Lorsque d'Angremont apprit cette nouvelle, un cri de joie s'échappa de sa poitrine, et il fut près d'entonner un chant d'actions de grâce comme le vieillard du cantique. C'était pour lui une justification et une réparation : il rentra à la Guadeloupe le front haut, en homme rehabilité et qui a eu raison contre tout le monde. Tous les séquestres étaient levés; il put rentrer dans ses biens et faire valoir ses droits pour les arrérages.

Hélas! tant d'atteintes et des atteintes si profondes

n'étaient pas de celles dont on guérit. Ce que les troubles civils, la guerre maritime et les déprédations locales avaient commencé, l'absence venait de l'achever. Le chapitre des dettes s'était accru, celui des ressources avait diminué, et l'équilibre s'était ainsi détruit. Pour le rétablir, il fallut procéder à une liquidation générale; le résultat en fut désastreux. A grands rabais, on vendit les plus belles terres afin de pourvoir aux remboursements, et, quand tout fut payé, il ne resta aux d'Angremont que le château paternel et quelques champs qui y confinaient. Ce n'était plus la demeure d'un planteur, mais une de ces habitations vivrières comme en exploite la classe des *petits blancs*, du nom qu'on leur donnait alors. La déchéance était complète.

D'Angremont n'en prit pas son parti aussi bravement qu'il aurait dû le faire ; son humeur s'altéra, sa santé aussi. Tout, dans cette résidence, lui rappelait des souvenirs accablants pour sa situation actuelle ; il n'y pouvait songer sans regret ni dépit. Ce qui l'affligeait surtout, c'était de penser que sa fille ne serait pas le plus riche parti de l'île, et n'éclipserait pas les femmes dont la colonie s'occupait alors. Plus résigné, plus sage, il aurait vu que ce que Mézélie perdait du côté de la dot, elle le gagnait en attraits : à quatorze ans, c'était déjà une beauté accomplie et si douée qu'on ne savait qu'admirer le plus des charmes de sa personne ou des grâces de son esprit. La nature se montrait ainsi moins cruelle envers cette maison que ne l'avait été la fortune, et lui envoyait, à point nommé, de miséricordieuses compensations.

De l'humeur dont il était, d'Angremont n'avait goût à rien de ce qui intéresse le commun des hommes ; son seul plaisir était de courir les mornes, un fusil sur l'épaule et de pénétrer dans leurs plus secrets abris. Qui poursuivait-il ? Il ne s'en ouvrait à personne ; mais il est à croire qu'il cherchait à forcer dans son repaire l'homme qui avait été si fatal à lui et aux siens. Vulcain ne faisait plus alors autant parler de lui. Le temps était passé de ces bandes redoutables qui traversaient la Guadeloupe dans tous les sens, et y laissait des sillons de sang et de feu. Ces bandes s'étaient dissoutes en même temps que l'esprit révolutionnaire d'où elles étaient issues ; à peine en restait-il, comme débris, un petit nombre de nègres errants, isolés, cachés dans des grottes ou réfugiés sur des escarpements. Vulcain était du nombre, et parmi les maraudeurs l'un des plus habiles que l'on connût. On l'avait vu plus d'une fois rôdant autour des basses-cours et des étables et quand on ne le voyait pas, on le reconnaissait à ses larcins.

Plus d'une fois, madame d'Angremont avait essayé de détourner son mari de ces excursions dangereuses : quelque empire qu'elle eût sur lui, elle n'y avait pas réussi. Aussi sa tendresse en était-elle alarmée. Elle avait vu de près ce nègre odieux et n'ignorait pas de quoi il était capable ; elle savait que, de toutes les habitations, c'était sur la leur, si pauvre qu'elle fût, qu'il exerçait le plus volontiers ses petits pillages ; elle en concluait que, dans cette âme africaine, la haine survivait à la ruine, et la soif de la vengeance à l'action du temps ; elle craignait et cherchait à éloigner une catastrophe. Mais d'Angremont ne persistait pas moins dans ses expéditions : il partait dès la première aube et ne rentrait que fort avant dans la soirée, après avoir vécu de quelques provisions dont il garnissait son carnier. Souvent même il passait plusieurs jours dehors, dormant à l'abri d'un arbre ou sous la voûte d'un rocher. Que se passait-il dans son cœur ? Peut-être une fermentation semblable à celle qui remplissait celui de son ennemi, le désir de purger la terre d'un être odieux, en un mot, haine pour haine.

Un jour qu'il était parti de fort bonne heure, madame d'Angremont eut un sombre pressentiment. Elle avait appris la veille qu'un milicien de la Pointe-Noire avait découvert la retraite de Vulcain, et donné à ce sujet des indications précises aux planteurs des environs. Elle ne doutait pas que son mari ne les eût recueillies comme un autre, et qu'il ne fût allé, dès le jour même, droit à l'ennemi. Cette circonstance l'inquiéta. A l'instant, elle dépêcha des esclaves vers les mornes, afin de rejoindre d'Angremont, et au besoin le secourir. Ces émissaires passèrent la journée à le chercher, et ne rentrèrent que fort tard sans l'avoir aperçu. Madame d'Angremont ne se coucha pas et l'attendit à sa croisée, dans une anxiété mortelle ; il ne revint pas. La journée du lendemain se passa dans les mêmes recherches et les mêmes transes ; celle du sur-lendemain aussi : c'était l'extrême limite de ses absen-ces ; en se prolongeant, celle-ci ouvrait la porte aux plus lugubres conjectures. Elle se prolongea encore pendant quatre jours : madame d'Angremont et sa fille étaient désespérées.

Ce qui les rassurait un peu, c'est qu'aucun bruit de meurtre ne s'était répandu dans le pays et qu'on n'a-vait signalé nulle part de vestiges d'un crime. Peut-être d'Angremont avait-il demandé l'hospitalité à quelques amis, ou bien s'était-il arrêté dans quelque ville ou bourgade du rivage. Ces pauvres femmes cherchaient ainsi à prolonger leurs illusions et à se tromper elles-mêmes.

Enfin, des chasseurs descendus des mornes vinrent dire qu'ils avaient aperçu des oiseaux de proie réunis en grand nombre et décrivant de nombreux circuits au-dessus d'une gorge du piton de Guionneau, et qu'à coup sûr il y avait un cadavre au fond de cet entonnoir presque inabordable. Des recherches furent dirigées de ce côté ; on descendit dans la gorge à l'aide d'échelles de cordes : en effet, le cadavre d'un homme y était étendu ; c'était celui de d'Angremont. On l'examina : le cœur avait été arraché de la poitrine. L'acte trahissait la main ; Vulcain avait passé par là ; il couronnait ses crimes par un dernier attentat ; personne n'en put douter, madame d'Angremont moins qu'aucun autre. Elle fit enlever les restes de son mari et lui rendit les honneurs funèbres ; cette mort allait être pour elle l'objet d'une douleur sans trêve et d'un deuil éternel.

L'événement venait d'avoir lieu et occupait encore la rumeur publique, lorsque le capitaine Plouéven mouilla avec son brick dans le nord de la Guadeloupe, de manière à établir sa croisière entre les grandes et les petites Antilles, à la hauteur du canal de Bahama où passent tant de navires. Comment fit-il la rencontre des dames d'Angremont ? Par quel hasard ? Dans quelles circonstances ? C'est ce que nos lecteurs sont peut-être curieux de connaître et ce qu'ils verront dans les chapitres suivants.

XVIII

UNE RELACHE.

Le séjour du *Grégeois* dans l'un des mouillages de la
Guadeloupe n'était pas le résultat d'une aventure de
mer ni le fait d'un caprice de son capitaine. Aucune
station n'était alors plus fréquentée, aucune n'offrait à
nos croiseurs plus d'occasions de se signaler et de
s'enrichir. Un état déposé aux archives de la marine
constate que, dans le cours des hostilités, il n'entra
pas moins de sept cents prises dans les divers ports de
la colonie, avec des cargaisons d'une valeur de 50 millions à peu près. Sur tous les points de la côte où
l'ancre pouvait mordre avec quelque sûreté, on apercevait des corsaires qui venaient se ravitailler ou attendre un moment favorable pour regagner le large.
La course maritime compta peu de théâtres aussi brillants et auxquels soient liés des récits plus curieux.
C'est à la Pointe-à-Pitre que se rattache une anecdote
souvent citée et qui prouve jusqu'où les matelots poussèrent les raffinements de leur prodigalité. A la suite

d'une riche capture, vingt d'entre eux parcoururent la ville avec des sacs remplis de gourdes, entrèrent dans les magasins, y achetèrent les objets les plus hétérogènes et en firent une espèce de bûcher auquel ils mirent le feu ; puis, ne sachant à quoi employer les pièces d'argent qui leur restaient, ils les passèrent dans une poêle à frire, les chauffèrent à blanc et les jetèrent, ainsi accommodées, aux nègres qui encombraient la place publique. Ces malheureux s'y brûlaient les doigts, s'en emparaient, puis les laissaient retomber, revenaient dix fois à la charge et dix fois renonçaient, au milieu des plus singulières grimaces. De là des accès d'hilarité parmi les distributeurs et une sorte de dédommagement de leurs largesses.

Cette affluence de valeurs ne fut pas, autant qu'on pourrait le croire, favorable aux intérêts de la colonie. Il en résulta, pour beaucoup d'articles, un avilissement qui porta un coup funeste au commerce et à l'agriculture. Les grandes habitations en souffrirent ; les petites moins. Celles-ci fournissaient des vivres aux croiseurs et en tiraient un revenu considérable. Les approvisionnements se payaient au poids de l'or sur les points de l'île où ils abordaient. Rien n'était assez beau ni assez bon pour eux, et ils ne regardaient pas au prix.

Ce fut une circonstance aussi simple qui amena le capitaine Plouéven sur l'habitation d'Angremont. On a vu qu'à la suite d'une rencontre où le beau rôle ne lui était point échu, il avait été obligé de chercher un port de refuge afin de réparer ses avaries et de se remettre d'un petit échec. C'est vers la Guadeloupe qu'il s'était dirigé ; plus d'un motif l'y engageait, et le moindre n'était pas cette mystérieuse poursuite dont le dénouement lui avait été si fatal. Son attitude, ses airs, ses manœuvres le prouvaient. Il examinait toujours l'horizon avec la même vigilance et comme s'il eût cherché un but ignoré. Enfin, après quelques semaines de traversée, il avait mouillé devant l'île de Kahouanne, où nous avons retrouvé *le Grégeois*.

Durant la longue croisière qu'il venait d'achever, le brick avait épuisé ses vivres frais, et l'un des premiers soins du capitaine, en mettant pied à terre, avait été de s'informer des ressources qu'offraient les environs pour un ravitaillement complet. L'un des agents ordinaires de ces sortes d'opérations était la mulâtresse domiciliée sur la plage, maman Blanche, déjà connue des lecteurs de ce récit. Aux premières ouvertures que lui fit Plouéven, celle-ci répondit par suite d'exclamations :

— Ah ! monsieur, dit-elle, il n'y a qu'un endroit où vous trouverez ce que vous cherchez. Tout en premier choix et de conscience.

— Et où cela ? dit le capitaine.

— Nulle part, nulle part vous ne serez traité comme à l'endroit que je vous dis. C'est si honnête cette maison ; on s'y ferait du scrupule de tromper les gens en quoi que ce soit.

— Mais où encore ?

— Pour la qualité, rien au-dessus ; et pour le prix, à donation. C'est un marché d'or, monsieur. Bien sûr que vous m'en remercierez.

— Mais où donc cela ? Expliquez-vous enfin.

— Où ? ne vous l'ai-je point dit, monsieur ?

— C'est la seule chose que vous ayez oubliée.

— Ah ! pardon ? ma pauvre tête s'en va, je le vois. Excusez, monsieur. Vous voulez savoir l'endroit où vous trouverez ce que vous cherchez ?

— Sans doute.

— En bonne, toute bonne qualité ?

— Encore !

— Et à aussi bon compte que possible, n'est-ce pas !

— En aurez-vous bientôt fini ? s'écria Plouéven avec impatience.

— Ne vous fâchez pas, monsieur, ne vous fâchez pas. Eh bien, c'est à l'habitation d'Angremont. Vous iriez au bout du monde, oui, au bout du monde, ajouta-t-elle avec volubilité, que vous ne trouveriez pas mieux. Premier choix, prix à rien et tout en abondance, volaille, moutons, manioc, légumes, tout enfin ; vous n'avez qu'à faire la note, demain les vivres seront à bord. Honnêtes et exacts : j'en réponds comme de moi.

Maman Blanche aurait poussé beaucoup plus loin

cette intempérance de langage, si Plouéven ne l'eût arrêtée par un formidable juron. En l'entendant, elle tressaillit et se signa : la voix expira sur ses lèvres; c'était l'effet que le capitaine produisait sur ses gens, à plus forte raison sur une pauvre mulâtresse.

— Alors, reprit le terrible interlocuteur, vous allez me conduire sur le champ vers cette habitation. Il faut que, dans la journée même , j'aie conclu mon marché, et que je remette à la voile demain.

Et comme maman Blanche, encore interdite, ne se hâtait pas de donner son acquiescement :

— Vous m'entendez ? ajouta-t-il.

— Mais oui!, monsieur ; mais oui , répondit-elle avec une précipitation mêlée de crainte.

Il fut convenu qu'elle accompagnerait le capitaine à l'habitation et lui servirait d'intermédiaire dans ses achats. On se procura , dans un hameau du voisinage, deux montures pour le trajet, et, quoique le soleil fût déjà haut et la chaleur accablante, Plouéven se mit en route avec la mulâtresse, lui en selle, elle assise sur un bât, tous deux armés d'un parasol. Ils gravirent ainsi les premières rampes des mornes, à travers des sentiers bordés de raquettes. Chemin faisant , maman Blanche reprit confiance, et avec la confiance le babil revint. Elle avait un mot à dire sur toutes les maisons que l'on apercevait, soit le long des haies, soit à mi-coteau, soit dans le lointain et au pied des escarpements. Elle savait la chronique de chacune d'elles, le nom de leurs possesseurs actuels, leur état de fortune, leur origine, le fort et le faible de leur situation, et, une fois ces chapitres entamés, elle allait volontiers jusqu'au bout. Cependant son thème de préférence était celui qu'elle avait adopté au début; elle y revenait à tout propos et sur le moindre prétexte. Traversait-on un champ de cannes à sucre :

C'était aux d'Angremont, disait-elle.

Plus loin, venait un bois de caféiers verts, vigoureux, d'un port et d'une essence superbes.

C'était aux d'Angremont, répétait la mulâtresse.

Puis se montrait une métairie pourvue d'un bétail nombreux et qui semblait être le siége d'une riche exploitation.

C'était aux d'Angremont, ajoutait-elle.

D'abord, Plouéven laissa passer, sans les relever, sans y prêter même une attention soutenue, ces propos, ces récits, ces anecdotes dont maman Blanche semblait posséder un fonds inépuisable; il s'y résignait comme à un bruit qu'on ne peut éviter. Cependant, à force d'être répétés, ces mots : C'était aux d'Angremont, finirent par le frapper et lui arracher une observation :

— Aux d'Angremont? aux d'Angremont? Tout ce pays-ci a donc appartenu aux d'Angremont?

— A peu près, monsieur, à peu près. Depuis le morne que vous voyez là-haut, jusqu'à la plage que

nous venons de quitter, tout était à eux : champs,
fermes, bois, troupeaux ; ils possédaient ce canton en
entier et d'autres encore.

— Et maintenant? dit le capitaine.

— Maintenant ils sont bien réduits, monsieur; c'est
le malheur des temps qui l'a voulu. Quel dommage!
de si bons maîtres!

— Réduits à quoi? reprit Plouéven en précisant sa
question et coupant court aux commentaires.

— A bien peu de chose, monsieur, à bien peu de
chose. Au petit domaine que vous voyez là-haut;
quelques champs autour de l'habitation. Mais il ne faut
pas être en peine pour cela, ajouta maman Blanche
préoccupée du but de la course ; pour si petit qu'il soit,
il y a de tout sur ce domaine ; de tout en abondance
et à bon marché, comme je vous l'ai dit : vous n'aurez
qu'à choisir. Un approvisionnement comme jamais
vous n'en avez eu de meilleur.

Elle allait se remettre en veine et recommencer ses
énumérations, lorsque le juron de Plouéven retentit de
nouveau. Maman Blanche vit qu'elle avait excédé la
mesure ; elle se tut brusquement. Ce n'était pas le
compte du capitaine Hector. Sa curiosité avait été exci-
tée ; il voulait savoir à quoi s'en tenir sur cette famille
d'Angremont, dont les propriétés s'étendaient autrefois
sur de si vastes espaces, et qui en était aujourd'hui
réduite à un lot si chétif. Il mit la mulâtresse sur la

voie, et celle-ci put se donner impunément carrière.
Elle raconta à Plouéven, à sa manière et avec ses impressions, tout ce qu'elle savait de la douloureuse histoire que nos lecteurs connaissent déjà : l'origine de
cette maison, sa splendeur d'autrefois expiée par une
rapide décadence ; l'acharnement du nègre qui avait
couvert cette enceinte de sang et de deuil, et semblait
survivre à tant de ruines ; la mort du dernier des d'Angremont, et la position de ces deux femmes vouées à la
privation, à l'isolement et aux regrets.

A mesure que la mulâtresse entrait dans ces détails,
on voyait la physionomie de Plouéven réfléchir les sentiments dont il était assailli. A une curiosité de plus en
plus vive succéda une émotion sincère, et comme un
vague sentiment d'intérêt. Cette infortune frappait par
sa grandeur et touchait par son dénoûment. Maman
Blanche n'épargna rien pour aider à l'effet ; elle parla
des dames d'Angremont avec l'effusion qui lui était habituelle, cita des traits d'elles qui allaient directement
au cœur ou faisaient ressortir la noblesse de leurs
caractères.

— Des anges ! des anges ! disait-elle ; il n'y a que ce
mot pour rendre ce qu'elles sont ! Et bonnes ! et com-
patissantes ! Avec le peu qui leur reste, elles trouvent
encore le moyen de faire tant de bien ! Allez, monsieur,
leurs pareilles sont rares ; il faut aller au ciel pour en
trouver.

Malgré lui et presque à son insu, le corsaire se sentait
pénétré par ces éloges naïfs et ces récits pleins d'un parfum de vertus. Qui expliquera les mystères et les con-
tradictions de l'âme? Entre sa vie et celle dont il écoutait les détails, il y avait un abîme; l'une était la
condamnation la plus sévère que l'on pût faire de
l'autre. Et pourtant il y prenait goût, et quand la mulâtresse eut achevé, involontairement une bonne pensée
s'échappa de ses lèvres :

« Seules au monde ! s'écria-t-il. Pauvres femmes ! »

Cet entretien avait conduit les deux voyageurs sur la
limite du petit domaine : déjà ils traversaient les champs
qui en faisaient partie et touchaient à l'avenue de tamarins qui précédait le château. A cette hauteur, l'air
était plus pur et plus tempéré; les arbres y ajoutaient la
fraîcheur de leurs ombrages; on eût dit un autre climat
et un autre ciel. Les oiseaux, muets et engourdis dans
la plaine, retrouvaient ici leur voix et reprenaient leurs
ébats; la tourterelle faisait entendre ses roucoulements,
le merle son chant aigu ; çà et là quelques perruches
effarouchées, quelques pies rayées de bleu et de blanc
fuyaient vers les profondeurs du bois, tandis qu'on
voyait voltiger de fleur en fleur le colibri qui ressemble
à une pierrerie en mouvement plutôt qu'à un oiseau.
A ce spectacle se mêlaient le bruit et le murmure de
l'eau qui se brisait contre des roches ou descendait en
nappes d'écume du haut des escarpements. Quoi qu'on

en eût, à voir ces tableaux, on se sentait plus dégagé des fanges d'ici-bas et plus rapproché des saines émotions de la nature.

Les deux voyageurs arrivèrent ainsi devant le château où une autre surprise les attendait. Une jeune fille y était assise sous un treillis qu'enveloppaient des jasmins d'Espagne ; au milieu de ce cadre vert et embaumé, la tête penchée sur son ouvrage, avec ses flots de cheveux noirs, son front pur et transparent comme de la nacre, elle ressemblait à une apparition. C'était Mézélie d'Angremont. Au premier bruit, elle releva la tête, et par un mouvement rapide comme la pensée, elle entre'ouvrit la porte du château :

« Ma mère, dit-elle, un étranger ! »

A cet appel, madame d'Angremont parut sur le seuil, salua maman Blanche de la main comme une vieille connaissance et accueillit avec une dignité affable l'hôte inconnu qui lui arrivait.

XIX

L'HOSPITALITÉ

Le motif qui amenait le capitaine Plouéven sur l'habitation était des plus naturels et n'exigeait pas de longues explications ; d'ailleurs, la présence de maman
Blanche eût suffi pour annoncer à ces dames de quoi
il s'agissait. A son débit de rafraîchissements et de liqueurs, la mulâtresse joignait, au besoin, cette autre
industrie de l'approvisionnement des navires. Elle remplissait sur cette plage l'office que remplissent les krou-
mans, ces traitants nègres, sur les côtes de l'Afrique
où abordent les Européens ; seulement il ne s'agissait
point ici de bétail humain et le métier n'était pas de
ceux qui répugnent à la conscience.

Après l'échange obligé des politesses, comme cela
a lieu entre personnes qui savent vivre, on causa d'affaires et le marché fut conclu. La négociation alla de
soi et maman Blanche n'eut pas à y déployer le beau
talent que la nature lui avait départi. Tout fut agréé,
accepté sans débat : Plouéven prit ce qu'on lui pro-

posa, et aux conditions qui lui furent faites ; il ne con-
testa ni sur les qualités, ni sur les quantités, ni sur les
prix ; jamais acheteur ne s'était montré plus accom-
modant. Quant à la livraison des objets, il s'en remit
aux agents de madame d'Angremont, se refusa à voir
par ses yeux et montra une confiance sans réserve. On
laissa à la mulâtresse le soin et la responsabilité des
détails : le seul point sur lequel le capitaine insista fut
une prompte exécution ; il tenait, disait-il, à remettre
à la voile le jour suivant et y revint à plusieurs reprises
et avec un peu d'affectation.

Cependant, il ne pouvait prendre congé des dames
du château sans être l'objet d'une hospitalité plus
étendue. Les traditions de la maison l'exigeaient, et,
sur ce point, rien n'était changé, malgré la décadence.
Puis, du rivage à l'habitation, la distance était grande,
et plusieurs heures devaient s'écouler avant que le capitaine fût de retour à son bord. De là une invitation
dont il se défendit du mieux qu'il put et à laquelle il
céda pour ne point paraître impoli. En peu d'instants,
les préparatifs furent faits, et Plouéven s'assit, à côté
des dames de la maison, devant une table chargée de
fruits du pays et de pièces froides. Ce n'était plus le
luxe des grands jours, ni les magnificences de service
auxquelles les anciens d'Angremont avaient accoutumé leurs convives ; mais, dans sa simplicité même,
ce petit repas ne manquait ni de charme, ni d'un cer-

tain raffinement. Les vins qui y figuraient étaient des meilleurs crus de France et d'Espagne, les pièces froides excellentes, les salaisons également, les fruits exquis et des plus recherchés, la sapotille, la mangue, l'ananas, les pommes de liane et d'acajou, l'abricot des Antilles, qui n'a de commun avec le nôtre que le nom, enfin ce que le verger colonial produit de meilleur. On reconnaissait dans tout cela la présence d'une main entendue et les habitudes d'une vie opulente.

A table, l'entretien s'anima, et la familiarité devint plus grande. Le mot de corsaire n'était pas de ceux qui portent en eux-mêmes leur réprobation, et, par l'effet des circonstances, il était alors en honneur à la Guadeloupe. On citait, dans l'île, vingt fils de famille qui avaient embrassé cette carrière d'aventures, les uns par goût, les autres par désœuvrement, d'autres enfin pour servir le pays de la seule manière qu'ils eussent à leur disposition. Ces corsaires frappaient l'ennemi de terreur et osaient seuls arborer le pavillon national sur des mers que la marine de l'État avait presque désertées. En mainte occasion, ils en prirent le rôle et en remplirent les devoirs : témoin cet audacieux coup de main où dix goëlettes, armées en course, essayèrent de s'emparer d'Antigoa, et ne reculèrent que devant le feu d'une frégate anglaise envoyée de la Dominique au secours de l'établissement menacé. L'île entière retentissait du bruit de leurs exploits, de leurs abordages héroïques et des riches captures qui en étaient le prix. On était fier de tels hommes ; on admirait la trempe de leurs caractères ; on comptait sur eux au besoin pour défendre la Guadeloupe contre les agressions du dehors. Le mouvement de l'opinion était de ce côté ; ils avaient la vogue, ils occupaient les esprits.

Des noms dont s'honorait la course, aucun n'était placé dans un meilleur rang que celui du capitaine Plouéven. Il avait eu, dans les parages de l'équateur, deux ou trois affaires qui avaient assuré sa réputation et jeté sur lui un certain éclat. Pour les dames d'Angremont, ce n'était point un inconnu : quoique bien retirées et vivant dans la plus stricte solitude, elles avaient entendu parler de cet aventurier de bonne maison, de ses croisières et de ses succès. A défaut d'autre moyen d'information, celui de leur entourage y eût suffi. M. Actéon, qui était demeuré l'oracle de la domesticité, se tenait à l'affût des nouvelles avec un soin particulier, et, quand il en avait recueilli d'assez importantes pour mériter cet honneur, mademoiselle Rodogune, toujours à ses ordres, se chargeait de les faire passer de l'office au salon. Or, les campagnes maritimes du capitaine Plouéven avaient fait ce trajet et non sans fracas. C'était un nom bien situé dans l'esprit de mademoiselle de Rodogune, et auquel M. Actéon avait voué un culte voisin du fanatisme et très-contagieux dans la maison.

On le voit, Plouéven se présentait chez les d'Angremont sous des auspices qui ne lui étaient pas défavorables. Un peu de roman s'y mêlait; où ne s'en mêle-t-il pas? Pour les uns, le capitaine était un héros du genre sombre, qui ne reculait devant aucun excès et n'était point insensible au butin; pour les autres, c'était un véritable chevalier, n'abusant pas de la victoire, et songeant à la gloire plus qu'au profit. Mille histoires se débitaient à ce sujet, et M. Actéon n'était pas des derniers à les embellir; il y ajoutait de son fait des détails où la passion jouait un rôle, et ce n'était pas la partie de ses récits qui avait le moins de succès. Il est vrai que ce succès restait circonscrit dans l'enceinte de l'office; mademoiselle Rodogune connaissait trop ses devoirs et avait un trop juste sentiment des convenances pour songer à le faire remonter plus haut.

Ces circonstances expliquent comment les dames d'Angremont et leur hôte furent sur le champ à l'aise et se traitèrent bientôt sur le pied d'anciennes connaissances. Cela se fit insensiblement et presque à leur insu. Ces dames n'ignoraient pas qu'elles avaient affaire à un gentilhomme et non à un vulgaire écumeur de mer. Plouéven, de son côté, se laissa gagner par une grâce si vraie et si naturelle; il s'adoucit, y mit du sien, rentra ses griffes de lion et dépouilla la rude écorce dont il s'enveloppait habituellement. Qui l'eût vu sur le pont du *Grégeois* n'aurait pu le reconnaître

dans ce cavalier poli et de bonnes manières, s'exprimant dans un langage choisi et n'y mêlant rien qui y fît
disparate. Il restait bien encore, sur sa physionomie,
de certains reflets d'un caractère singulier ; il y passait
encore quelques éclairs comme pour indiquer la per-
sistance de tempêtes intérieures ; mais ce n'était là
qu'un charme et une noblesse de plus, et qui ne nui-
saient en aucune façon à l'effet qu'il pouvait produire.

Le repas se passa ainsi, au milieu d'un entretien à
chaque instant plus familier, et qui se prolongea pendant plus d'une heure. Plouéven en savait assez sur
cette maison pour ne point toucher aux points délicats
et ménager des infortunes si noblement supportées. Il
écarta les questions indiscrètes et accueillit, comme
nouvelles pour lui, les petites confidences qui échap-
pèrent aux maîtresses du logis. Il se montra là-dessus
d'un tact achevé ; on voyait que pour la première fois
il s'étudiait à plaire ; c'était le Sicambre qui courbait le
front. Mais comme il faut toujours que la nature re-
prenne le dessus, de loin en loin, il lui prenait des accès
de révolte. Alors il parlait de la mer et des croisières
prochaines qu'il avait en vue, il s'étendait sur les émotions du combat et sur les charmes de cette vie d'a-
venturier ; il en vantait les grandeurs, il en dépeignait
les chances ; puis, comme conclusion, il ajoutait qu'à
tout prix il fallait hâter les choses, afin qu'il pût remettre à la voile dès le lendemain. C'était une sorte de

protestation contre les sentiments qui l'assiégeaient et un engagement qu'il prenait avec lui-même.

Enfin, il prit congé et laissa sur l'habitation maman Blanche qui devait y veiller sur ses intérêts et hâter l'expédition des fournitures. Même au moment où il salua les dames d'Angremont et se sépara d'elles par un dernier adieu, il crut devoir y ajouter un avis à l'adresse de son agent d'affaires.

— Surtout, lui dit-il, hâtez votre envoi et que rien ne soit en retard. Avant minuit il faut que tout soit à bord. Vous m'en répondez, n'est-ce pas?

— Oui, monsieur, oui, monsieur, dit la mûlatresse. Et tout en bon choix et tout en bonne qualité. J'y ai veillé.

— Que ce soit rendu ce soir, et ce sera toujours assez bon. Voilà mon dernier mot.

— Bien, monsieur, bien, dit-elle.

— Vingt piastres pour vous, si les choses marchent comme je l'entends, ajouta-t-il. Il faut, coûte que coûte, que je sois en mer demain.

Cette promesse fit sur maman Blanche l'effet d'un aiguillon :

— Vingt piastres, monsieur!

— Quarante, si vous êtes de parole.

— Quarante piastres; ah! Jésus Dieu! Vous serez servi, monsieur, vous serez servi.

Plouéven n'entendit pas ces derniers mots; il avait

piqué son bidet et s'était engagé dans le sentier qui
devait le conduire vers la plage. Le soleil commençait
à s'abaisser à l'horizon, et couvrait les flots d'une poussière lumineuse. Le retour fut plus rapide que l'aller
ne l'avait été ; le capitaine fatiguait son cheval de l'é-
peron et de la cravache, et semblait s'en prendre à sa
monture des pensées intérieures qui l'obsédaient. Enfin,
il arriva au moment où toutes ses embarcations venaient
de se réunir dans l'anse au Marigot, afin d'y charger les
approvisionnements qu'on devait y apporter de l'intérieur de l'île.

« Enfants, leur dit le capitaine quand il fut à portée
de voix, un peu de nerf, et montrez-vous ce que vous
êtes. Que tout soit paré avant ce soir ; nous partons
demain. »

Cependant le lendemain, lorsque le soleil se leva,
le Grégeois était encore sur ses ancres devant l'îlot de
Kahouanne, et rien n'indiquait qu'il allât quitter le
mouillage où il se balançait si coquettement.

XX

LA MARCHE DES ÉVÉNEMENTS.

De toutes les personnes qui suivaient du rivage la destinée et les mouvements du brick, aucune n'éprouva plus d'étonnement que maman Blanche à l'aspect de son immobilité. Dès l'aube elle était debout, afin d'assister au départ; elle s'attendait à lui voir déployer ses voiles et gagner la haute mer, comme l'avait annoncé le capitaine Plouéven. Elle comptait se donner ce spectacle comme un dernier dédommagement de l'activité qu'elle avait déployée la veille et dont quarante piastres de gratification ne l'avaient pas, à son gré, suffisamment indemnisée. Quoi de plus naturel ! Cet appareillage à heure fixe était en partie son œuvre ; elle désirait en jouir. Et *le Grégeois* semblait s'y refuser ; il ne bougeait pas, il ne s'ébranlait pas ; le pont était dégarni, les vergues étaient désertes : que signifiait ce caprice ? La mulâtresse s'y perdait.

« Rien n'y manque pourtant, se disait-elle en accompagnant ces mots d'une récapitulation rapide. Rien n'y

manque ; tout a été embarqué avant minuit, comme
ce terrible capitaine le voulait. Cent volailles, vingt-
deux cochons, dix moutons et six quartiers de viande
de boucherie ; tout cela en bonne qualité, et à de bons
prix. De même pour les légumes, de même pour les
fruits ; il y en a eu trente cabrouets de chargés. Est-ce
bien trente cabrouets? Oui, trente, pas un de moins.
Même il a fallu atteler deux bœufs au dernier. A-t-il de
quoi se régaler, le cher homme, et ses gens aussi?
C'est comme une dévastation; il ne reste plus rien à
trois lieues à la ronde. Ah bien ! tant pis. Il y allait
l'argent à la main, et quand on y va l'argent à la main,
on a le droit d'être bien servi. Et il l'a été, et il le sera
s'il revient. Au fond, il ne me déplairait pas, ce capitaine ? De beaux yeux, des traits distingués, bien pris,
un air noble. Et puis, s'il jure en païen, il paie en
chrétien. »

En témoignage de ces derniers mots, la mulâtresse
fit résonner les pièces d'argent dont sa poche était
garnie.

« Oui, il paie en chrétien, de belles piastres, toutes
neuves. Par exemple, dire ce qu'elles lui ont coûté, je
ne m'en charge pas ; ni d'où elles viennent, non plus.
Chacun ses affaires ; tant pis pour qui ne les fait pas
honnêtement, » ajouta-t-elle en forme de sentence.

Cependant, au milieu d'aussi judicieuses réflexions,
le brick ne changeait pas d'allures ; il restait immobile

et comme endormi; il refusait à maman Blanche les
satisfactions qu'elle était en droit d'en attendre.

« Mais voyez donc s'il donnera signe de vie? s'écria-
t-elle. Fi, le fainéant! Et pourtant tout est en règle à
bord; il n'y manque ni une patate ni un oignon. Ma
foi, qu'il s'arrange! Je ne puis pas perdre mon temps à
faire le guet. Il partira quand il voudra. Rentrons. »

Elle répéta ce dernier mot vingt fois avant d'en venir à une exécution sérieuse; elle espérait toujours n'en
pas avoir le démenti. Enfin elle quitta la place et regagna son ajoupa afin d'y remettre un peu d'ordre.
L'établissement en avait besoin; il se ressentait des
opérations de la veille; l'équipage du *Grégeois* l'avait
mis en état de siége, et rien n'y restait intact, ni un
verre, ni une natte, ni un flacon. Ces dégâts avaient
été largement payés, mais le vide n'y existait pas
moins : c'était un fonds à renouveler et un local à net-
toyer du haut en bas. Des débris partout, partout des
tessons de bouteilles; sur quelques points, des vesiges
d'incendie. Il y avait du miracle à ce que la frêle construction fût encore debout; aussi la mulâtresse pous-
sait-elle, à l'aspect de ces ravages, les soupirs les plus
profonds que sa poitrine pût exhaler.

« C'est payé, disait-elle, et bien payé; je ne veux
pas leur en faire de reproche; ils auraient brûlé la case
que j'eusse été encore en profit. Des piastres, des quadruples, jamais je n'en ai tant vu; ils battent monnaie,

ces gens-là. Mais, n'empêche pas qu'ils auraient pu ménager davantage ma pauvre maison. La, mon Dieu, voyez ce qu'ils en ont fait : si ce n'est pas pitié de voir dans quel état ils me l'ont mise? Mon miroir? brisé. Mes pots de fleurs? en pièces. Une légion de diables n'y aurait pas causé plus de mal. Heureusement qu'ils vont partir; bon voyage, mes amis. Du train dont ils y allaient, après avoir brûlé la case, ils auraient rôti la maîtresse. Bon voyage, et que je ne vous revoie plus. Assez comme cela : vous avez laissé vos piastres, c'est l'essentiel; que Satan prenne maintenant le reste, s'il le veut. Bon gibier pour lui ; partez. »

Tout en exerçant ces récriminations, la mulâtresse travaillait de bon cœur à réparer les dommages les plus sensibles; elle débarrassait le plancher des débris qui l'obstruaient, secouait les nattes, jetait les bouteilles cassées et rangeait dans un coin celles qui avaient échappé à l'exécution générale. C'est ainsi qu'après un naufrage on recueille les épaves que le flot a rejetées sur la grève afin d'amoindrir les effets du sinistre et de recouvrer les restes de la cargaison. Maman Blanche se livrait à un sauvetage de ce genre, et à mesure que, sous sa main, un peu d'ordre se rétablissait dans l'ajoupa, son cœur en éprouvait du soulagement. Elle respirait avec plus d'aisance, reprenait possession d'elle-même, jetait sur cet intérieur des regards plus satisfaits et si, par moment, quelque ombre obscurcissait cette joie, si elle découvrait une dévastation nouvelle et inattendue, elle s'en prenait aux absents :

« Sauvages ! s'écriait-elle. Heureusement qu'on va vous voir les talons. »

Puis elle ajoutait, cédant à une inspiration pleine de prudence :

« Allons nous en assurer. »

En effet, elle mettait la tête hors de l'ajoupa et jetait un coup d'œil sur la mer :

« Encore là ? Que peut-il y faire ? Qui le retient ? » disait-elle.

Ce manége avait été recommencé à diverses reprises, lorsqu'un incident y mit fin. Dans un de ces mouvements, la mulâtresse se trouva face à face avec le capitaine Plouéven ; elle recula comme si c'eût été un spectre, tant elle s'attendait peu à le voir.

— Vous ici, monsieur ! dit-elle en faisant quelques efforts pour se remettre.

Le capitaine ne lui répondit pas ; sa figure n'avait pas son expression accoutumée ; elle était plus triste que sombre, plus mélancolique que sévère. Il prit un escabeau qui se trouvait à sa portée et s'y assit ; puis, relevant les yeux, il s'aperçut du désordre qui régnait dans l'établissement.

— Que signifient ces dégâts ? dit-il avec un éclair dans les yeux. Qui vous les a faits ?

Maman Blanche vit que sa physionomie tournait à

l'orage et qu'il y aurait un éclat à bord du *Grégeois*, si elle n'intervenait pas. Au fond, c'était pour elle une question de conscience ; elle avait été dédommagée, et amplement : tout s'était arrangé en premier ressort ; à quoi bon un appel ? Aussi répondit-elle avec une indifférence parfaitement jouée :

— Personne, monsieur, personne ; c'est mon absence qui a causé cela.

— Votre absence ? reprit-il. Vous y mettez du désintéressement, maman Blanche. C'est honnête de votre part, mais on ne me trompe pas ainsi. Ces pipes cassées, votre absence ? ces verres en morceaux, ces commencements d'incendie, votre absence ? Je m'y connais : *le Grégeois* a passé par là.

— Mais non, monsieur, mais non, dit la mulâtresse, voulant pousser les procédés jusqu'aux dernières limites.

— Assez, continua le capitaine Plouéven ; je vois ce que je vois et n'ai pas besoin de vos aveux. Avant la fin de la journée, il en sera parlé à bord du brick. Non, ajouta-t-il en prévenant une nouvelle instance, non, maman Blanche, je ne puis rien souffrir de pareil. Il faut de la discipline à terre comme il en faut à bord, ni plus ni moins. C'est bien assez des excès auxquels le métier entraîne, il n'en faut pas ajouter d'autres sans nécessité ; il faut punir les mauvaises habitudes comme on punit les désobéissances, très-sévèrement, très-rigoureusement. Autrement, que sommes-nous ? Des êtres à part, à demi sauvages, ne connaissant ni règle ni frein. Je ne veux pas de cela, maman Blanche, je n'en veux à aucun prix ; je veux commander à des hommes, non à des brutes. Il y aura des exemples ce soir, et vigoureux, je vous en réponds.

En parlant ainsi, on voyait que le capitaine s'adressait moins à la mulâtresse qu'il ne répondait à des reproches secrets et à une fermentation intérieure. Un voile de tristesse s'était répandu sur son front ; une expression d'amertume régnait sur ses lèvres ; le regret, le remords peut-être, semblaient prêts à s'en exhaler. Il ne jurait plus, il ne s'emportait pas ; c'était de la souffrance et non de la colère. Aussi la mulâtresse n'osait-elle insister ; elle voyait bien, à la fermeté de l'accent, que son intervention serait en pure perte. Le capitaine ajouta :

— Les malheureux ! Briser pour le plaisir de briser ! Et ont-ils au moins payé le dommage ?

— Oh ! pour cela, oui, monsieur, dit maman Blanche, heureuse de trouver une circonstance atténuante et de la faire valoir ; je suis satisfaite là-dessus, satisfaite complétement. Je ne réclame rien, absolument rien.

— D'eux, c'est possible, maman Blanche ; mais de moi ?

— De vous, monsieur ? Et à quel titre ?

— Comme leur chef, je suis responsable aussi. J'aurais dû empêcher ces écarts, et, ne l'ayant pas fait, j'ai à les réparer. Vous dites qu'il ont payé pour eux, n'est-ce pas ?

— Oui, monsieur, et très-généreusement.

— Eh bien, alors, voici pour moi, reprit le capitaine en mettant vingt doublons dans la main de la mulâtresse. C'est ma part de contribution.

— Tout cet or, monsieur ! s'écria-t-elle, émerveillée et effrayée à la fois ; tout cet or ! Et il est à moi ?

— Bien à vous, maman Blanche. Trop heureux de me racheter à ce prix. Je veux qu'en quittant cette côte, *le Grégeois* n'y laisse que de bons souvenirs.

— Ah ! monsieur, vous pouvez en être certain. Tout cet or !

Jamais la pauvre femme n'avait eu une pareille somme à sa disposition, et elle en éprouvait une sorte d'extase. Les doublons restaient dans ses mains sans qu'elle osât faire un mouvement, tant elle craignait que ce ne fût un rêve, et qu'ils ne s'en échappassent inopinément. Plouéven suivait cette scène de l'œil, et quand il se fut assuré de l'effet qu'il voulait produire, il insista :

— Et ce n'est qu'un à-compte, dit-il.

La mulâtresse le regarda comme pour lui demander l'explication de ce mot.

— Un à-compte, répéta le capitaine.

— Un à-compte ! dit-elle à son tour, et comment ?

Ainsi pressé, Plouéven éprouva un peu d'hésitation ; on eût dit qu'il reculait devant son propre dessein ; enfin le naturel l'emporta :

— Ecoutez, dit-il à la mulâtresse, *le Grégeois* ne part pas aujourd'hui ; il ne partira pas demain non plus ; il restera devant l'îlot à Kahouanne pendant quelques jours encore.

— Ah ! dit naïvement maman Blanche, il lui manque donc quelque chose ?

— C'est selon, reprit le capitaine ; et d'ailleurs qu'importe ? Il reste, voilà tout ce qu'il vous est utile de savoir, ajouta-t-il avec un certain emportement.

— A la bonne heure ! dit la mulâtresse. Puisque vous l'entendez ainsi, une pauvre femme comme moi n'a plus rien à dire.

— *Le Grégeois* reste donc, et d'ici au moment du départ, j'ai un service à vous demander.

— Tout ce que vous voudrez, s'écria-t-elle avec chaleur. Trop heureuse de vous obliger, monsieur ! Un homme généreux comme vous ! Un homme qui a des doublons au bout des doigts ! Il faudrait avoir le cœur bien mal placé pour lui refuser quelque chose ! Parlez, parlez, je suis à vos ordres. De quoi s'agit-il ?

Le capitaine avait laissé maman Blanche s'épuiser en protestations et en assurances de dévouement ; il reprit avec une légèreté affectée :

— De quoi il s'agit ? De peu de chose en vérité, et je ne sais pas pourquoi j'y ai mis tant d'apprêts ! D'une bagatelle, d'une chose qui va de soi.

— Dites toujours, monsieur ; peu ou beaucoup, je suis prête.

— Il s'agit de maintenir nos relations avec l'habitation d'Angremont, voilà tout. Ce n'était vraiment pas la peine de le prendre de si haut. Vous vous en chargez, n'est-ce pas ?

— Assurément, monsieur, dit la mulâtresse, sans pressentir les intentions de Plouéven. Et quel obstacle y a-t-il à ce que les choses aillent ainsi ? N'avons-nous pas fait un marché avec ces dames ? ne vous êtes-vous pas assis à leur table ? Vous êtes presque de la maison.

— Vous arrangerez tout cela au mieux, maman Blanche, dit Plouéven en riant. Peste ! il n'y a qu'à vous indiquer les choses ; comme vous savez en tirer parti ! Je m'en fie donc à vous.

— Et à l'hospitalité créole, monsieur ; c'est franc et sincère comme nos cœurs.

— Allons, c'est bien, dit le capitaine en coupant court : agissez, c'est tout ce qu'on vous demande, et trêve de réflexions. Vous comprenez ce que je veux ?

— Certainement, monsieur.

— Je veux retourner à l'habitation, et cela dès aujourd'hui. Trouvez un prétexte plausible, et que ce retour ait l'air naturel.

— J'y tâcherai, monsieur.

— Et si je suis content de vous, il y aura une pluie de doublons. Ce que vous avez reçu n'est que de la rosée. Y êtes-vous enfin ?

— Oui, monsieur, dit la mulâtresse, confuse cette fois et apercevant le piége où on voulait l'engager.

Peut-être y eut-il chez elle un peu de combat, quand elle vit plus clair dans les projets du capitaine ; mais elle ne se montra pas moins active à les servir. Y avait-il une arrière-pensée dans cette complicité ? ou bien faut-il y voir l'influence de l'or, souveraine sur les petits comme sur les grands ? C'est ce que l'on verra dans la suite de cette histoire. Même quand la pauvre femme aurait cédé à cet irrésistible moyen de séduction, qui oserait lui jeter la pierre ? Les exemples ne manqueraient pas pour l'absoudre, et pris dans les rangs les plus élevés et les plus hautes conditions.

XXI

LES PIÈGES.

Avec les dames d'Angremont, ces ruses et ces finesses étaient du temps et de l'imagination dépensés en pure perte ; leur candeur et leur droiture suffisaient pour les déjouer. Plouéven n'aurait pas eu besoin d'autre titre pour se présenter à elles que celui qu'il avait déjà, et le prétexte le plus ingénieux ne pouvait rien changer ni à l'accueil qui l'attendait ni aux relations qui devaient s'ensuivre. Il y a, dans le caractère et les habitudes créoles, on ne saurait dire quel abandon, quelle confiance dont nos mœurs européennes ne s'accommoderaient pas, et qui jette sur la vie des colonies un charme particulier et dont le souvenir ne s'efface jamais. Nulle part l'hospitalité n'est plus douce ni plus affectueuse ; un hôte y est réellement, comme aux âges antiques, l'enfant du logis, et de tous le plus fêté. Sur son passage, il n'y a que des cœurs empressés et des visages souriants ; c'est à qui l'entourera de plus de soins et lui rendra plus doux le séjour de la maison.

On veut qu'il s'y plaise pendant qu'il y est, et qu'il la regrette après l'avoir quittée.

Ainsi furent les dames d'Angremont pour Hector Plouéven, toutes les fois qu'il vint au château. C'étaient deux âmes si pures, si étrangères aux mauvaises passions, que le soupçon du mal n'y trouvait point d'accès. La jeune fille en était à cet âge où l'on s'ignore, et, quant à la mère, elle avait mené une vie si retirée, si pleine de devoirs et de bonnes œuvres, qu'elle n'avait guère plus d'expérience que son enfant. Mais il y avait en elles cet instinct et ce sentiment du bien qui préservent les existences les plus exposées aux piéges du monde ; c'était leur véritable bouclier, et leur arme de combat au besoin ; c'est de ce côté que devaient leur venir les plus sûrs avertissements. Jusque-là, elles ne croyaient pas devoir prendre de précautions, ni se tenir sur leurs gardes ; elles accueillaient Plouéven comme on doit accueillir un gentilhomme, comme elles accueillaient tout ce qui se présentait sous leur toit, avec une grâce remplie de dignité et une bonté si naturelle, qu'elle éclatait dès le premier abord.

Plouéven put donc multiplier ses visites, sans que la moindre défiance s'y attachât et vînt troubler la sérénité des dames du château. Parfois même, lorsque l'heure avancée ou l'état du ciel ne lui permettait pas de regagner *le Grégeois*, l'hospitalité devenait plus complète, et il passait la nuit sur l'habitation. Dans un point reculé du parc se trouvait un petit pavillon, qui servait autrefois de rendez-vous de chasse, et qui avait été transformé en logement d'ami. C'était un réduit charmant et discret, entouré d'ombre, et qu'un poëte eût volontiers célébré. Le capitaine de corsaire y trouvait un abri hospitalier et y cherchait le soir un peu de repos pour un cœur plus rempli de drames que d'idylles. Là souvent, dans le silence de la nuit, seul avec ses impressions, seul avec sa conscience, Plouéven dut se poser de redoutables énigmes, et se demander le mot de celle qu'il poursuivait. Si ces murs avaient pu parler, si cette enceinte où grondaient de si tumultueuses pensées, avait pu en trahir le secret, Dieu sait quel éclat s'en serait suivi et quelles affreuses révélations se seraient échappées du sein de ces mornes. Problèmes de sa vie d'autrefois, problèmes de sa vie actuelle, aventures du passé et du présent, que de visions, que de fantômes devaient se succéder devant lui, ici menaçants, là avec le sourire de l'ange sur les lèvres ! Sans doute Plouéven avait de pareils assauts à essuyer ; l'âme n'est pas toujours de bronze, et il y a des moments où les plus perverties reçoivent de profonds ébranlements ; mais, quand le matin il reparaissait au château, sa physionomie ne révélait rien de ces impressions : elle était calme et froide comme si sa conscience n'eût pas parlé dans le cours d'une longue insomnie.

Il était impossible qu'une intimité plus grande ne s'établit pas à la suite de rapports plus fréquents. Plouéven demeurait avec ces dames pendant une partie des veillées, et, en les interrogeant avec mesure, avec discrétion, il apprit de leur bouche une partie de leur histoire. C'était madame d'Angremont qui la racontait, et d'une voix si douce, si touchante, avec une sensibilité si vraie, et des élans si naturels, qu'une émotion réelle s'emparait de Plouéven; le capitaine de corsaire se sentait ému, entraîné; s'il l'eût pu, il eût versé des larmes. Un jour ce sentiment déborda. Madame d'Angremont venait de raconter les sinistres exploits de Vulcain, l'attaque du château, les assauts qu'elle avait soutenus, et toutes ces scènes encore vivantes à sa mémoire. Pendant le cours de ce récit, le capitaine Hector avait vainement essayé de se contenir; il s'animait, il s'échauffait à ces détails nouveaux pour lui; on eût dit qu'il était mêlé à ces batailles, et ses impressions se trahissaient par des mots entrecoupés :

— Le coquin! disait-il, le scélérat! le monstre odieux! Que n'étais-je là?

Ainsi parlait-il, et à propos de toutes les circonstances où le drame était le plus vif et où les scènes offraient le plus de couleur. Enfin, quand madame d'Angremont eut achevé, il prit un parti décisif :

— Madame, lui dit-il, avec une sorte d'impétuosité; une grâce, accordez-moi une grâce?

— Parlez, capitaine ; mon Dieu ! que vous semblez ému !

— C'est qu'il y a de quoi, madame ! Un nègre, un vil nègre, vous réduire là ! Et on n'a pas coupé ce reptile en morceaux !

— Comment faire ? Il échappait aux poursuites.

— On ne l'a pas rôti à petit feu, comme un quartier de bison ! On ne l'a pas cloué à un poteau pour que les oiseaux de proie vinssent lui dévorer les yeux !

— Ces mornes sont si inaccessibles ! dit madame d'Angremont.

— Inaccessibles ou non, il n'y restera pas plus long-temps, s'écria Plouéven. Je vous ai demandé une grâce, madame ; vous me l'accorderez, n'est-ce pas ?

— Volontiers, capitaine, pourvu qu'elle soit de nature à être accordée.

— Je la demande sans condition.

— Vraiment ! quel terrible homme vous faites ! Eh bien, dites ce que c'est ?

— Laissez-moi vous délivrer de cet homme ; au nom du ciel, laissez-moi vous en délivrer.

— De quel homme ?

— De ce fléau de votre maison, de celui qui a répandu tant de deuil sur vous.

— De Vulcain ?

— Oui, de Vulcain, madame.

— Hélas ! capitaine , il est bien tard aujourd'hui ; tout le mal qu'il pouvait nous faire, il l'a fait.

— N'importe, livrez-le-moi, abandonnez-le-moi ; j'ai là au cœur une rage contre lui. C'est une insulte qu'il vive encore ; il est temps d'en purger la terre, et je me charge de l'opération. Un mot de vous, et dès demain j'y vais.

Madame d'Angremont hésitait encore ; elle avait dans le cœur cet oubli des offenses qui est le véritable sceau d'un esprit chrétien. Elle craignait de trop accorder à un sentiment de vengeance, et reculait surtout devant la pensée d'engager un étranger dans une entreprise si périlleuse. Tous les hommes de sa maison étaient morts ; il ne restait plus aux femmes qu'à les pleurer et à se résigner. Telles étaient les pensées qui se pressaient dans son cœur et qui l'empêchaient de donner à Plouéven une réponse précise. Celui-ci l'attendait pourtant avec une impatience qu'il déguisait mal ; ses yeux pétillaient de fureur, ses lèvres se contractaient avec une expression étrange ; ses doigts crispés semblaient chercher une proie ; sa main s'agitait dans le vide en guise de défi. Il lui fallait ce nègre, à tout prix il le lui fallait :

— Eh bien ! madame, dit-il à madame d'Angremont avec une insistance prononcée ; eh bien !

— Vous êtes donc tout à fait décidé ? lui dit-elle en le regardant avec bonté.

— Si décidé, madame, que, si vous n'y consentez pas, j'agirai sans vous et malgré vous.

— Eh bien, capitaine, faites comme vous l'entendrez, et que Dieu vous assiste. Si la mort de cet homme est dans ses desseins, il sera avec vous. Nous y serons aussi, ma fille et moi.

— Cela me suffit, madame; voilà un mot qui me rendra bien fort. Dès demain, je me mettrai en campagne, et, avant huit jours, vous aurez à vos pieds la tête de votre ennemi. Oui, vous l'aurez, foi de Plouéven.

XXII

LES PRÉPARATIFS.

Chez Plouéven le fait suivait de près la parole ; dès le lendemain il prenait ses dispositions.

L'entreprise exigeait de l'adresse et du sang-froid. De tous les maraudeurs qu'abritaient les mornes, aucun ne savait mieux que Vulcain tromper et déjouer les poursuites ; aucun ne préparait ses piéges avec plus d'art et n'y faisait tomber plus sûrement ceux qui s'acharnaient après lui. On citait dans le pays plusieurs campagnes de ce genre dont les honneurs lui étaient restés ; il avait lassé les chasseurs les plus hardis, les traqueurs les plus habiles ; deux ou trois d'entre eux y avaient même péri. Tantôt il ménageait sous leurs pas des fondrières où ils s'engloutissaient ; tantôt il les attendait au sommet d'un pic et faisait rouler sur eux des blocs énormes au moment où ils essayaient de l'escalader. Dans cette vie sauvage et sans cesse exposée, le nègre avait acquis cette finesse des sens qui distingue les animaux ; l'ouïe, la vue étaient chez lui d'une subtilité incomparable : rien n'égalait la vigueur de ses membres ni la souplesse de ses mouvements; il bondissait sur les rochers avec l'agilité du chamois, courait le long des escarpements d'un pied aussi sûr que le leur, franchissait les torrents à la nage, traversait les gouffres d'un rapide élan, s'enfonçait dans les taillis comme une bête fauve et s'y ménageait des abris impénétrables pour tout autre que lui. A la course, il défiait les chiens et les chevaux; le même jour on l'avait aperçu en des endroits divers et à de telles distances, qu'on ne savait comment expliquer cette présence simultanément. On le croyait dans les mornes qu'il était tapi derrière les haies de la plaine, à l'affût de quelque proie et au moment d'exécuter quelque larcin ; on le croyait encore dans la plaine que déjà il était dans les mornes, à l'abri de toute recherche et jouissant de ses pillages avec impunité. Ces déceptions, souvent renouvelées, avaient fini par amener une sorte de trêve entre lui et les planteurs; les agents de la force publique semblaient eux-mêmes avoir renoncé à s'en emparer. Il passait pour insaisissable.

Tel était l'homme dont le capitaine Plouéven avait promis la tête à madame d'Angremont; l'engagement était plus facile à prendre qu'à tenir, et tout autre qu'un Breton et un chef de corsaires y eût échoué. Mais si Vulcain était opiniâtre, Plouéven ne l'était pas moins; si Vulcain avait des ressources dans l'esprit et

un arsenal d'expédients inépuisable, Plouéven n'avait
pas des ressources moindres ni un arsenal moins bien
pourvu. C'était une partie où l'audace ne manquait ni
de l'une ni de l'autre part, et où allaient se déployer
dans l'attaque et dans la défense toutes les combinaisons que peuvent suggérer le désir de réussir et l'instinct de la conservation.

La première condition du succès, c'était le mystère.
Plus d'une fois Vulcain, pressé trop vivement, avait
abandonné le nord de l'île pour les montagnes du sud,
où les abris sont plus sûrs et les escarpements plus
âpres; il y avait même fait d'assez longs séjours et pratiqué de nombreuses intelligences : c'était son lieu
d'asile dans les moments critiques et quand on le poussait à bout. Cette fois encore, à la première alerte, il
aurait pu s'y réfugier et rendre la besogne de Plouéven beaucoup plus périlleuse et beaucoup plus ingrate.
Tout conseillait donc le secret. Il fallait se préparer
sans bruit, marcher à l'improviste, cerner le repaire
du nègre et le surprendre. Ainsi fait-on quand on
force un sanglier dans sa bauge et qu'on l'entoure
d'un cercle d'épieux menaçants.

Ces renseignements, que le capitaine avait pu recueillir, s'accordaient sur un point; ils fixaient la résidence habituelle de Vulcain sur l'un des revers du piton
de Guionneau et dans une gorge où prend naissance la
rivière à Goyaves. Poursuivi, c'est toujours dans cette

partie des mornes qu'il se dérobait aux regards, sans qu'on pût dire comment il gravissait ces rochers inaccessibles ni quel refuge il s'y était ménagé. Les uns prétendaient qu'à la base même du pic régnait une excavation connue de lui seul, et dont l'entrée était masquée par des buissons touffus et des fougères épineuses; d'autres assuraient que la caverne du bandit s'ouvrait dans la corniche même, à une telle élévation et placée de telle sorte qu'il n'avait d'autre visite à craindre que celle des oiseaux de proie, hôtes familiers de ces sommets. Les versions variaient donc quant au gîte, et c'était une difficulté de plus de cette expédition qui en offrait tant.

En revanche, Plouéven trouva des auxiliaires sur lesquels il n'avait pas compté. Dans l'un des chenils de l'habitation vivaient deux limiers, dressés à la chasse du nègre marron, et qui y apportaient les ressources d'un flair exercé et du plus mauvais caractère. On les nommait Tamerlan et Bajazet; quoique dans la même espèce, ils différaient par la robe et par l'humeur. L'un était fauve jaspé de noir, l'autre gris tacheté de blanc. Tous deux avaient la dent prompte et le jarret sûr; mais Tamerlan avait parfois des accès de gaieté, tandis que Bajazet se renfermait dans une dignité sombre : l'un jouait avec sa proie, l'autre se contentait de l'expédier. Quand ils en manquaient, ils s'amusaient à se dévorer l'un l'autre afin de se tenir en haleine et d'employer leurs moments perdus. Ils honoraient ainsi les noms qu'ils portaient et se traitaient en vieux ennemis. Comme dernier trait, Tamerlan, dans une chasse, avait été blessé à la jambe et Bajazet à l'œil. On ne pouvait mieux se conformer à l'histoire.

Ces deux animaux jouissaient, sur l'habitation, d'une réputation si bien établie, qu'on les y tenait constamment à la chaîne, jour et nuit, sans leur laisser d'autre distraction que celle de leurs petits assauts fraternels. Ils vivaient ainsi dans un isolement qui n'était pas de nature à adoucir leurs mœurs ni à leur inspirer des goûts plus réguliers. Aussi quelle fête quand on les détachait et avec quelle ardeur ils couraient vers la montagne. Malheur au nègre dont ils trouvaient la piste et qui n'avait pas, pour se garantir, un abri sûr et à portée ! Ils le déchiraient à qui mieux mieux et n'en rapportaient que les lambeaux ; Tamerlan l'attaquait à la gorge, Bajazet aux jarrets, et leurs dents, une fois dans les chairs, ne les quittaient qu'avec la vie. Rarement parvenait-on à sauver la victime ; ils étaient trop sensuels pour s'en dessaisir et avaient de trop longs jeûnes à réparer.

Tels étaient les auxiliaires que Plouéven avait sous la main ; il les fit mettre à la ration afin d'accroître leur zèle et de les encourager dans leurs bonnes dispositions; puis, de retour sur *le Grégeois*, il choisit cinq hommes déterminés, qu'il pourvut de carabines à longue portée et d'armes blanches pour le cas où ils auraient à engager une lutte corps à corps. Dans cette troupe d'élite figuraient trois personnages que nous connaissons, le Malouin, dont l'esprit était fécond en ressources, Michel, dont l'humeur était plus sombre que jamais, enfin Yvon, l'un des marins les plus agiles de l'équipage et que le capitaine destinait à l'escalade des rochers. Avec de tels hommes et un tel chef, Vulcain courait de grands risques. Jamais il n'avait eu une aussi mauvaise affaire sur les bras. Pour compléter ce personnel, on prit, en passant au château, M. Actéon, qui passa de l'emploi de palefrenier à celui de piqueur et fut chargé de conduire Tamerlan et Bajazet, avec lesquels il avait su maintenir des relations à peu près tolérables. Il était du petit nombre des gens de couleur que ces animaux consentaient à ne pas mettre en pièces à première vue.

Quand tout fut ainsi réglé et que chacun eut son poste assigné, Plouéven donna le signal du départ et la troupe se dirigea vers les mornes. M. Actéon ouvrait la marche avec ses limiers ; le capitaine suivait avec ses gens.

— Où allons-nous ? demanda naïvement Yvon.

— Chasser au lapin, mon élève, répondit le Malouin, et voici nos furets, ajouta-t-il en montrant les chiens.

XXIII

L'EXPÉDITION.

A une petite distance de l'habitation, et quand on
fut certain que les limiers ne se fourvoieraient pas, on
les découpla et ils entrèrent en chasse. Tamerlan partit d'un trait, franchit un torrent et disparut : Bajazet
y mit moins d'ardeur et plus de méthode. Il reconnut
d'abord son monde, alla flairer un à un les matelots
et leur chef, revint vers Actéon avec une sorte d'impétuosité, se jeta presque sur lui et ne s'arrêta qu'au son
de sa voix : il avait senti l'odeur du nègre. Une fois ce
manége achevé, il prit sa direction et courut vers la
montagne. De temps en temps, on les voyait reparaître tous deux, bondissant au-dessus des taillis et cherchant à fleur de sol des indices qui pussent les mettre
sur la voie. Dans ces mouvements rien n'était livré au
hasard ; ces deux animaux avaient la conscience de
leur rôle et obéissaient à des instincts aussi sûrs que
s'ils eussent été sur les traces d'une pièce de gibier.

Rien de plus agreste que la région où s'engageait la

troupe de Plouéven. A mesure qu'on gagnait du côté des mornes, les sentiers disparaissaient et il fallait se frayer péniblement un chemin à travers d'énormes blocs de rochers et des réseaux de plantes sarmenteuses. Des ruisseaux roulant avec impétuosité ajoutaient aux difficultés de la marche, et on ne les traversait qu'avec de l'eau jusqu'à la ceinture ou sur des cailloux couverts de mousse et qui se dérobaient sous les pieds. Parfois aussi l'escarpement devenait trop considérable, et au lieu de le franchir on en suivait la base jusqu'à ce que la pente s'adoucît et que l'accès en fût possible. C'est ainsi que s'écoulèrent les premières heures de l'expédition : des fatigues sans résultat. Pas une âme vivante, pas même de bruit, si ce n'est, de loin en loin, celui d'un agouti qui s'enfuyait effarouché et traçait comme un sillon dans les hautes herbes.

Enfin, après une traite pénible, la troupe arriva sur les bords de la rivière à Goyaves, et y fit une halte avant de pousser sa recherche plus loin. D'après les renseignements recueillis, c'était de ce côté seulement et en remontant la rivière soit par les berges, soit dans le lit même, là où la berge manquerait, qu'on pouvait espérer d'arriver au pied du piton de Guionneau et dans les gorges où se trouvait Vulcain. Cette partie du trajet offrait des difficultés encore plus grandes, et, avant de l'entreprendre, il était bon de s'y préparer et de réparer ses forces à tout événement. C'est ce qu'on fit. Sur un ordre du capitaine, Actéon rappela les limiers qui battaient les buissons au hasard, les lia à un arbre et sortit d'un carnier de chasse les provisions destinées à la table d'honneur. De leur côté, les marins en firent autant; ils avaient des vivres dans leurs gibecières. Un repas fut improvisé sur l'herbe, et ni les vins ni les pièces froides n'y manquèrent; les dames du château y avaient abondamment pourvu. Aussi n'y eut-il qu'une voix en leur honneur; le Malouin surtout n'en finissait pas; il y épuisait ses plus belles formes de langage, et quand sa veine tarissait, il avait recours, pour la renouveler, à une bouteille de vieux roussillon.

— Yvon, disait-il avec ces airs attendris auxquels le vin dispose; mon bon Yvon, prenez modèle. Voilà comment on se comporte vis-à-vis de matelots. Des bombances! des fioles de choix, des pâtés de volailles et autres! Toutes les épices de l'Inde! La muscade, la cannelle, le girofle, ce qu'il y a de mieux! On voit que la maison a été cossue. C'est divinement préparé.

Au lieu de répondre à l'allocution, le jeune Breton expédiait les morceaux avec une ardeur qui avait bien son éloquence; les autres marins ne s'en acquittaient pas moins silencieusement; ce n'était pas le compte du Malouin:

— Eh bien! quoi? qu'est-ce? dit-il, après une nouvelle accolade donnée à son flacon. C'est là votre manière d'animer un dialogue. Fi donc! matelots, fi donc! Manger, c'est bien; mais il faut parler en même temps; la mâchoire ne doit pas faire de tort à la langue; ces deux organes peuvent manœuvrer à la fois. L'esprit y gagne et l'estomac n'y perd rien. Allons, voyons, débridez, les enfants! en avant le mot pour rire! A vous, Michel, à vous, et mettez-vous en train, vieux sournois.

— Laissez-moi tranquille, mille pipes, dit avec humeur le matelot interpellé.

— Bravo; c'est drôlement le prendre, s'écria le Malouin. Ours des bois! hérisson! Vous le voyez, matelots, toujours le même, toujours l'air en dessous, toujours la mine à la bourrasque. Ma parole d'honneur, ajouta-t-il en lui posant la main sur l'épaule, on n'est pas plus ténébreux que ce garçon-là. Et pourtant j'en ai beaucoup vu de ténébreux et de la plus belle espèce; j'en ai vu un surtout qui était bien la fleur du genre, durant mon séjour à Paris, au mélodrame du boulevard. C'était à peindre, matelots: un grand sec, la physionomie à l'envers, toujours effarouché, et une voix, une voix! une voix de l'autre monde. Il est vrai que c'était un profond scélérat, un homme pétri de vices et qui s'était plongé dans une série de forfaits. Cela s'explique qu'il eût mauvais visage; mais vous, Michel, pourquoi donneriez-vous dans ces airs? Auriez-vous commis un grand crime, mon garçon?

Pendant que le Malouin suivait le fil de son discours, le matelot auquel il s'adressait faisait entendre un grognement sourd qui annonçait une tempête intérieure. Ces propos, ces rapprochements semblaient le piquer au vif, et il était facile de voir qu'il ne se contenait pas sans effort. Les derniers mots du Malouin firent verser la mesure : à peine étaient-ils prononcés que le matelot fondit sur l'orateur et le saisit à la gorge :

— Un grand crime ! s'écria-t-il; qu'entendez-vous par là?

Surpris par cette étreinte, le Malouin eut toutes les peines du monde à s'en dégager et à recouvrer un peu de liberté de respiration :

— Ouf ! s'écria-t-il. Mais veux-tu donc me lâcher, enragé ! Est-ce que tu ferais métier, par hasard, d'étrangler les gens?

Il faut qu'il y eût dans ces mots un nouveau grief, car la fureur de Michel ne fit que s'en accroître ; il revint sur le Malouin l'œil enflammé, les poings en arrêt. Celui-ci, leste comme un écureuil, s'était levé et se tenait sur ses gardes; un combat en règle allait commencer, lorsque le capitaine intervint. Depuis quelques instants, il suivait cette scène de l'œil et avait entendu les propos échangés ; quand il vit que les choses se gâtaient, il s'approcha :

— Qu'est-ce ? dit-il.

A cette voix, les deux champions s'arrêtèrent comme s'ils eussent été frappés d'immobilité : on eût dit deux statues. C'est que Plouéven avait les mains posées sur la poignée de ses pistolets, et qu'ils savaient l'un et l'autre ce que signifiait ce geste.

— Qu'est-ce donc? répéta le chef en homme qui attend une réponse et n'admet pas d'hésitation; que signifie cette querelle?

Ce fut le Malouin qui s'exécuta le premier; Michel semblait vouloir pousser la révolte jusqu'au bout.

— Rien, mon capitaine; rien... Un simple quiproquo.

— Mais encore? dit Plouéven en insistant.

— Un malentendu, pas autre chose : cela se voit tous les jours.

— N'importe ; expliquez-vous.

— Eh bien ! c'est ce damné de Michel... Quel caractère ! quelle tête, bon Dieu !

— Qu'a-t-il fait?

— Ce qu'il a fait? Ce qu'il fait toujours : rien comme tout le monde, capitaine. Ce garçon-là était né pour vivre dans les bois, et non dans la compagnie d'hommes civilisés... Quelle poigne ! quelle terrible poigne ! ajouta le Malouin en portant la main à son cou, comme pour témoigner que cet organe revenait de loin.

— Le motif?

— Le sais-je? un mot ! une plaisanterie ! Ce brutallà tourne à l'aigre pour rien et étrangle les gens au premier caprice. Le motif? Du diable si j'en sais quelque chose , capitaine ; demandez-le-lui, peut-être le sait-il mieux que moi.

Plouéven se retourna alors vers l'autre champion afin de compléter l'interrogatoire :

— Vous l'entendez, Michel. Qu'avez-vous à répondre à cela?

Celui-ci ne parut pas s'émouvoir, et fit entendre seulement ce grognement sourd qui était son langage le plus habituel.

— Qu'avez-vous à répondre ? répéta le capitaine en pressant de la main la poignée de son pistolet.

Ce geste n'échappa point au matelot; il releva les yeux et les porta sur Plouéven avec une certaine assurance.

— Répondre? Pourquoi lui répondre? dit-il.

— Parce que je le veux, dit le chef avec un accent où la menace et l'impatience dominaient. Que signifient ces voies de fait?

— Ce qu'elles signifient? répondit le matelot sans perdre contenance. Vous me demandez ce qu'elles signifient?

— Et j'exige que vous le disiez sur-le-champ, reprit Plouéven qui ne se contenait plus.

— Alors j'obéis, capitaine. J'ai maltraité le Malouin, parce qu'il m'accusait d'avoir commis un grand crime.

En prononçant ces mots, son regard semblait affronter celui de Plouéven : de la part d'un subordonné la hardiesse était grande.

— Histoire de rire, dit le Malouin intervenant fort à propos. Ce diable d'homme ne sait rien prendre comme tout le monde. Histoire de rire, Michel. Comment vous y êtes-vous trompé ?

— On ne rit pas de ces choses-là, mille pipes, répondit le matelot en grondant. Non, on n'en rit pas, n'est-ce pas, capitaine ?

Le visage de Plouéven était demeuré impassible ; seulement le pli du front semblait plus accusé que de coutume ; c'était le signe qui chez lui trahissait une violente émotion. Il fallait en finir, ou par un exemple, ou par un oubli ; ce fut ce dernier parti auquel il se décida :

— Rasseyez vous tous deux, dit-il, et ne recommencez plus. Ne recommencez plus, reprit-il avec une colère concentrée, ou je brûle le premier qui bouge.

L'incident finit ainsi, et le déjeuner continua ; mais ce fut comme une ombre jetée sur la fête. Désormais le Malouin résolut de laisser à l'écart ce sombre camarade qui n'entendait rien aux finesses du langage et prenait au sérieux un rapprochement avec les traîtres du boulevard ; il se rabattit sur Yvon, qui avait le caractère mieux fait et sur lequel il avait les droits du maître sur son élève. Pourvu qu'il trouvât à employer sa langue, peu importait au Malouin que ce fût ici ou

là, sur un sujet ou sur l'autre ; l'essentiel pour lui était
que cet organe ne restât pas dans l'inactivité. Il poursuivit donc, tant que dura le repas, cet exercice qui
paraissait indispensable à sa santé et favorable à sa di-
gestion, parla vingt fois de Paris, cita les dîners succu-
lents qu'il y avait pris à raison de dix-huit sous par
tête, avec huit plats au choix, pain et vin à discrétion,
invita le jeune Breton à un régal de ce genre, et lui
donna rendez-vous au Palais-Royal pour un jour indé-
terminé, régla d'avance sa carte et son menu, n'oublia
pas les huîtres et le Sauterne qui devait les arroser, lui
laissa le choix entre dix établissements qui, tous, d'a-
près lui, étaient la fleur du genre, parla de ceux qui
excellent dans la matelotte et de ceux qui ont la re-
nommée pour le haricot de mouton, se livra enfin à
une revue générale des cuisines en vogue et des four-
neaux les plus accrédités.

Il en était aux gibelottes de lapin et aux fritures de
goujon, quand sa langue s'arrêta tout à coup comme si
elle eût été frappée de paralysie. Chez lui le phéno-
mène était nouveau et digne d'attention. Le jeune
Breton ne savait qu'en penser, lorsque la parole se fit
jour de nouveau :

— Yvon, dit le Malouin, silence !

— Quoi donc? dit le jeune homme.

— Silence ! vous dis-je.

— Soit ; mais pourquoi?

— Ne voyez-vous pas ?

— Non, Malouin, je ne vois pas. Que serait-ce ?

— Chut ! vous dis-je, Yvon. Et vous autres, matelots, point de bruit. Nous y sommes ; la danse va commencer.

Tous les convives suspendirent leurs mouvements et se mirent aux écoutes.

— Mais qu'est-ce donc ? demanda Yvon à mi-voix.

— Il y a du nouveau, mon petit, il y a du nouveau.

— Où cela ?

— Regardez les chiens.

— Les chiens ?

— Leur air, leurs yeux, leurs mouvements. Pas moyen d'en douter ; ils ont flairé quelque chose.

— Vous croyez ? dit Yvon.

— Oui, mon petit, je le crois. Regardez donc ce Tamerlan ! Comme il se démène ! Il va rompre sa corde si on ne le détache ! Quels bonds ! Et quels yeux ! Quelle langue ! Quels crocs ! Il a faim et soif, ce gaillard-là ! Je plains celui qui lui tombera sous la dent.

— En effet, dit Yvon.

— Et le Bajazet ! Oh ! plus sournois, plus en dessous ; mais quand il tiendra son nègre, du diable s'il le lâchera. Décidément, matelots, c'est le moment, c'est l'instant. Que fait donc le piqueur ? Il ne sait guère son métier, ce moricaud. Qui sait ? peut-être veut-il sauver un de ses semblables !

Actéon s'était éloigné pendant quelques instants; quand il reparut et qu'il vit l'agitation des limiers, il en tira la même conclusion que le Malouin.

— Maître, dit-il en s'adressant à Plouéven, il y a du nègre marron par ici.

— Eh bien! alors, reprenons la chasse. Enfants, ajouta-t-il, en s'adressant à ses marins, debout et regardez à l'amorce de vos fusils. Si le gibier passe à portée, tirez, et ayez soin d'ajuster; ne perdons pas notre poudre.

En un instant, la petite troupe fut sur pied et en mesure de reprendre la battue.

— Eh bien, dit le Malouin en poussant le coude d'Yvon; qu'avais-je dit?

— Il n'y a rien à vous apprendre, répliqua le jeune Breton; vous devinez tout.

— Quand on a vécu à Paris, mon garçon, on est toujours comme cela. C'est un pays où l'on se forme à tous les arts.

— Même à la chasse au nègre?

— Oui, même à la chasse au nègre, et nous allons le forcer comme un lapin. Tu vas voir, tu vas voir.

Cependant les chiens venaient d'être détachés et ils s'étaient élancés vers un petit bois avec une impétuosité irrésistible; ils étaient sur la voie, rien de plus évident; un nègre marron s'abritait sous ces taillis.

XXIV

UNE CAPTURE.

Le bois dans lequel les chiens avaient disparu était composé de catalpas et de fromagers de la plus belle végétation. Situés dans le voisinage de l'eau, ces arbres avaient le port le plus vigoureux que l'on pût voir, et répandaient à leurs pieds une ombre fraîche et épaisse. Des buissons y croissaient à l'envi et entouraient les troncs d'une armure épineuse. Pour s'engager dans ce labyrinthe touffu, il fallait toute l'ardeur de ces animaux et la présence d'une proie depuis longtemps convoitée. En vain les ronces les déchiraient-elles, leur acharnement ne semblait que s'en accroître.

Les chasseurs s'étaient rangés sur la lisière du bois, l'arme au bras et l'oreille aux écoutes ; ils sondaient de l'œil les profondeurs du taillis et en surveillaient les issues. Le Malouin occupait un de ces postes en compagnie d'Yvon, et mettait le temps à profit pour donner une leçon à son élève :

— Attention, jeune homme, lui disait-il ; voici le

grand jeu ; l'œil à dix pas devant vous, et gare aux surprises. Entendez-vous les chiens ?

— Oui, matelot.

— Ils donnent de la voix ; donc ils ont trouvé le gîte ; l'animal n'est pas loin. Attention.

En effet, des aboiements se faisaient entendre et devenaient de plus en plus distincts. Parfois même on voyait le corps des limiers se dessiner dans les éclaircies, franchir les buissons et s'y perdre de nouveau.

— La bête est dure à déloger, dit le Malouin. Quel mal ils se donnent.

Il achevait ces mots lorsque Tamerlan déboucha du fourré en poussant un cri plaintif, et vint, le museau en sang, se jeter au milieu des chasseurs :

— Que se passe-t-il donc là-dedans ? se dit Plouéven. A coup sûr, quelque chose d'extraordinaire. Enfants, suivez-moi.

Et il s'ouvrit un chemin à travers les ronces et les arbustes ; sa troupe marcha sur ses traces. Tamerlan courut en avant, comme s'il eût voulu annoncer à Bajazet qu'il arrivait du renfort ; puis il reparut afin de guider le corps de réserve. Rien de plus intelligent que cet animal ; ses mouvements avaient une signification et ses yeux un langage ; il paraissait comprendre le but de l'expédition, s'y associer, savoir son rôle et le remplir en conscience. Il faisait quelques pas en avant avec l'instinct le plus sûr, et se retournait ensuite

vers le gros des chasseurs. Y avait-il un passage ingrat,
quelques fonds marécageux ou des rochers cachés
sous des masses de verdure, il s'arrêtait et attendait
son monde afin de signaler la difficulté qui se présentait. Entre Bajazet et lui s'étaient établis le concert le
plus singulier et le plus curieux colloque. Il semblait
que l'emploi de Bajazet fût de garder la proie qu'ils
avaient découverte en commun, tandis que celui de
Tamerlan serait de guider la troupe. De temps en
temps, l'un des deux faisait un appel auquel l'autre
répondait; ce n'était point un aboiement, c'était presque un entretien. Tamerlan le prenait toujours sur le
même ton; mais Bajazet y mettait des nuances. Sa
voix était tantôt farouche, tantôt plaintive, suivant les
incidents du petit drame qui se passait au fond du
bois.

Cependant les chasseurs n'avançaient qu'avec la
plus grande peine dans ce fourré qui déchirait les
chairs et les vêtements. Ce n'était qu'en s'ensanglan-
tant le visage et les mains qu'ils parvenaient à s'y
frayer un passage. Tantôt il fallait ramper sur le sol
afin de gagner un endroit découvert, tantôt le terrain
manquait sous les pieds, et on s'y enfonçait jusqu'à
mi-jambe; sur quelques points, la végétation était si
serrée et offrait un tel lacis, qu'elle en devenait impénétrable; il fallait alors chercher un point du bois où
l'obstacle fût moins grand. Des hommes moins bien

trempés eussent renoncé à la poursuite : le capitaine n'y apportait que plus d'ardeur :

— Par ici, disait-il, par ici, les enfants; nous arrivons. Encore cet effort et le scélérat est à nous. Il est là, à deux pas; il ne peut plus nous échapper.

En même temps, il prêchait d'exemple, se jetait au plus épais du buisson, en bravait les dards et en brisait les tiges.

— A la bonne heure, disait le Malouin; en voilà un qui ne s'épargne pas. Yvon, prenez exemple : quand vous serez capitaine, voilà comment il faudra se comporter. J'ai connu beaucoup de chefs dans ma vie et des plus fendants; pas un comme celui-là. Il met le feu au ventre de ses gens. C'est égal, ajouta-t-il avec une pointe de révolte; ce n'est pas un chemin semé de roses que celui où nous avons les pieds. Qu'en pensez-vous, Yvon?

— Eh! mais non, dit celui-ci en écho complaisant.

— J'aimerais mieux, pour ma part, me retrouver sur les bouvelards de Paris, la canne à la main. Et vous donc, jeune homme?

— Moi de même.

— A la bonne heure; je vois que vous vous formez. Vous aimeriez les boulevards. Eh bien, Yvon, la première fois que nous nous y rencontrerons, je vous ferai entrer dans un cabinet de cire qui est une véritable curiosité; et, en sortant, mon gars, je vous payerai un pain d'épice. Voilà comment je récompense vos progrès.

Le Malouin était lancé dans les digressions et ne s'en fût pas tenu là, si son attention n'eût été brusquement dirigée ailleurs. Il venait de franchir, en compagnie de son élève, un bouquet de mimeuses dont il ne s'était tiré qu'au prix de nombreuses égratignures, lorsqu'il se heurta à un mur de rochers que tapissaient des lierres et des liserons. Il avait beau chercher à tâtons une ouverture, une issue, un chemin : rien ne se présentait; la barrière semblait régner dans toute la longueur du bois :

— Eh bien, dit-il à son compagnon, voici du nouveau : des piquants par derrière, des pierres par devant. Jolie situation, jolie... Dites donc, Yvon?

— De quoi, Malouin ?

— M'est avis que nous nous sommes cassé le nez. Si nous allumions nos pipes afin de passer le temps?

— Cherchons encore, dit le jeune homme.

— Faites, répondit philosophiquement le Malouin; la persévérance est la mère de toutes les vertus. Faites.

Pendant qu'ils échangeaient ces mots, les aboiements des chiens s'étaient rapprochés et avaient redoublé de violence; ils partaient du même point, ce qui donnait lieu de penser que Tamerlan et Bajazet avaient opéré leur jonction et qu'ils se trouvaient en face de l'ennemi commun. A la violence du bruit et à la direction d'où il venait, le théâtre du combat devait être très-rapproché : les deux matelots n'en étaient séparés que par cette muraille qui s'élevait devant eux. Bientôt la troupe s'y trouva réunie :

— Capitaine, dit le Malouin allant au-devant de Plouéven, voici le nid ; ça chauffe par derrière.

— Je le vois bien, dit le chef. Quelqu'un a-t-il essayé de tourner le rocher ?

— Oui, capitaine, dit Yvon qui survint. C'est partout aussi escarpé ; j'en ai fait le tour.

— Recommençons, alors. Yvon et le Malouin par la gauche, les autres avec moi. En avant !

Les hurlements des limiers redoublaient, et Tamerlan se montra au sommet de l'escarpement ; il venait donner un encouragement à son monde.

— Par où ce démon a-t-il passé ? dit le Malouin à son compagnon. J'ai vu des chiens savants à Paris, mais pas un de cette force-là. Venez, Yvon ; le capitaine a dit par la gauche : venez.

— Pas besoin d'aller plus loin, répondit le jeune homme en l'arrêtant ; j'ai trouvé.

— Trouvé quoi ? La pie au nid ?

— Trouvé le passage. Malouin.

— Vrai ! Et où cela ?

— Ici même, dit le Breton en examinant les lieux.

— Ici ? Vous voulez rire, Yvon ? Est-ce que, par hasard, vous prétendriez berner votre professeur ?

— Moi, pas le moins du monde.

— A votre âge, après ce que j'ai fait pour vous, fi donc !

— Mais quand je vous dis que c'est très-sérieux.

— Sérieux ! un passage ici, dans ce fouillis de rochers et d'épines, un vrai branle-bas de la nature; allons !

— Tenez, voyez-vous clair maintenant ? dit le jeune homme piqué au vif.

Il écarta les broussailles et montra à son compagnon une espèce de trou au delà duquel brillait un rayon de lumière. Ce trou n'était pas large, et des plantes l'obstruaient; mais, à l'aide de quelques efforts, le corps d'un homme pouvait y passer. Yvon s'y engagea le premier et tête baissée, en Breton qu'il était.

— Eh bien, eh bien, mon élève ! Là, voyez comme il part. En plein dans la souricière. Quelle vigueur, quel jarret ! Décidément ce garçon-là me fera honneur.

En effet, Yvon s'aidait des inégalités du rocher, et parvenait ainsi jusqu'à l'ouverture qu'il avait aperçue : bientôt il l'eut franchie.

— Aux autres maintenant, dit-il en paraissant sur le sommet.

— Bravo, mon élève ! s'écria le Malouin, encouragé par l'exemple. Vous venez d'acquérir un titre nouveau à mon estime. J'en écrirai deux mots à Paris; les autorités le sauront.

13.

Il appela le reste de la troupe, et chacun s'engagea à son tour dans le soupirail qu'Yvon avait découvert. Là on fit une halte pour se reconnaître. La masse des rochers, dont le hasard avait livré l'accès, formait, au milieu du bois, une espèce d'îlot que recouvrait une végétation rampante, où dominaient les soldanelles et les lierres des forêts. Du sommet de cet îlot, baigné de verdure, on découvrait d'un côté la rivière à Goyaves jusqu'à son embouchure dans la mer, de l'autre la chaîne des mornes sourcilleux qui jetaient leurs grandes ombres dans la plaine. C'était comme un monde à part, une forteresse naturelle qui, de tout temps, avait servi d'avant-poste et de refuge aux nègres marrons : Actéon l'avait entendu citer plus d'une fois, et il ne doutait pas qu'on ne fût sur la voie d'une capture.

— Il n'y a que Vulcain au monde pour grimper si haut, disait-il; c'est un de ses nids.

— Vous l'entendez, enfants, dit le capitaine; mort ou vif, nous l'aurons.

Une circonstance inquiétait pourtant Plouéven; les aboiements des chiens diminuaient de force, on eût dit qu'ils se décourageaient. Depuis qu'on s'était engagé dans les rochers, aucun d'eux n'avait reparu; ils tenaient tête évidemment et ne voulaient pas diviser leurs efforts. Qui le sait? peut-être le succès dépendait-il d'un secours donné à temps; aussi le capitaine ne prolongea-t-il pas cette halte :

— Vers les chiens, dit-il, et que chacun se guide sur ces blocs comme il l'entendra. Liberté de manœuvres.

La marche était en effet des plus pénibles; à chaque instant il fallait descendre et gravir d'énormes quartiers de basaltes, vitreux et glissants, jetés çà et là, dans un désordre affreux, à la suite d'une éruption volcanique. Des ponces, des obsidiennes indiquaient cette origine et donnaient l'explication de ce bouleversement. Chaque marin s'en tirait de son mieux et prenait des points d'appui sur les tiges des plantes enlacées autour de la pierre. Yvon marchait en avant, comme le plus jeune et le plus alerte; il servait d'éclaireur et se dirigeait autant que possible du côté où les chiens donnaient de la voix. Il venait de gravir un dernier escarpement quand il s'arrêta court :

— Ici, les autres, dit-il.

En un clin d'œil tout le monde se trouva rendu à ses côtés et au fond d'un entonnoir, formé de masses de trachytes confusément amoncelées, on put voir un spectacle des plus étranges. Les chiens étaient là, l'œil en feu, le poil hérissé, la gueule remplie d'une écume sanguinolente; de temps à autre, ils s'élançaient d'un bond vers une crevasse du rocher, assez large pour qu'un homme pût y trouver un abri; puis, comme si un péril les y eût menacés, ils reculaient avec des hurlements de rage :

— Le nègre est là, dit Actéon.

— Qui en doute? répondit le capitaine; mais comment le déloger?

— Je m'en charge, dit le Malouin, en abaissant sa carabine du côté de la caverne.

— Un instant, matelot, reprit le capitaine en détournant la direction de l'arme. Tâchons de l'avoir vivant.

Un nègre était là en effet et du sommet du rocher, on voyait ses yeux luire dans l'ombre, comme ceux d'une bête fauve. Pour se défendre contre les attaques des chiens, il n'avait qu'un épieux durci au feu, mais il s'en servait si habilement que, si féroces et si affamés qu'ils fussent, il avait réussi jusque-là à les tenir en échec. Tamerlan pour s'être hasardé un peu trop avait reçu un coup vigoureux qui l'avait obligé à plus de circonspection, et Bajazet s'était bien gardé de déroger cette fois à ses habitudes de prudence. Pour dévorer leur ennemi, ils attendaient l'un et l'autre de pouvoir le faire plus à l'aise et à moins de frais.

— Comment le déloger de là? répéta le capitaine.

— Je m'en charge, dit Michel.

Il se laissa glisser le long des rochers et se trouva bientôt devant la crevasse où se cachait le nègre marron. Excités par sa présence, les chiens se mirent à donner de la voix avec une violence croissante; c'était à en être assourdi. De son côté, Michel pénétra résolûment dans le repaire du bandit; l'ouverture en était si étroite qu'à peine pouvait-il y passer. Il s'en fiait à sa force d'athlète et savait bien qu'une fois entre ses mains c'était un homme perdu. Il comptait sans le terrible épieu ; à peine avait-il fait quelques pas qu'il en reçut l'atteinte en pleine poitrine et fut renversé du choc. Le coup n'était pas grave ; il suffit néanmoins pour que le capitaine renonça à ce moyen d'attaque.

— Assez, Michel, dit-il, et vous, enfants, coupez des broussailles.

La troupe obéit et quand les fagots furent prêts :

— Puisqu'il ne veut pas se rendre, ajouta le chef enfumons-le.

On entassa les fagots devant l'excavation et on y mit le feu. Actéon tenait en laisse les limiers qui se seraient rôtis, si on les eût laissés libres. La résistance exaltait ces bêtes et doublait leur appétit : Tamerlan était ivre de fureur ; Bajazet lui-même sortait de son caractère. Quand la flamme s'éleva, ils poussèrent des hurlements qui durent être entendus à plusieurs lieues à la ronde.

Pour assister à cette opération, le capitaine et ses gens étaient descendus au fond de l'entonnoir ; l'effet en fut prompt et décisif. A peine la fumée eut-elle pénétré dans l'intérieur, que le malheureux nègre en sortit éperdu, haletant, cherchant un peu d'air respirable pour ses poumons asphyxiés. Actéon avait bien de la peine à contenir les chiens ; Tamerlan réussit même à rompre sa laisse ; il allait se jeter sur le fugitif et le mettre en quartiers, quand le capitaine parvint à l'éloigner avec un violent coup de fouet.

— Enlevez cet homme d'ici, dit-il à ses gens.

On emmena le nègre d'un côté, les chiens de l'autre ; mais, dans un premier coup d'œil, Actéon avait pu s'assurer que le gibier n'était pas celui sur lequel comptait le capitaine, et que la chasse était à recommencer :

— Ce n'est pas Vulcain, dit-il ; c'est Barrabas.

XXV

BARRABAS.

Barrabas était un héros secondaire de la troupe des nègres marrons, et n'avait ni l'importance ni l'audace de Vulcain. Esclave de l'habitation d'Angremont, il s'en était enfui à l'époque où le château fut envahi et depuis ce temps, on n'avait pu ni le réduire ni le ressaisir. Le bruit courait qu'il n'avait dû qu'aux conseils et à l'assistance de Vulcain cette espèce d'impunité et que celui-ci s'en servait, en toute occasion comme d'un agent dévoué qu'enchaînaient des services rendus. De là une sorte de communauté entre ces deux nègres indépendants. Vulcain chargeait Barrabas de ses petites expéditions, de celles qu'il jugeait indignes de son bras ; il en usait comme d'un instrument à ses ordres et d'un pourvoyeur au besoin. Barrabas ne commettait pas un larcin, ne dévastait pas un poulailler qu'il n'eût à compter avec le seigneur des mornes : c'est ainsi que de leurs aires de vautour, les gentilshommes de la féodalité rançonnaient les vassaux dispersés dans la plaine.

A ce point de vue, la capture du nègre marron n'était pas sans utilité, et, dès que Plouéven eut recueilli ces détails de la bouche d'Actéon, il résolut d'en tirer parti. Avant tout il fallait sortir de cette région volcanique, et ce fut à Barrabas que le capitaine eut recours pour le faire avec moins de peine qu'il n'y était entré :

— Tu vas nous guider, lui dit-il; marche droit à la rivière à Goyaves.

Le nègre marron regarda Plouéven avec cet œil faux et en dessous qui distingue les races vouées à l'obéissance et contenues par les rigueurs.

— Je veux bien, dit-il en langage créole et avec un son de voix qui n'avait plus rien d'humain.

— Et si tu nous trompes, voici ce qui t'attend, ajouta le capitaine en lui montrant la bouche d'un pistolet.

Le nègre ne sourcilla pas : dans sa vie sauvage tous les périls lui étaient familiers.

—Marchons, dit-il ; vous verrez.

On le suivit, et en moins d'une demi-heure, il ramena les chasseurs sur les bords de la rivière qu'ils avaient quittée dans la matinée. Quand ils y parvinrent, le jour commençait à baisser; le soleil s'éclipsait de l'autre côté des mornes, et l'ombre s'étendait sur les paysages situés à l'orient. Que faire ? Poursuivre l'expédition, c'était s'exposer à en manquer le but et à en accroître les difficultés. Pour se guider par ces affreux chemins, la clarté du jour n'était pas de trop ; aucun auxiliaire ne valait celui-là. Plouéven se décida donc à camper sur la berge ; elle était découverte dans une certaine étendue, et l'on pouvait facilement s'y garder. En fait de lit de repos, un corsaire n'est pas difficile : il y avait là de l'herbe et des mousses pour matelas, des étoiles pour lampes de nuit et le ciel pour balda- quin. Que pouvait-on désirer de plus ?

Il restait pourtant au capitaine, avant de s'endor- mir, un point à éclaircir et une difficulté à résoudre. Actéon s'était assuré du captif ; on lui avait mis des chaînes aux poignets et des entraves aux pieds ; aucun de ses mouvements n'était libre, et, pour plus de sû- reté, un homme de la troupe le surveillait constam- ment. Plouéven donna l'ordre qu'on relâchât ses liens et qu'on l'amenât devant lui ; c'était au moment où le soleil se couchait, et il restait encore assez de jour pour qu'on pût suivre le jeu des physionomies. Le capitaine alla droit au but.

— Tu connais Vulcain ? dit-il au captif.

— Oui, massa, répondit celui-ci.

— Tu peux nous conduire où il est ? ajouta le ca- pitaine.

Le nègre ne répondit pas.

— Cinquante coups de fouet si tu refuses, dit Ploué- ven.

Même silence.

— Cent coups de fouet, et l'on va commencer.

Le nègre ne sortit pas de son impassibilité.

— Tu vas mourir sous le fouet, bête brute que tu es,
Actéon !

Celui-ci accourut.

— Le fouet à ce bandit, jusqu'à ce qu'il en meure.

Actéon s'arma de sa lanière et se mit en mesure
d'exécuter l'ordre qu'il venait de recevoir. Pendant ce
temps, Plouéven ne perdait pas le captif de vue et
cherchait à s'assurer de l'impression que ces menaces
produisaient sur son esprit. C'était toujours la même
stupeur, la même insensibilité : rien n'y était feint,
rien n'y était joué. La crainte du fouet n'agissait plus
sur cet homme ; Plouéven se ravisa.

— Arrête, dit-il à Actéon, et ramène-moi l'esclave.

L'esclave fut ramené, et le capitaine continua :

— Tu ne veux donc pas nous guider vers Vulcain ?
lui dit-il.

— Non, massa, répondit le captif, enhardi par cette
espèce de trêve.

Plouéven ne parut pas se piquer de cette résistance ;
il prit, au contraire, un ton bienveillant :

— Écoute, Barrabas, lui dit-il ; tu dois être las de
cette vie des montagnes. Si l'on te donnait assez d'argent pour te racheter ?

Il se fit, à ces mots, comme une transformation dans

la physionomie de l'esclave ; son œil s'anima, ses lèvres frémirent, son corps éprouva une sorte de tressaillement.

— J'ai touché la corde sensible, se dit Plouéven ; il
n'y a plus qu'à appuyer.

Il plongea les mains dans ses poches et en tira quelques pièces d'or.

— Si je te donnais quelques-uns de ces joujoux pour
acheter une case et un petit champ !

— Ah ! massa, massa, dit le nègre, comme s'il eût
voulu écarter une mauvaise pensée.

— Dix doublons pour toi, si tu nous conduis vers
Vulcain, et si nous le surprenons.

Il les étala aux yeux de l'esclave, qui semblait en
proie à une sorte de fascination.

— Les veux-tu ? ils sont à toi, ajouta le tentateur.

— A moi ? dit le captif, bien à moi ?

Et par un mouvement involontaire, il se jeta sur
cette poignée d'or. Le capitaine n'essaya pas de le défendre ; il consentait à payer d'avance la tête de son
ennemi. Barrabas ne se possédait plus de joie :

— Tu me conduiras vers Vulcain : est-ce convenu ?
dit Plouéven.

— Quand vous voudrez, massa ; vous êtes mon maître à présent ; il ne me reste plus qu'à vous obéir.

Le marché était fait et scellé ; Barrabas avait résisté
à la menace, il ne résista pas à la séduction. Le len-

demain, quand le jour parut, Plouéven interrogea de nouveau l'esclave et, tenant les yeux fixés sur les siens :

— Eh bien, lui dit-il, es-tu toujours décidé ?

— Marchons, répondit résolûment Barrabas.

— C'est un homme à nous, se dit le chef de corsaires ; l'or a produit son effet ; on peut s'y fier.

La troupe prit à l'instant la direction de la montagne, et par les sentiers les moins escarpés. Barrabas la guidait.

XXVI

LE PITON DE GUIONNEAU.

Tant qu'on put suivre la rivière à Goyaves, les difficultés du trajet ne furent pas de nature à rebuter des
hommes aussi aguerris que ceux dont se composait la
troupe de Plouéven. On était dans la saison sèche, et
là où n'existait point de sentier, on marchait dans le
lit des torrents. Les véritables obstacles commencèrent
au-dessus de la région des sources, et quand il s'agit
de gravir les dernières rampes de ces sommets. Rien
de plus âpre et de plus bizarre que leur structure, où
tout révélait l'action d'un feu récent. Les coulées de
basalte, en se refroidissant, y avaient pris des formes
singulières et créé de grandes inégalités de terrain.
Ici le rocher se dressait en aiguilles ; là, il offrait des
déchirures profondes, des entailles à pic, des arches
jetées sur des abîmes. Nulle part le sol n'était sûr ni
uni ; il ne se composait que de soulèvements, de boursouflures et de vides intérieurs.

On conçoit que, dans une contrée pareille, la marche devînt difficile et exigeât plus d'une précaution. Un autre embarras existait encore : depuis que la troupe avait un guide, les services des deux limiers perdaient de leur prix, et leur présence avait plus d'un inconvénient. Libres, ils se seraient jetés en avant et auraient enlevé aux chasseurs les bénéfices de la surprise; enchaînés, ils donnaient une peine infinie à leur gardien et multipliaient les actes de révolte. Comment en eût-il été autrement? Un nègre marron était là, leur gibier naturel, qu'ils avaient poursuivi et forcé la veille, sur lequel ils avaient un droit à exercer, et on ne leur en laissait pas tâter au moins un fragment! C'était se montrer ingrat jusqu'à l'injustice. Aussi élevaient-ils un concert de protestations et se jetaient-ils violemment vers Barrabas, toutes les fois que la brise portait de leur côté une odeur qui leur était familière. Pour les apaiser, il fallut qu'Actéon se tînt à l'écart du reste de la troupe, et encore les deux compagnons de chaîne, n'ayant personne à qui s'attaquer, recommencèrent-ils à passer leur mauvaise humeur l'un sur l'autre et à s'entamer à belles dents. L'oisiveté leur pesait : on sait qu'elle est la mère de tous les vices.

Malgré ces petits incidents, la troupe gagnait du chemin; on avait quitté la zone des arbustes pour entrer dans celle des plantes forestières, dont la taille semblait décroître en raison de l'élévation des terrains.

La plaine fuyait dans la perspective; la mer étincelait aux reflets du soleil levant, tandis que le piton, à chaque instant plus visible, semblait s'avancer à la rencontre des chasseurs et varier d'aspect à mesure qu'on s'en rapprochait. L'œil ne perdait plus un détail et mesurait le colosse avec une entière précision. On apercevait, le long de ses flancs, les sillons grisâtres qu'y avaient tracés les laves, les écartements, les brisures du rocher, tous les vestiges de ces convulsions que les volcans impriment à la croûte terrestre. Encore quelques minutes de marche, et les chasseurs allaient se trouver au pied même du sommet, l'un des plus élevés de cette chaîne. Plouéven touchait à son but, et cette fois aucune déception n'était à craindre.

Quoiqu'il eût lieu de croire à la bonne foi de son guide, il n'avait négligé aucune précaution pour s'assurer de lui et conjurer les tentatives de trahison. Barrabas n'était pas libre; on avait donné du jeu à ses entraves sans les lui enlever; il pouvait marcher, il n'aurait pas pu courir. Puis Michel le tenait sous sa garde, et, sur un signe du capitaine et au moindre mouvement suspect, l'athlète l'aurait infailliblement assommé. Le reste de la troupe s'associait à cette surveillance; tous les yeux étaient fixés sur le captif. Actéon, de son côté, ne lui pardonnait pas de l'avoir éclipsé lui et ses chiens; il entretenait dans l'esprit des marins un sentiment de défiance, et assurait qu'on aurait à se repentir d'avoir fait dépendre de ce misérable le succès de l'expédition.

— Il joue un jeu double, disait-il au Malouin; il a vendu Vulcain au capitaine, il va vendre le capitaine à Vulcain.

— Suffit, moricaud, répondait le Malouin avec ses belles formes de langage; on a l'œil au grain. Et s'il bouge, lâchez vos caniches; ils mordraient volontiers à même, ça se voit.

Rien n'indiquait pourtant que ces accusations fussent fondées : Barrabas marchait d'un pas ferme et avait le regard assuré. Quand on se trouva aux limites de la végétation, et qu'on n'eut plus devant soi qu'un terrain découvert, ce fut lui qui conseilla une halte.

— Massa, dit-il, pas plus avant. Arrêtons-nous ici.

Plouéven voulut sonder de nouveau son homme, et avec sa voix de fer :

— Pourquoi cela? dit-il.

— Parce qu'il y aurait du risque à aller plus loin, répondit le nègre marron avec calme.

— Quel risque ?

— Celui d'être aperçus. Ne m'avez-vous pas dit que vous vouliez surprendre Vulcain ?

— Sans doute.

— Eh bien, pour le surprendre, il ne faut pas qu'il

vous voie. C'est déjà bien assez du mouvement que
vos gens impriment au feuillage. Pourvu qu'il lui ait
échappé !

— Nous sommes donc en vue ?

— Qui le sait, massa ? Sait-on jamais où est Vulcain ? Suis-je bien sûr qu'il n'est pas à nos côtés ?
Arrêtons-nous ici, croyez-moi.

Plouéven donna ses ordres, et la halte eut lieu.

— Maintenant, Barrabas, ajouta-t-il, que comptez-
vous faire ?

— Rester dans le bois, ne pas se mettre en évidence, c'est le plus sûr. Autrement le coup est manqué ; Vulcain nous échappe.

— Et si nous ne bougeons pas, il nous échappera
également, dit Plouéven avec impatience. Vous croyez
donc qu'il viendra se faire prendre de lui-même ? Barrabas, nous trahiriez-vous ? ajouta-t-il en cherchant à
pénétrer sa pensée.

— Non, massa, non, dit le nègre, mais voici. Depuis une heure vos gens mènent du bruit et agitent
les feuilles. Il est impossible que Vulcain n'ait pas vu
cela de là-haut. Je le connais mieux que vous ; je
sais de quoi il est capable et comment il vit. Il ne se
passe pas un mouvement sur les mornes ou dans la
plaine qu'il ne sache ce que c'est. Il a l'œil de ce
côté, soyez-en sûr. Si pendant quelque temps nous
restons immobiles, il nous oubliera ; il oubliera que le

bois a remué ; il croira que c'est le vent ou quelque gibier, n'importe. Alors nous pourrons nous remettre en chemin.

— Et nous irons droit à sa caverne ? dit Plouéven.

— Nous irons, répondit le nègre avec assurance.

— Décidément cet homme est de bonne foi, se dit le capitaine ; il y mettrait moins d'apprêts s'il voulait nous livrer.

On se reposa tout le temps nécessaire pour assurer le succès de l'opération. L'endroit était charmant, le sol couvert de ces mousses qui croissent dans les températures élevées et qui cèdent sous les pieds comme un tapis, l'air frais et pur, l'ombre mêlée de rayons lumineux, la végétation clair semée et composée d'essences dont les racines pénétraient dans les rochers. La consigne était de ne pas rester à découvert et de garder le silence :

— Vos langues dans vos poches, avait dit Plouéven. Vous m'entendez, Malouin ?

— Convenu, capitaine, dit celui-ci.

— C'est dur tout de même, murmura Yvon à demi-voix.

— On s'y fera, jouvenceau ; il y a commencement à tout. D'ailleurs, on n'en vit pas moins ; témoins les muets de naissance.

— Silence ! répéta le capitaine.

— Adjugé, convenu, dit le Malouin.

— Et à l'abri du rocher, autant que possible, ajouta Plouéven.

— Matelots, à l'abri du rocher ! répéta le Malouin.

Lorsqu'un délai suffisant se fut écoulé, le nègre marron donna le signal du départ :

— Debout, maintenant, dit-il, et que chacun marche à distance ; surtout qu'on ne touche point aux arbres et qu'on assure ses pas. Point de bruit, point de bruit.

— Ce drôle nous conduit dans un piége, dit tout bas Actéon aux matelots qui se trouvaient près de lui. Le capitaine a tort de s'y fier.

— J'en ai peur, répondit le Malouin ; un garçon qui nous fait interdire la parole ; il y a du cafard là-dessous. A votre place, je lâcherais mes caniches.

— Et votre chef donc ?

— C'est juste, il vous en cuirait. J'aimerais pourtant bien à leur voir manger un morceau de ce moineau-là. Je suis comme vous, il ne me revient guère.

— Silence, répéta le capitaine, d'une voix contenue et irritée.

Il fallait se taire bon gré mal gré : c'était le plus grand sacrifice que le Malouin pût faire aux lois de la discipline et aux rigueurs du devoir. Le mouvement qu'on allait exécuter était des plus décisifs ; il s'agissait de s'approcher le plus possible de l'asile de Vulcain, de l'y cerner et de lui couper la retraite. Pour cela, le guide tournait le piton de Guionneau en gar-

dant l'abri des arbres, et conduisait la troupe vers le
seul point où l'ennemi pût s'échapper. Sur tous les autres, le piton était taillé à pic et inaccessible. Par mesure
de précaution, de dix minutes en dix minutes, les chasseurs s'arrêtaient afin de tromper la surveillance et de
se concerter. Rien d'affreux ni de glissant comme les
sentiers dans lesquels ils s'avançaient : c'était un sol de
scories où le tuf même se dérobait sous les pieds, et
dont les pentes causaient du vertige. Çà et là s'ouvraient
des abîmes dont l'œil ne pouvait mesurer la profondeur,
et au fond desquels des oiseaux de proie décrivaient
leurs éternelles spirales.

Et c'est de pareils défilés qu'il fallait franchir sans
bruit et silencieusement, en se gardant de faire rouler
une pierre ou de toucher à une feuille. L'entreprise
était difficile, et les consignes ne purent pas être gar-
dées strictement ; il y eut des infractions involontaires. Le capitaine se retournait alors et jetait sur les
délinquants des regards courroucés et plus significatifs
que la parole. Le Malouin maugréait, Actéon boudait,
les chiens s'en allaient l'oreille basse ; plus d'élan dans
le corps d'armée ; Plouéven seul maintenait son ardeur au-dessus de ces petits contre-temps ; il approchait du but, il y touchait et voyait dans ces précautions mêmes une garantie de plus de la sincérité de son
guide et de sa fidélité aux engagements pris.

Enfin on arriva à l'endroit où devait être établi le

camp d'observation ; c'était une clairière couverte de bruyères sauvages et qui se prolongeait autour du piton de Guionneau, dans la partie la plus accessible. Par un dernier effort, il s'agisssait de ramper dans ces bruyères et de gagner l'abri d'un rocher qui allait servir de poste avancé et de résidence à la petite troupe. Quand on en fit la proposition au Malouin, sa fierté se révolta :

— Nous prend-on pour des lézards ? dit-il à Yvon.

Qu'il y eût goût ou non, il fallut pourtant s'exécuter. Les bruyères étaient hautes et en se couchant on y passait inaperçu. Un à un les chasseurs défilèrent et parvinrent à gagner sans encombre l'abri qui les attendait : c'était une grotte où les maraudeurs faisaient parfois des stations, comme on pouvait le voir aux traces d'un foyer adossé au roc. Quand tout le monde y fut réuni, bêtes et gens, le guide jeta les yeux au dehors, afin d'achever la reconnaissance.

— Cachez-vous ? cachez-vous ? s'écria-t-il brusquement ; qu'on ne vous voie pas.

— Cachez-vous donc, répéta Plouéven. Obéissez à cet homme.

Il n'y avait qu'à se conformer à cet ordre impérieux : chacun se tapit au fond de l'excavation et à l'abri du rocher. Le nègre continuait à examiner le piton par une échancrure de la voûte :

— Massa, dit-il d'une voix étouffée et en lui faisant signe de venir à ses côtés ; par ici, par ici.

14.

Plouéven se rendit à l'invitation, et Barrabas l'amena près de son observatoire :

— Regardez, lui dit-il.

— Où cela ?

— Là haut. Au plus haut.

— Et puis ?

— Vous ne voyez rien ?

— Absolument rien.

— Quoi ! rien ? pas même une petite fumée.

— Une vapeur, vous voulez dire, Barrabas.

— Non, massa, c'est une fumée ; la fumée de la cuisine de Vulcain. Il est chez lui.

— Vous croyez ?

— Et il ne nous a pas vus ; nous sommes en règle.

— En êtes-vous sûr ?

— S'il nous avait vus, capitaine, il aurait éteint son feu.

Plouéven continuait à regarder ce rocher taillé en cône et ne pouvait se défendre d'un sentiment d'incrédulité.

— Cet homme serait perché là-haut, dit-il au nègre.

— Assurément, répondit celui-ci, et voici quinze ans bientôt qu'il y perche.

— Dans cette aire ?

— Comme vous dites, dans cette aire.

— Ce n'est point croyable, Barrabas ; vous me jouez. Oui, vous me jouez, ajouta Plouéven après un nouvel examen.

Le nègre marron ne put contenir un sourire; il allait être justifié.

— Je vous joue, dit-il; eh bien, capitaine, regardez de nouveau.

— Qu'est-il besoin?

— Regardez, vous dis-je, vous verrez.

Plouéven se prêta à ce que le nègre demandait et ne parut pas plus convaincu qu'auparavant.

— Je n'y vois rien de plus, répondit-il. Pourquoi insister?

— Rien de plus? pas même la tête d'un homme?

— Quoi, ce point noir, là-haut, tout au sommet?

— C'est Vulcain; suivez ses mouvements.

En effet, à l'aide d'un peu d'attention, on pouvait reconnaître une forme humaine dans un des enfoncements du rocher et sur la corniche du piton. Le capitaine en demeura convaincu, et les matelots vinrent s'en assurer par les yeux. Plus de doute, c'était leur ennemi. On eût dit qu'il les défiait du haut de sa forteresse; il allait et venait en homme dont le repos n'est pas menacé et qui distrait ses loisirs par le spectacle de la nature :

— Monsieur prend le frais à son balcon, dit le Malouin qui attendait l'occasion de placer un bon mot.

XXVII

L'AIRE.

Ce n'était pas une entreprise aisée que de forcer dans son domicile un homme logé à de telles élévations. Sur trois côtés, le piton formait une muraille verticale où les reptiles mêmes n'auraient pu se frayer un chemin; sur le quatrième seulement régnait une lande dégarnie qui arrivait à mi-hauteur et ne semblait pas donner accès au-delà. Vu du point où se trouvaient le capitaine et ses compagnons, c'était comme un écueil escarpé où l'on ne pouvait parvenir qu'en ballon ou avec des ailes. Il semblait de toute impossibilité qu'un pied humain eût jamais foulé un aussi redoutable escarpement. Point de rampe visible; le piton était isolé du reste de la chaîne par des échancrures profondes qui le laissaient sans communication avec elle, et sa forme conique ne permettait pas d'admettre qu'un sentier y eût été pratiqué. Telles étaient les réflexions que faisait naître l'aspect des lieux dans l'esprit de Plouéven; il s'en ouvrit à son guide.

— Il est là-haut, c'est bien, lui dit-il, j'y consens ; mais comment y arrive-t-il ?

— Comment il y arrive, massa ?

— Oui, Barrabas.

— C'est son secret.

— Son secret et celui de ses amis.

— Son secret à lui seul, massa. Le secret de Vulcain ; il ne s'en est ouvert à personne.

— Allons donc ; tu me joues décidément ; j'en doutais, je n'en doute plus.

— Non, massa, vous m'avez acheté, vous êtes mon maître, je ne vous joue pas. Vulcain est le seul qui sache comment on arrive là-haut. Sans cela, il y a longtemps qu'il serait vendu.

— Mensonges ! s'écria Plouéven, mensonges et ruses de noirs ! On sait que tu as des relations avec ce bandit, que tu es son ami, son pourvoyeur. Et tu n'aurais jamais pénétré jusqu'à lui ? Mensonges, te dis-je.

— C'est pourtant comme cela, répondit avec calme le nègre accusé. C'est comme cela et pas autrement.

— Voyez s'il en démordra ! dit le capitaine en essayant de l'intimider par son regard. Quel aplomb ! quelle assurance ! Et tes relations avec lui, les nieras-tu ?

— Non, massa.

— Tu le vois souvent ?

— Souvent.

— Tu fais des marchés avec lui.

— Oui, en effet, je fais des marchés avec lui.

— Tu lui apportes des vivres.

— Des vivres, massa, et beaucoup! il n'est pas facile à contenter Vulcain.

C'était l'expression d'un grief, et Plouéven commença à croire que des vieilles rancunes entraient autant que ses doublons dans l'empressement que Barrabas mettait à le servir; ce fut une révélation et un motif de le ménager.

— Ah! il n'est pas facile à contenter, répéta-t-il à dessein; mais s'il perche si haut, et si tu ne vas pas le trouver, comment pouvez-vous vous entendre?

— Nous nous entendons pourtant.

— Et les vivres que tu lui fournis, comment les reçoit-il?

— Il les reçoit.

— Alors explique-toi, nègre maudit, et ne me laisse pas dans les énigmes. Comment se passent les choses, dis?

— Voici, massa. Dans les premiers temps de mon évasion, je faisais tout seul mon petit commerce et m'en tirais assez bien. J'étouffe un poulet avant qu'il ait le temps de crier, et détourne un troupeau comme pas un marron des mornes. Quand Vulcain vit cela, il me dit: c'est bien, je te laisse en paix, mais à condition que tu partageras avec moi. Que faire? Il eût fallu se battre, et Vulcain m'eût assommé du premier coup. Qu'auriez-vous fait à ma place, massa?

— C'est de la prudence, va ton chemin.

— Je me mis donc à partager avec lui, et il trouvait toujours moyen de garder le plus gros lot. Un si terrible homme ! Que voulez-vous ? dès qu'il montrait les poings, tout était dit.

— Eh bien, après ?

— Après ? après ? Nous avons vécu comme cela ; mais je me suis promis que, le jour où je le pourrais, je le lui rendrais. Que de tort il m'a fait ! que de tort !

En s'abandonnant à ses rancunes, Barrabas laissait à l'écart l'objet principal de son interrogatoire ; Plouéven l'y rappela :

— Bien, dit-il ; mais, encore une fois comment communiquez-vous ensemble, lui là-haut, toi en bas ?

— C'est juste, massa ; j'allais l'oublier. Eh bien, quand j'ai fait une capture et qu'il s'agit de partager, j'amène les objets au pied du piton de Guionneau, moutons, volailles, légumes, manioc, tout ce que j'ai pris en un mot. Il n'y a pas à tricher avec Vulcain ; il sait tout : rien ne lui échappe. Il sait où j'ai volé ce que j'ai volé ; c'est un sorcier : il a un commerce avec les démons.

— En finiras-tu ?

— J'achève. Quand je suis là, avec mes provisions, je me place devant le piton, tenez, là-bas, dans cette touffe de bruyères, qui est la dernière que l'on aperçoive d'ici. La voyez-vous ?

— Très-bien ; poursuis.

— Oui, massa. Il y a un signal convenu entre nous, un coup de sifflet que je répète cinq fois de suite. Au premier coup, Vulcain met la tête hors du rocher et regarde en bas ; au cinquième coup, il est déjà auprès de moi. Vous dire par quel chemin, c'est impossible : je n'ai jamais cherché à le savoir. Cet homme est sorcier, il a des gris-gris, et moi je ne suis qu'un pauvre nègre.

— Et comment s'achèvent les choses ?

— Mon Dieu, comme il veut, massa. Il prend ce qu'il veut, me laisse ce qu'il veut ; jamais je ne l'ai contrarié en rien. Il m'aurait jeté un sort.

— Et les vivres, qu'en fait-il ?

— Il les emporte, massa.

— Où cela ? Et par où ?

— Je vous l'ai dit, c'est son secret ; quand je suis parti, tout disparaît.

— Et tu ne l'as jamais épié ?

— Jamais.

— Tu n'as jamais cherché à le suivre ?

— Dieu m'en garde, massa ; il m'en serait arrivé malheur. Le suivre ? le suivre là-haut ? miséricorde !

Plouéven réfléchissait. Plus il interrogeait cet homme, plus il s'assurait qu'il était de bonne foi : mais s'il était sincère, il était impuissant ; en promettant de livrer Vulcain, il s'était engagé à plus qu'il n'était en son pouvoir de faire. Dès que l'hôte du piton restait maître de son secret et n'avait pas de complice, même parmi les maraudeurs, comment le forcer dans sa demeure aérienne? Sans doute il s'y était ménagé des moyens de défense et y possédait un arsenal complet. N'eût-il point eu d'armes, il en eût trouvé de suffisantes dans les rochers dont il était environné. Dès lors comment s'y prendre? comment le réduire? comment s'emparer de lui? Plouéven y songeait.

— Barrabas, dit-il.

— Massa?

— Vous n'êtes pas de bonne foi, mon garçon.

— Moi, massa?

— Oui, vous. N'avez-vous pas reçu le prix d'un service?

— Sans doute, massa, dit le nègre un peu confus.

— Si vous en avez reçu le prix, vous êtes engagé; et si vous êtes engagé il faut que vous teniez votre engagement.

— Assurément, massa.

— Comment le ferez-vous? en avez-vous les moyens? je serais curieux de les connaître.

— Je les ai, massa.

— Vous nous conduiriez là-haut, vers Vulcain.

— Non, massa, c'est impossible.

— Eh bien, alors!

— J'amènerai Vulcain ici, n'est-ce pas la même chose ?

— Vous feriez cela, mon garçon ; oh, en ce cas, réparation. Vous avez eu dix doublons hier, vous en aurez dix autres quand vous en serez venu à bout. Comptez là-dessus.

— Écoutez, massa ; voici ce que je vais faire. Dans quelques minutes, quand je serai bien certain que Vulcain ne nous a point aperçus, j'irai là-bas, vers le bouquet de bruyères, et je ferai le signal convenu avec lui. Vous le verrez se mettre à la croisée de son logement, puis descendre ; c'est moi qui vous le garantis. A moins qu'il ne se doute d'un piége, il le fera, pour sûr : jamais il n'y a manqué. D'ici aux bruyères, il n'y a pas bien loin, et je tâcherai de l'amener à portée de vos carabines. Quand il y sera, vous ferez le reste ; cela ne me regarde plus.

— A la bonne heure ! Barrabas, c'est parler d'or. Enfants, écoutez.

— Et vous ne direz plus, massa, que je ne tiens pas mes engagements.

— Non, mon garçon, non ! vous êtes de parole. Venez donc, enfants !

Les matelots accoururent, et Plouéven leur expliqua la scène qui allait avoir lieu et le rôle qu'ils devaient y jouer. A mesure qu'il s'en ouvrait aux siens, une expression d'incrédulité se lisait sur les visages.

Le capitaine n'en passa pas moins à l'exécution. Après un délai conseillé par la prudence, il donna la liberté à son captif.

— Va, lui dit-il ; nous nous tiendrons prêts.

Barrabas sortit de la grotte en rampant et fit un long détour avant de gagner la touffe de bruyères qui était le siége habituel de ses rendez-vous ; pendant ce temps, il était l'objet des commentaires les moins avantageux et des conjectures les plus malveillantes :

— Se fier à cet homme, quelle imprudence! s'écriait Actéon.

— A votre place, moricaud, je lâcherais mes caniches, disait le Malouin.

— Il va nous trahir, il va nous trahir, répétaient à la ronde les marins.

— Il a vendu nos têtes, ajouta sentencieusement le Malouin. Qu'y faire, matelots? Nous serons scalpés ; c'est le divertissement ordinaire de ces sauvages. Résignons-nous.

XXVIII

LE SIÉGE.

Dans la position où se trouvaient le capitaine Plouéven et ses compagnons, les minutes comptaient pour des heures, et, en mesurant le temps à leur impatience, ils le trouvèrent bien long. Ceux d'entre les chasseurs à qui Barrabas était suspect y voyaient un motif de plus à l'appui de leurs défiances et s'en entretenaient tout bas. Ils disaient que ce nègre, une fois libre et rendu à ses instincts, avait dû poursuivre l'accomplissement de sa trahison, et de deux choses l'une, ou prévenir Vulcain et assurer sa fuite, ou bien se concerter avec lui pour armer et conduire contre la petite troupe tous les maraudeurs que recélaient les mornes environnants. Dans le premier cas, l'expédition était manquée ; dans le second cas, elle se changeait en un guet-apens où de l'offensive il faudrait passer à la défensive et battre en retraite devant l'homme qu'on espérait ramener prisonnier.

Plus il s'écoulait de temps, plus ces suppositions ac-

quéraient de vraisemblance ; bientôt personne ne s'en
défendit. Actéon triomphait ; le Malouin répétait qu'il
fallait lâcher les caniches ; Yvon s'associait à l'opinion
de son professeur ; Michel grognait en dessous ; le capitaine lui-même, jusque-là rassuré, commençait à con-
cevoir des doutes. Depuis le départ de Barrabas, il n'a-
vait pas quitté l'embrasure du rocher par où il pouvait,
sans être vu, embrasser du regard le piton de Guionneau et la lande qui régnait à sa base. C'est ainsi qu'il
avait suivi le nègre marron dans les détours de sa
marche et jusqu'à l'entrée d'un bois d'acacias où il avait
disparu. Au delà de ce point, aucun mouvement sensible n'avait eu lieu ; rien ne bougeait ni dans les gorges, ni sur les sommets ; partout le désert et nulle part
d'être vivant. En se prolongeant, cet état de choses donnait des inquiétudes à Plouéven.

« M'aurait-il trompé ? se disait-il. Je l'ai pourtant étudié avec soin : il a au cœur un vieux levain ; c'est une
garantie. Mais ces nègres ! ces nègres ! est-on jamais
sûr d'eux ? »

Au milieu de ces réflexions, il continuait à exercer
sa surveillance. De leur côté, les matelots en faisaient
autant : cachés derrière le rocher, et accroupis sur
l'aire de la grotte, ils se tenaient prêts à tout événement. Les armes étaient en état ; aucune surprise n'eût
été possible : tous les nègres maraudeurs se fussent
réunis, qu'ils n'auraient pas eu raison d'hommes si dé-

terminés et si bien protégés par leurs positions. Les limiers mêmes semblaient impatients de prendre une revanche, et, en cas d'alerte, ils eussent été d'un grand secours : leur courage égalait celui des marins, et ils avaient pour l'attaque et pour la défense des instruments naturels qui valaient ceux que fournissent les arsenaux.

Dans les calculs de Plouéven, c'était par les bois d'acacias que le nègre marron devait rentrer dans la lande et s'y montrer à découvert : aussi tenait-il les yeux fixés de ce côté. Ce bois s'étendait à la droite de la grotte et allait rejoindre, par une pente rapide, les massifs d'arbres qui garnissaient le fond du ravin. Vers la gauche , il n'y avait que des rocs dégarnis et un taillis, mêlé de quelques fougères. La lande était au milieu, entre les fougères et les acacias : le piton occupait le dernier plan. Ces circonstances expliquent l'étonnement du capitaine, lorsqu'il entendit une voix dire à ses côtés :

« Les voici. »

Il se retourna ; c'était Yvon qui avait jeté ce cri d'alarme.

— Où cela ? lui demanda le capitaine.

— De ce côté, dit le jeune Breton.

Il désigna le taillis qui régnait sur la gauche et à une certaine distance de l'enfoncement où la troupe se cachait.

— De ce côté ? répéta le capitaine avec un accent et des gestes qui dénotaient beaucoup d'incrédulité. Impossible !

— Cela est pourtant, dit Yvon, sans se laisser ébranler.

— Comment serait-ce ? dit Plouéven. Le nègre est parti du côté opposé.

— N'importe, capitaine, reprit le jeune Breton ; il y a du monde là. Le nègre ou d'autres, je ne sais au juste ; mais il y a du monde, croyez-le bien.

Et il désignait toujours le taillis.

— Voyez-vous ? ajouta-t-il, comme si un nouvel indice fût venu confirmer son opinion.

Plouéven examina les choses avec plus de soin, et son front se rembrunit ; la troupe entière s'associait à cet examen.

— Ah ! mon Dieu, s'écria le Malouin, que se passe-t-il donc là-bas ?

— Silence ! dit brusquement le capitaine.

— Comme ce feuillage s'agite ! poursuivit le Malouin, dont la langue ne désarmait pas au premier avertissement. Ce n'est point un homme qui nous arrive, c'est un bataillon.

Il était temps de prendre un parti.

— Debout, enfants ! s'écria Plouéven, et que vos carabines soient prêtes. Point de bruit ; point de mouvement ; ne faites feu qu'au signal.

La troupe obéit, et chacun sut bientôt à quoi s'en tenir. Le balancement des fougères devenait de plus en plus distinct et s'étendait sur un espace trop grand pour qu'un seul homme en fût cause. On apercevait une traînée, un sillon d'un fâcheux augure. Le mouvement n'était pas régulier comme celui de gens qui auraient marché vers un but fixe ; il y avait des temps d'arrêt, des retours, des déviations inexplicables ; c'était à ne savoir que penser. Rien d'ailleurs n'indiquait que Vulcain eût pris l'alarme de ce qui se passait sous ses yeux et presque au pied de son domicile ; il restait invisible, il ne se montrait plus ; nouveau motif pour se tenir en garde contre les surprises.

Sous l'empire de ce sentiment, Plouéven commit une faute qu'il eut à regretter peu d'instants après. Du point où il était, son regard n'embrassait qu'une portion de la contrée ; tout ce qui était adossé à la grotte lui échappait. Il est vrai que l'escarpement y était considérable ; mais un tel obstacle n'eût pas suffi contre les maraudeurs qui vivaient dans ces âpres régions. Le capitaine crut donc prudent d'envoyer un de ses hommes en reconnaissance et de s'assurer qu'aucun ennemi n'essayait de prendre la position à revers. Il choisit le plus agile de tous.

« Yvon, dit-il, venez ici. »

Le jeune Breton accourut.

— Écoutez-moi ; j'ai à vous charger d'une mission délicate, ajouta Plouéven.

— Dites, capitaine.

— Il faut que vous alliez voir s'il ne se passe rien par là derrière.

— A l'instant, capitaine.

Il était déjà hors de la grotte, lorsque Plouéven le retint.

— Pas à découvert, mon garçon ; au nom du ciel, pas à découvert ! Rampez comme un ver de terre, s'il le faut ; mais qu'on ne vous aperçoive pas.

— Bien, capitaine.

— Une fois là, vous vous embusquerez et examinerez tout, les gorges, les buissons, les arbres, les hauteurs, les ravins, jusqu'où votre vue pourra s'étendre.

— C'est entendu, capitaine.

— Et quand vous aurez tout vu, tout examiné, vous reviendrez par le même chemin, à plat ventre, entendez-vous ?

— Oui, capitaine.

— Genre du lézard, ajouta le Malouin. Il n'y a rien d'humiliant quand on sert sa patrie.

Yvon partit et s'effaça du mieux qu'il put ; on eût dit une couleuvre glissant dans les touffes des buissons. Pendant qu'il exécutait cette manœuvre, Plouéven ne perdait pas de vue le piton de Guionneau et surtout la corniche élevée où Vulcain avait fait son apparition. Un

15.

incident le frappa alors : une ombre noire se détacha du rocher et s'y enfonça de nouveau ; ce fut l'affaire d'une seconde et comme une vision, et pourtant le capitaine en reçut une atteinte profonde.

« Est-ce une illusion ? est-ce une réalité ? se demanda-t-il. Pourquoi ce brusque mouvement ? Nous aurait-il aperçus ? »

Malgré lui, il en resta préoccupé ; il eut du regret d'avoir cédé aux défiances de ses gens, et il lui sembla qu'il venait de compromettre, d'une manière irréparable, le succès de son opération ; son esprit en était encore affecté, lorsque Yvon reparut.

— Eh bien ? dit Plouéven.

— Rien à craindre de ce côté, dit le jeune homme.

— Point de mouvement alors ?

— Pas le moindre. Des rochers seulement et durs à gravir, je vous en réponds.

— Et t'es-tu bien couvert en marchant ? ajouta Plouéven avec inquiétude.

— Voyez plutôt, répondit le matelot en montrant ses habits souillés de sable ; voilà mes témoins.

— A la bonne heure, dit le capitaine, et Dieu veuille que nous n'ayons pas péché par excès de précaution.

Quoiqu'un peu plus rassuré, il ne put néanmoins éloigner entièrement le nuage qui passait sur son esprit, et continua à tenir les yeux fixés sur ce piton mystérieux et si difficile à forcer.

XXIX

LA SORTIE.

Cependant la troupe était restée l'arme au bras et attendant l'ordre de son chef ; tout semblait annoncer que l'engagement allait commencer. Le balancement des fougères ne faisait que s'accroître et dans une direction à chaque instant plus rapprochée ; encore quelques instants et l'ennemi déboucherait dans la lande, presque à portée des carabines des matelots. Ils s'apprêtaient à le saluer par une décharge générale.

— Veillez à vos amorces, disait le Malouin, qui cédait toujours à la démangeaison de parler. Que tout coup porte, les enfants. Cinq carabines, cinq nègres à bas. Et attention à vos pierres à feu ; c'est si traître.

Ces conseils étaient à peine donnés, qu'on vit les fougères s'entr'ouvrir et livrer passage à un homme. C'était Barrabas. Plus de doute, le nègre reparaissait du côté opposé à celui qu'il aurait dû prendre, et après un retard de nature à éveiller les soupçons. Qu'allait-il faire ? Quelle escorte l'accompagnait ? Arrivait-il en traître, et sous quelle forme éclaterait sa trahison ? Autant de problèmes, et qui ne devaient pas être résolus sur-le-champ. Le nègre ne fit que se montrer à la limite du taillis ; à peine avait-on eu le temps de l'entrevoir qu'il s'y enfonça de nouveau et s'éclipsa. Les sommets du feuillage ne s'en agitaient que de plus belle et avec une sorte de redoublement.

« Que manigancent-ils par là derrière ? » dit le Maloin au piqueur Actéon.

Celui-ci eût été fort empêché de lui répondre ; il avait trop de besogne avec ses limiers. Ces animaux en étaient arrivés à un point d'exaspération qui les ramenait, ou peut s'en faut, à l'état sauvage : on eût dit qu'ils avaient la conscience des torts qu'on avait envers eux et des mauvais procédés dont on les avait abreuvés. Au début, toutes les fatigues et tous les honneurs de la campagne, et maintenant rien, rien que la captivité ! C'était à mettre en fureur le chien le plus débonnaire. La mesure était comble ; ils le sentaient et se comportaient de façon à prouver qu'on ne les outrageait pas impunément. Tamerlan faisait des bonds à enfoncer les voûtes de la grotte ; Bajazet, plus mélancolique, montrait les crocs à son gardien et semblait lui dire qu'à défaut d'autre chair il pourrait bien s'en prendre à la sienne ; mais tous deux en voulaient surtout à ce nègre dont on les avait frustrés et dont l'odeur arrivait de nouveau jusqu'à eux avec les brises de la lande. De là des démonstrations et des hurlements contenus qui allaient dénoncer la présence de la troupe et en porter l'avis jusqu'au sommet du piton.

— Contenez donc vos bêtes, Actéon, dit Plouéven, dont la mauvaise humeur redoublait.

— Ma foi, capitaine, répondit celui-ci, je vous en demanderai alors le moyen. Voici bientôt une heure que je le cherche.

— Le moyen ? dit Plouéven.

— Oui, capitaine.

— Si vous n'en trouvez pas d'autre, usez de celui-ci, reprit le chef de l'expédition.

Il tira de sa ceinture un stylet et le tendit au piqueur :

— A quoi bon cela ? dit Actéon.

— Comment ! à quoi bon ; vous vouliez un moyen.

— Sans doute.

— Eh, bien, en voici un infaillible. Si ces animaux bougent encore, poignardez-les.

— Ah ! capitaine, s'écria le piqueur qui avait pour ses limiers l'attachement de l'homme chargé de leur éducation.

C'en fut assez ; Tamerlan et Bajazet se calmèrent comme par enchantement ; ils se le tinrent pour dit. Avaient-ils compris la menace ? ou, Actéon l'avait-il comprise pour eux ? c'est ce qu'il est inutile d'approfondir. Toujours est-il qu'ils se montrèrent beaucoup plus raisonnables, et attendirent que le moment fût venu où on aurait besoin de leurs services. Ce moment n'était pas éloigné.

Enfin, le problème qui avait tant préoccupé le capitaine et ses gens venait de se résoudre d'une manière inattendue. Pour la seconde fois, Barrabas s'était mis à découvert ; il débouchait dans la lande, mais il était précédé cette fois d'un petit troupeau de moutons qui s'arrêtaient à chaque instant pour envoyer un coup de dent aux bruyères. Ce fut pour Plouéven une sorte de révélation. Ainsi s'expliquaient ce retard, ce changement de direction, cette longue agitation du feuillage, procédant par intermittences et dans des sens variés. Sans doute le nègre marron n'avait pas voulu se présenter devant son compagnon de maraude sans avoir un butin satisfaisant à lui offrir. Plus ce butin serait beau, plus il aurait de chance de l'attirer dans la plane, et, en effarouchant son petit troupeau, d'entraîner Vulcain à sa poursuite, et de l'amener ainsi sous le feu des chasseurs.

— Oui, se dit Plouéven, à qui toutes ces combinaisons se présentèrent à la fois dans un ordre naturel et frappant ; c'est cela, c'est cela. Eh bien, vous autres, ajouta-t-il en se tournant vers ses gens, doutez-vous encore ?

— Eh ! eh ! répliquèrent les plus incrédules, à la tête desquels était le Malouin.

— Moi, je ne doute plus, reprit le capitaine ; et que tout le monde fasse en sorte d'être de mon avis.

— A la bonne heure, dit le Malouin ; c'est plus simple.

— Simple ou non, qu'il en soit ainsi. Cet homme nous sert mieux que nous ne nous servons. Pourvu que nous n'ayons pas gâté ses plans, ajouta le capitaine rendu à ses pressentiments.

L'attitude de Barrabas justifiait de plus en plus le témoignage que le capitaine venait de lui rendre. Point d'auxiliaires à ses côtés, aucun indice de trahison ; les fougères, dès que le troupeau en fut sorti, reprirent leur immobilité. Au lieu de se diriger vers la grotte, le nègre marron gagnait, comme il l'avait dit, la touffe de bruyère d'où il devait donner le signal convenu. Sans doute, du haut de son poste aérien, Vulcain l'apercevait déjà ; mais aucune démonstration de sa part n'en fournissait la preuve : il semblait se tenir sur la réserve et avoir des motifs de se défier.

— Voyez si monsieur mettra le nez à son balcon, disait le Malouin ; on voit bien qu'il a peur de se hâler le teint.

— Le bandit nous a vus, disait de son côté Plouéven. Malheureuse idée que j'ai eue là !

Barrabas s'avançait dans la lande en guidant son troupeau et ralliant avec une longue gaule les moutons qui broutaient çà et là. Il eut toutes les peines du monde et mit un temps infini à parcourir ce court trajet ; l'impatience des marins était au comble.

— Le lambin, disait l'un !

— Preuve qu'il trahit, disait l'autre. Voyez quel air sournois !

— Il a caché son monde ! Attention, matelots !

— Des airs de berger ! du pastoral ! du champêtre ! gare là-dessous !

Jusqu'au dernier moment, Barrabas devait avoir toute la troupe contre lui, les limiers compris. Le capitaine seul croyait à sa bonne foi et regrettait de n'y avoir pas cru davantage.

Tout a une fin ; cette promenade dans la lande en eut une ; le nègre arriva au but qu'il avait en vue et que d'avance il avait désigné. Quand il y fut rendu, il fit une courte halte, rallia son bétail et le rangea dans un parc naturel que formaient les bruyères, puis il donna un premier coup de sifflet ; c'était le signal arrêté entre Vulcain et lui. Dans le cours naturel des choses, Vulcain aurait dû se montrer au sommet du rocher ; c'est ainsi, du moins, que se passaient ordinairement ces sortes d'entrevues. Cependant personne ne parut ; le rocher resta désert ; Plouéven et ses gens avaient beau regarder, ils n'y apercevaient aucune forme humaine ; quelques oiseaux seulement volaient autour du sommet et se jetaient dans les aires qu'ils s'y étaient ménagées. Le capitaine assistait à cette scène avec une anxiété qui ne faisait que s'accroître ; toutes ces circonstances redoublaient ses regrets ; il y voyait l'indice d'un avortement et la ruine de son expédition.

« Nous aurions dû rester tapis comme des marmottes, se disait-il ; notre turbulence nous a trahis. Et vous autres, ajouta-t-il, vous voilà bien payés de vos soupçons. »

Aucun marin n'osa répliquer, tant le capitaine avait mauvais visage et montrait son humeur empreinte dans le redoutable pli de son front.

« C'est ainsi que vous êtes, ajouta-t-il ; vous voulez en savoir plus que vos chefs ! ce Malouin surtout ! un bavard fieffé ! Pour un rien, je lui clouerais la langue à un arbre de la forêt ; il finirait par où il a péché. »

On savait que, dans la bouche de Plouéven, la menace, si étrange qu'elle fût, n'était pas jetée au vent ; le silence devint plus profond encore, et, quoique directement en cause, le Malouin n'osa pas affronter une tempête qui prenait de telles proportions.

« Il est aux coups de vent, » se dit-il à part lui ; laissons passer.

Le capitaine n'avait pas fini d'exhaler ses griefs :

« Savez-vous ce qui va arriver ? leur dit-il ; le savez-vous ? »

Et il secouait ses hommes par le bras, l'un après l'autre, avec toute l'énergie de son poignet.

— Il va arriver, poursuivit-il, que si ce drôle reste

perché là-haut, s'il ne vient pas se faire fusiller dans ces bruyères, nous serons obligés de mettre le siége autour de son rocher ; un siége en règle, entendez-vous ! Toi, par exemple, Yvon, tu le prendras à l'escalade.

— Je le veux bien, dit résolûment le Breton.

— Et vous autres, vous garderez la place de jour et de nuit pendant une semaine, deux semaines, un mois, le temps qu'il faudra pour qu'il se rende à discrétion.

— A la bonne heure, dit le Malouin.

— Et s'il s'échappe, malheur à vous ! s'écria Plouéven de plus en plus irrité. Vous payerez pour lui.

Plouéven s'était monté peu à peu et il en arrivait au dernier degré de la colère, lorsqu'un nouveau coup de sifflet retentit ; la diversion ne pouvait arriver plus à propos. Peut-être Vulcain, endormi ou caché dans le fond de son repaire, n'avait-il pas entendu le premier appel, et il était permis de croire qu'on serait plus heureux au second.

« Silence ! » dit Plouéven, quoique personne autour de lui n'osât souffler mot.

Quelques minutes s'écoulèrent, pendant lesquelles tous les yeux furent dirigés vers le piton ; un mouvement, si imperceptible qu'il fût, n'aurait pu échapper à cette surveillance générale. Rien ne bougea, rien ne se montra. Ce rocher vertical semblait jaloux de garder intacte l'énigme qu'il recélait dans son sein, il ne s'en échappait que des reflets ardents et les teintes lumineuses que prend la pierre sous les rayons du soleil.

Il faut croire que le désappointement de Plouéven était partagé par l'homme qui jouait dans cette scène le rôle principal, et qui devait compter sur des résultats plus conformes à ses promesses. A la distance où l'on était de Barrabas, on ne pouvait avoir de communications avec lui; la parole n'eût pas porté aussi loin sans inconvénient, et les gestes pouvaient être interceptés au passage. Aussi le nègre marron conservait-il un maintien naturel et comme s'il n'avait pas eu de complices à l'autre bout de la lande. Il savait bien qu'il était sous l'œil de Vulcain et que rien n'échappait à ce redoutable observateur. Dès-lors tout lui était interdit, les cris, les signes; il fallait qu'il se surveillât et se contînt avec un soin extrême.

Un indice pourtant (du moins le prit-il pour tel) fut recueilli par Plouéven. Il lui sembla, était-ce une illusion? que le premier coup de sifflet de Barrabas avait été plus ferme, plus vigoureux que le second. N'était-ce pas la preuve que le nègre marron perdait de son assurance, qu'il éprouvait un mécompte, qu'il doutait de son succès? Sans doute, ce malheureux se demandait pourquoi il rencontrait, dans l'exécution de son plan, un obstacle qu'il n'avait pas prévu; il cherchait par suite de quel motif Vulcain dérogeait cette fois à ses habitudes.

« Si au moins je pouvais le prévenir, lui dire de se tenir sur ses gardes ! » pensa le capitaine.

Les coups de sifflet se succédèrent, et, comme l'avait remarqué Plouéven, toujours en s'affaiblissant ; le quatrième n'arriva qu'à grand'peine jusqu'à la grotte, et il y avait lieu de douter qu'il fût parvenu jusqu'au sommet du piton. C'était comme un acte de conscience et un cri de détresse. Moins engagé vis-à-vis du capitaine, peut-être Barrabas s'en serait-il tenu là. Déjà on pouvait remarquer, même à cette distance, que sa contenance était moins assurée. Au lieu de rester en place, il allait et venait avec inquiétude et jetait sur le rocher des regards qui trahissaient une certaine préoccupation. Son troupeau s'était échappé de l'enceinte naturelle où il l'avait parqué, et au lieu d'aller à sa poursuite et de le rassembler de nouveau il le laissait parcourir la lande à l'aventure. Tous ces incidents dénotaient un peu de désordre dans son esprit et de dérangement dans ses projets.

Cependant il se résigna, il fit un dernier effort ; il lui restait à donner un coup de sifflet, celui à l'appel duquel Vulcain ne manquait jamais de répondre. On eût dit que c'était pour lui un avertissement suprême, tant il mit d'hésitation et tant le son fut étouffé cette fois.

L'effet ne s'en fit attendre : à peine le bruit eut-il frappé l'air, que Vulcain parut à la base du rocher, sans qu'on pût dire comment il se trouvait là et d'où il était sorti. Avec l'agilité d'une bête fauve, il fondit sur le nègre marron, de manière à s'en emparer avant qu'il eût le temps de se reconnaître et de s'enfuir.

XXX

LE ROCHER.

Cette brusque sortie, ce mouvement, cet élan, ne trompèrent aucun des acteurs et des témoins de cette scène.

Barrabas se vit perdu ; il en avait le pressentiment, il n'en douta plus à l'aspect de Vulcain. On sait quelle fascination exercent sur leur proie certains animaux, et cela au point de lui enlever jusqu'à la volonté et la force d'échapper à la mort. Le malheureux nègre éprouvait une de ces crises ; en vain essaya-t-il de prendre la fuite, ses jambes ne le servaient plus et se dérobaient sous lui ; un tressaillement invincible agitait ses membres, son visage se décomposait, son œil exprimait la stupeur ; il chancelait comme un homme ivre, et étendait ses bras dans l'espace pour y chercher un point d'appui. A peine parvint-il, au milieu de cet égarement, à pousser un cri de détresse.

Plouéven avait compris ; il voyait que la partie se gâtait, et visiblement par sa faute et celle de ses gens.

Un excès de précaution et de défiance avait tout compromis. Son allié allait périr sous ses yeux ; Vulcain n'était pas sorti de sa retraite que pour procéder à cette exécution ; encore quelques minutes et s'en était fait du pauvre noir. Il n'y avait plus à hésiter ; il fallait se porter à son secours et en venir à une attaque ouverte :

« Enfants, s'écria le capitaine, debout ! Actéon, découplez les chiens. Et nous, matelots, droit à cet homme ! »

En même temps, il prêcha d'exemple et se jeta en avant, le pistolet au poing ; sa troupe le suivit et déboucha sur la lande. Tout dépendait de la célérité de ce mouvement ; une minute ou deux suffisaient pour changer l'aspect des choses. Les matelots le sentaient ; ils pressaient leur course et s'excitaient à l'envi. De leur côté, les chiens franchissaient l'espace et se rapprochaient à vue d'œil du groupe sur lequel on les avait lancés. Leurs aboiements se confondaient avec les cris des chasseurs et animaient de plus en plus la scène. Les hommes, les animaux bondissaient dans les bruyères ; le bétail que Barrabas avait amené s'en allait à l'aventure et dans diverses directions ; c'était un bruit, une confusion, une mêlée difficiles à décrire, et dont l'issue ne pouvait se prévoir. Sauverait-on Barrabas ? s'emparerait-on de Vulcain ? Voilà ce qui demeurait dans le domaine des conjectures.

Si la distance eût été moindre, nul doute que les

chances eussent tourné en faveur de Plouéven et de
ses marins. Ils y allaient avec une ardeur qui ne se
démentait pas ; le vent est moins prompt, la foudre
moins rapide. Mais de la grotte à la base du piton,
l'éloignement était considérable et déjà les événements
se pressaient. Vulcain tenait sa victime en arrêt : il
n'avait qu'à étendre le bras pour s'en rendre maître :
quant à Barrabas, il ne se défendait plus et venait de
tomber sur une touffe de bruyère comme foudroyé et
demandant grâce.

Plouéven calcula qu'il n'arriverait pas à temps ; il
changea de plan à l'instant même :

« Halte ! » dit-il à sa troupe.

Tout le monde s'arrêta comme par l'effet d'un ressort. Le capitaine venait de juger la portée des armes ;
une décharge était impossible.

« Feu ! » dit-il.

Qu'une balle frappât Vulcain, et l'action était terminée. Malheureusement les coups dévièrent, soit que
la distance fût trop grande, soit que l'ardeur de la
course eût nui à la justesse du tir.

« Malédiction ! s'écria Plouéven, il va nous échapper. »

En effet, au bruit des carabines, Vulcain avait re-
levé la tête et répondu par un geste de défi. C'est sur
Barrabas qu'il allait se venger : d'un bond il atteignit
le malheureux nègre, le saisit par les hanches et l'em-

porta du côté du piton, comme une bête l'eût fait de sa proie. Barrabas poussait des cris déchirants et à fendre l'âme ; Plouéven ne se possédait plus.

« Matelots, dit-il, alerte ! alerte ! Mes parts de prise à celui qui m'amènera cet homme, mort ou vif. »

Les marins n'avaient pas besoin de cet encouragement pour redoubler d'ardeur ; ce spectacle suffisait pour les exciter ; ils ne couraient plus, ils rasaient à peine le sol ; on eût dit qu'ils avaient des ailes. Entre Vulcain et eux, les distances s'amoindrissaient ; celui-ci, chargé d'un lourd fardeau et obligé de contenir Barrabas qui se débattait entre ses mains, n'aurait pu se dérober longtemps à cette poursuite acharnée ; la troupe gagnait sur lui ; pour peu qu'il restât de champ, elle devait le rejoindre ; déjà les chiens s'en trouvaient à quelques pas.

— Bravo, Tamerlan ! bravo Bajazet ! disait Actéon en les animant de la voix.

— Quel dératé ! ajoutait le Malouin, un peu essoufflé de cette course à outrance.

Il ne s'agissait plus que d'un dernier élan. On était arrivé à la base même du piton, en face d'une muraille qui ne semblait point avoir d'issue : sur la pierre nue et lisse croissaient, çà et là, quelques buissons chétifs. C'est vers cette paroi inaccessible que Vulcain se dirigeait.

— Où diable va-t-il donc ? se demandait Plouéven.

16

— Nous le tenons, nous le tenons! s'écriaient les marins.

Il paraissait impossible que cet homme pût s'échapper; une barrière s'élevait devant lui et un cercle de chasseurs l'entourait déjà; en se resserrant, ce cercle devait infailliblement l'étreindre. Bajazet et Tamerlan livreraient le premier assaut; la troupe, en survenant, achèverait la capture. Tels étaient les calculs du capitaine Plouéven; ils furent déjoués par le plus étrange incident. On touchait au but, on avait Vulcain sous la main, on croyait le tenir, lorsque tout à coup il se déroba aux regards, sans qu'on pût dire par quels moyens ni par quelle voie. Ce fut comme un éclair, une vision. Sur le point où il avait disparu, pas d'issue apparente ni rien qui ressemblât à une issue cachée; nulle part le rocher n'était plus droit et n'offrait de surface plus unie. A moins d'un prodige, cette circonstance restait sans explication. Ainsi pensa la troupe en arrivant sur les lieux; l'étonnement était au comble.

« Eh bien, dit le Malouin : excusez. Voilà ce qui s'appelle prendre congé des gens sans aucune espèce de façon. »

Plouéven ne savait qu'imaginer; il examinait le rocher avec défiance et comme s'il eût craint un piége.

— Où a-t-il pu passer? se demandait-il.

— C'est cela, répétait le Malouin; où a-t-il pu passer? Ce n'est pas tout que de dire : Bonsoir la compagnie, il faut savoir sur quel pied on le prend. Yvon, mon élève, voulez-vous que je vous communique mes impressions ?

— Soit, répondit celui-ci, qui n'était pas moins intrigué que les autres.

— Cet homme entretient un commerce avec les démons ; oui, Yvon, avec les démons. Il n'y a qu'eux pour se tirer ainsi d'affaire.

Tout en échangeant ces mots, les marins poursuivaient leurs recherches. Rien ne fut négligé, rien ne fut oublié. Trouvait-on une crevasse, on en sondait les moindres plis ; une touffe d'herbes, on s'assurait qu'elle ne masquait point d'ouverture mystérieuse. Les chasseurs voulaient en avoir le cœur net et eussent poussé cet examen plus loin, si une diversion n'y eût brusquement mis fin. Un cri guttural venait de descendre du sommet du rocher ; ils levèrent les yeux. C'était Vulcain, debout sur la corniche du piton ; il était effrayant à voir. Penché sur l'abîme, il y agitait un fardeau qui, de loin, ne présentait qu'une masse confuse ; il semblait attendre le moment favorable pour le précipiter sur les assaillants.

« Ah ! mon Dieu, s'écria Plouéven, serait-ce le nègre marron ? »

Il ne se trompait pas ; c'était Barrabas. Avant d'en finir avec lui, Vulcain s'en faisait un jouet ; il savourait sa vengeance. La victime n'avait même plus la force de

jeter un cri ; elle en était arrivée à un complet anéantissement. Enfin, quand ce raffinement eut été poussé
assez loin, Vulcain imprima au malheureux nègre un
dernier balancement et l'envoya dans l'espace.

« Tenez, dit-il d'une voix très-distincte, voici un des
vôtres ! Ramassez-le. »

Le corps de Barrabas, après avoir heurté les aspérités du rocher, vint tomber aux pieds de la troupe
frappée d'horreur et d'épouvante. Ce n'était plus qu'un
débris informe et qui n'avait rien d'humain.

XXXI

LE DERNIER EFFORT.

Cette scène affreuse ne fit que porter au comble la fureur du capitaine Plouéven et de ses compagnons. Point de doute qu'ils ne fussent cause de la catastrophe ; elle pesa sur leur cœur comme un remords, et ce fut un grief de plus contre l'hôte du piton. Aussi se promirent-ils de ne pas quitter la partie qu'il ne fût tombé en leur pouvoir. Dussent-ils former le siége du rocher, ils étaient résolus à n'en pas démordre.

— Pauvre Barrabas ! disait Actéon ; et moi qui le soupçonnais.

— Il est sûr que vous y avez un peu poussé, disait le Malouin : sans vous, noiraud, nous y aurions apporté plus de confiance : mais, ajouta-t il avec sa philosophie accoutumée, maintenant c'est fait. Les morts sont morts. Reste à pincer le vivant ; si vous savez les moyens, exposez-les, visage d'ébène.

Et comme Actéon relevait la tête vers le rocher et l'agitait avec un découragement visible :

« Dame ! oui, c'est haut ! reprit le marin ; et l'escalier n'est pas commode ! N'empêche qu'il faut y monter, moricaud. Autrement nous serons la fable des Antilles et autres localités. Comment ! dira-t-on, l'équipage du *Grégeois*, qui ne boude jamais sur mer a amené pavillon devant un bandit de nègre. Allons donc ! le capitaine se brûlerait plutôt la cervelle que de supporter ces propos-là. Et nous aussi, noiraud. Voilà comment nous sommes ; à cheval sur le point d'honneur. »

Actéon ne répondit pas ; un autre soin l'occupait. Il suivait de l'œil Tamerlan et Bajazet qui, malgré ses appels réitérés, s'obstinaient dans la plus singulière manœuvre. Au lieu de fouiller dans les anfractuosités, ces deux animaux restaient comme enchaînés devant un endroit où le rocher était nu et escarpé et où rien ne signalait les apparences d'une ouverture.

— Mais qu'ont-ils donc à rester là, se disait le piqueur. Voyez donc, capitaine.

— En effet, dit Plouéven, voilà qui est étrange. Ici, Tamerlan !

— Ici, Bajazet ! ajouta Actéon.

Les deux limiers arrivèrent à la voix, mais un instant après ils se remirent sur leur piste et parurent décidés à n'en pas bouger. Cette opiniâtreté finit par éveiller l'attention de Plouéven,

— C'est là qu'est la clef, dit-il ; c'est là qu'est le

mystère. Ces animaux ont plus d'instinct que nous. En-fants ! ajouta-il en s'adressant à sa troupe.

— Voici ! dirent les marins en accourant.

— Amusez cet homme qui perche là-haut et brûlez-lui un peu de poudre au nez.

— C'est que la portée est grande, capitaine, dit Michel.

— Faites toujours et tâchez de l'occuper, j'ai mon projet.

— A la bonne heure ! capitaine, répondit le marin ; dès que vous le commandez.

— On va tirer un feu d'artifice en son honneur, ajouta le Malouin.

En effet, il s'engagea entre Vulcain et les chasseurs un combat où l'avantage n'était pas du côté de ces derniers. Leurs coups n'arrivaient pas jusqu'à la corniche qu'occupait le nègre, tandis que du haut de son arsenal il envoyait sur les assaillants des blocs de rocher qui les forçaient à se tenir sur leurs gardes ; parfois même, dans leurs ricochets, ces masses énormes acquéraient une telle force qu'elles venaient tomber à leurs pieds.

« Des dragées ! disait le Malouin ; seulement un peu dures sous la dent. »

Le but que se proposait Plouéven était atteint : le nègre, occupé de sa défense, allait perdre de vue ce qui se passait au pied du piton ; on pouvait donc sans inconvénient poursuivre et compléter cette reconnaissance. Tamerlan et Bajazet s'acharnaient toujours sur le même point et se refusaient à l'abandonner ; ils se jetaient de temps à autre contre le rocher, comme s'il eussent voulu le pénétrer et s'y ouvrir un passage. Cependant, aucun indice extérieur ne justifiait cette obstination : la pierre était lisse et d'un ajustement parfait ; point de solution de continuité, partout une surface polie.

« A qui en ont-ils ? se demandait Plouéven ; je n'aperçois rien. »

Il y avait de quoi se piquer au jeu. Le rocher, à l'endroit où avait lieu cette scène, formait un angle rentrant derrière lequel un homme pouvait se tenir masqué. Le capitaine s'y engagea et s'appuya sur la pierre. Quelle fut sa surprise, lorsqu'il s'aperçut qu'elle cédait sous la pression ! Il fit un nouvel effort, le bloc s'ébranla et tourna sur lui-même ; on eût dit un épisode des contes orientaux. Plus de doute, cette issue était celle qui conduisait Vulcain sur les sommets du piton ; les mystères de cette existence s'expliquaient ; il devait à cette circonstance sa longue et détestable impunité. Enfin, on le tenait... Le cœur de Plouéven tressaillit. Il allait rendre aux dames d'Angremont un de ces services qui ne s'affacent pas, venger en un jour vingt ans de dévastation et de deuil. Cette perspective lui souriait, et peut-être y mêlait-il d'autres rêves. Les limiers semblaient aussi s'associer à ce sentiment : ils bondissaient de joie et se jetaient vers l'issue avec une ardeur difficile à contenir ; cette découverte était leur œuvre : quoi de plus naturel qu'ils se montrassent fiers de leur succès !

La brèche était faite ; il ne restait plus qu'à livrer l'assaut. Plouéven y réfléchit rapidement. Comment s'y prendrait-il ? Une attaque ouverte eût entraîné trop de délais, eût offert trop de difficultés ; il n'y avait de possible qu'une surprise. Entre ses gens et Vulcain, le combat continuait ; le nègre y concentrait tous ses efforts. D'un côté la mousqueterie, de l'autre les projectiles naturels allaient leur train ; les deux partis s'échauffaient et devaient rester longtemps aux prises.

Assuré du fait, Plouéven eut recours aux moyens décisifs ; il pénétra seul dans l'issue avec le dessein de se porter en avant. Comme auxiliaires, il ne voulut que les deux limiers, qu'il attacha et tint en laisse ; il se fiait à leur instinct, qui s'était montré jusque-là si sûr et si intelligent. Guidés par l'odorat, ces animaux devaient trouver leur chemin et le conduire droit à l'ennemi.

Dans ce souterrain, Plouéven s'attendait à des ténèbres épaisses, et ce n'était pas le moindre obstacle de son expédition. Son étonnement fut grand quand il y découvrit une clarté : c'était une lampe où le génie de Vulcain se révélait. Dans un creux du rocher, il avait versé le suif de ses moutons et avait adapté à ce récipient naturel une mèche composée d'écorces fibreuses : de là cette flamme qui éclairait les voûtes. Tout à côté se trouvait une provision de torches composées de bois résineux et dont il s'armait pour monter aux étages supérieurs de son domicile. On voyait que le nègre n'avait rien négligé pour rendre cet asile aussi commode qu'il était sûr. Dans cette vaste enceinte, divers compartiments avaient été ménagés, ici pour les approvisionnements, là pour le bétail. C'était à la fois un péristyle et un magasin, et des traces de sang empreintes sur les parois du rocher attestaient qu'il s'y était commis des exécutions sanglantes.

Plouéven ne s'arrêta à ces détails que le temps nécessaire pour prendre ses dernières dispositions. Tout le servait, tout le secondait ; il trouvait des instruments sur lesquels il n'avait pas compté et qui rendaient sa tâche bien plus facile. Armé d'une torche, il parcourut le souterrain et en étudia les circuits. C'était une de ces boursouflures intérieures, comme en créent les feux des volcans, et qui s'étendent à l'infini dans les flancs des montagnes. Plus d'un chemin s'y présentait, les uns larges, les autres étroits, ceux-ci escarpés, ceux-là plus praticables ; l'embarras était de choisir. Plouéven n'avait aucun motif pour se déterminer et il aima mieux s'en fier aux sens des animaux qu'il tenait accouplés et qui s'agitaient sous sa main. Tamerlan et Bajazet allaient çà et là, un peu au hasard, le nez à fleur du sol et en quête d'indices, se présentaient à toutes les issues et les abandonnaient successivement, comme s'ils y eussent éprouvé du mécompte. Enfin ils arrivèrent à un escarpement intérieur où des entailles avaient été pratiquées dans le roc, et où un certain poli attestait des passages fréquents. Là leurs allures changèrent : à leurs élans, il fut facile de voir qu'ils avaient trouvé ce qu'ils cherchaient.

— Nous sommes sur la voie, dit Plouéven ; c'est le chemin du piton.

S'il eût hésité, Bajazet et Tamerlan l'eussent entraîné ; il entreprit l'escalade. Tout autre qu'un marin n'en serait sorti qu'avec un échec et eût éprouvé des défaillances dès le début. Par intervalles, la pente était si roide qu'il fallait chercher un point d'appui dans les aspérités du rocher ; d'autres fois la voûte s'abaissait à un tel point qu'à moins de ramper, il était impossible de s'y frayer un passage. Les difficultés se succédaient et semblaient s'accroître en se succédant. En quelques endroits seulement, l'espace s'agrandissait et offrait comme des lieux de repos, des étages naturels dans cette construction gigantesque. Là se retrouvaient des traces du séjour de Vulcain, des plumes de volaille, des toisons, des débris d'approvisionnement. Parfois même les embrasures du rocher y laissaient pénétrer les rayons du soleil et en faisaient autant d'observatoires d'où l'on découvrait la lande tout entière et au delà les bois, les ruisseaux, les savanes, les habitations, la plage et la mer dans un horizon lointain.

Dans une de ces haltes, Plouéven put s'assurer du point où en étaient les choses au pied du piton. Le combat se prolongeait ; on voyait les marins épars continuer leur fusillade, et de temps en temps des blocs, frappant les surfaces extérieures, témoignaient que Vulcain maintenait la défensive avec vigueur. Tout promettait donc à Plouéven les avantages d'une surprise.

En observant ce qui se passait en bas, il put s'assurer d'un autre fait : c'est qu'il s'approchait du sommet, et que bientôt il se trouverait face à face de son adversaire ; de là un nouveau motif pour se tenir prêt et redoubler de précautions.

La partie qui restait à gravir était de toutes la plus escarpée. A la base de la montagne, cet escalier intérieur pouvait se développer sur une plus grande étendue et être adouci d'autant ; mais, à mesure qu'on s'élevait, il se changeait en une espèce de vis fort irrégulière et qui n'offrait ni rampes, ni marches à l'aide desquelles on pût se soutenir. Pour s'engager dans ces affreux conduits, il ne fallait pas moins que le courage de Plouéven et le désir qu'il avait d'en finir à son honneur. C'était un dernier effort, et il ne s'y épargna pas. Les chiens, qui sentaient leur proie et se promettaient une revanche, n'y allaient pas avec moins d'ardeur. Il y eut donc un élan nouveau dans cette poursuite si pleine de périls.

Que faisait Vulcain, pendant qu'on exécutait ainsi l'escalade de son domicile et qu'on essayait de le prendre entre deux feux ? Comment avait-il pu s'oublier ainsi ? Comment sa vigilance s'était-elle trouvée en défaut ? Par le motif le plus simple du monde. Depuis quinze ans, le nègre avait vu échouer toutes les recherches, et sa confiance dans la sûreté de sa retraite n'avait fait que s'accroître de jour en jour. Jamais personne n'y avait pénétré, et il la croyait impénétrable. Ni la ruse, ni la délation n'en avaient jusqu'alors livré le secret. En vain ceux des planteurs à qui les mornes étaient familiers avaient-ils dirigé contre lui des battues en règle, des expéditions savantes, auxquelles il paraissait impossible qu'il échappât. Tout était venu échouer devant son inaccessible repaire ; on l'avait suivi dans la forêt, dans le ravin, même dans la lande et jusqu'au pied du piton ; là il avait fallu renoncer. Il croyait qu'il en serait toujours ainsi, et n'admettait pas que le hasard pût le trahir. Ainsi s'expliquait son imprévoyante sécurité.

De la trahison de Barrabas, rien ne lui avait échappé ; il le surveillait depuis la rivière à Goyaves. Il avait vu la troupe de Plouéven marcher sous sa conduite, et ne s'était mépris ni sur les intentions du guide, ni sur le but de l'expédition. Le traître une fois connu, Vulcain avait attendu patiemment afin d'assurer l'effet de sa vengeance et de lui donner un certain éclat. Puis il s'était renfermé dans son fort, d'où il défiait ses ennemis et jouait avec eux à la petite guerre. Voilà ce qui s'était passé et où il en était.

Tant que Plouéven gravit les étages inférieurs, aucun bruit ne pouvait dénoncer sa marche aux oreilles du nègre. Mais, en s'élevant, il devenait bien plus difficile qu'aucun mouvement ne le trahît. Des pierres roulaient à ses pieds, et il avait bien de la peine à contenir les chiens qui essayaient de donner de la voix. Enfin les choses en vinrent au point que Vulcain s'aperçut du péril qui le menaçait :

« Ah ! mon Dieu ! s'écria-t-il ; du monde chez moi ! dans mon rocher !... »

Il tenait un bloc énorme et allait l'envoyer aux assaillants : cette découverte changea la direction du projectile. D'un élan, il se trouva devant l'issue d'où le capitaine Plouéven allait déboucher avec ses limiers, et y précipita à tout hasard le rocher qu'il avait dans les mains. Pour les chiens, c'était trop tard ; ils tenaient déjà leur homme : l'un s'était jeté au cou du nègre, l'autre s'attachait à ses flancs ; l'un l'étranglait, l'autre le dévorait ; mais le capitaine Plouéven ne put esquiver le choc : atteint par cette masse, il roula avec elle et reçut une commotion si vive, qu'il en perdit le sentiment.

XXXII

LA BLESSURE.

Quand Plouéven revint à lui, un combat était engagé au-dessus de sa tête ; une voix rauque se mêlait, à des aboiements étouffés. C'en fut assez pour lui rendre le sentiment de la situation ; il comprit que ses auxiliaires continuaient leur besogne et que Vulcain se débattait sous leurs dents. A cette pensée, Plouéven se releva. Couvert de contusions, la tête meurtrie et l'épaule gauche démise, il eut encore la force de se traîner dans le souterrain et d'arriver sur le théâtre de la lutte. Il était temps ; Tamerlan, étouffé par le nègre, se débattait dans les convulsions de l'agonie. Bajazet, seul, tenait bon encore et poussait l'acharnement jusqu'à l'héroïsme. C'est alors que Plouéven parut : armé d'un poignard, il marcha vers Vulcain et l'étendit à ses pieds. Mais cet effort était le dernier dont le capitaine fût capable ; vaincu par la douleur et inondé de sang, il tomba inanimé près du nègre qui rendait le dernier soupir.

Cependant les marins, restés dans la lande et occupés à y faire le coup de feu, ne savaient que penser de l'absence de leur chef. Ils avaient reçu une consigne et l'exécutaient, s'attendant toujours à le revoir reparaître et eployer des moyens d'attaque plus efficaces et plus sérieux. En se prolongeant, cette absence devenait inexplicable. Lui serait-il arrivé quelque accident ? Serait-il tombé dans une embuscade ? Telles étaient les questions que s'adressaient ses gens. Quand Vulcain eut disparu de son poste aérien, les inquiétudes redoublèrent.

— Vous verrez que le drôle aura enlevé notre capitaine, dit le Malouin ; il a à ses ordres une légion d'esprits infernaux.

—Le capitaine ne se laisse pas enlever comme cela, répondit Michel ; il a bec et ongles.

Le temps s'écoulait et les alarmes devenaient de plus en plus vives ; elles étaient au comble quand Bajazet parut l'oreille déchirée et le museau en sang. A son aspect, il n'y eut qu'un cri. D'où sort-il ? D'où vient-il ? A qui s'est-il attaqué ? Que signifient ces blessures ? L'animal, de son côté, semblait avoir un but ; il allait d'un marin à l'autre et cherchait à les entraîner du côté de souterrain. A part la voix, rien ne manquait à cette indication ; elle était si claire qu'insensiblement chacun s'y rendit. On espérait avoir ainsi des nouvelles du capitaine, connaître le motif de sa disparition. Bajazet mar-

chait en avant, fier d'être suivi ; il conduisit la troupe
devant l'ouverture que Plouéven avait découverte :

« Ah ! enfin, s'écria le Malouin, voici le gîte ! le
capitaine doit avoir pris les devants. Matelots, suivons
le caniche ? »

Après bien des fatigues et des tâtonnements, ils arrivèrent sur la plate-forme où s'était passée l'action
sanglante dont on a lu le récit : spectacle douloureux
et fait pour les pénétrer d'horreur ! Le nègre gisait sur
le sol ; mais près de lui était le capitaine et plus loin
Tamerlan, tombé au champ d'honneur. Cependant chez
Plouéven la vie persistait ; on le reconnaissait à plus
d'un symptôme ; la peau avait conservé sa chaleur, les
membres gardaient leur élasticité ; le teint n'avait pas
ces altérations qui accompagnent la mort. Ce n'était
qu'une profonde syncope, et bientôt elle cessa, Plout-
ven ouvrit les yeux, regarda autour de lui, et témoigna
un certain étonnement ; sa tête se ressentait de la
secousse qu'elle avait reçue :

« Ah ! c'est vous, enfants, » dit-il.

Il essaya de se lever en s'aidant de ses poignets et de
ses coudes ; ses forces le trahirent.

« Ne bougez pas, capitaine, lui dirent ses gens, nous
allons vous enlever d'ici.

— M'enlever, reprit Plouéven, soit ; je me sens défaillir ; mais un mot encore, enfants.

— Dites, capitaine.

« — Vous voyez le corps de cet homme, ajouta-t-il en montrant Vulcain.

— Oui, capitaine.

— Eh bien, il faut le transporter aussi. Nous ne pouvons reparaître à l'habitation l'un sans l'autre.

— A la bonne heure, dirent les marins.

— Lui mort, et moi comme il plaira à Dieu. Vous m'entendez, enfants? ajouta-t-il d'une voix affaiblie.

— Ce sera fait, capitaine. »

La crise survint, et Plouéven tomba dans un nouvel anéantissement. Ses gens exécutèrent ponctuellement ses ordres. On le descendit avec de grandes précautions jusqu'au souterrain inférieur ; le corps de Vulcain fut également descendu. Là on construisit une civière que l'on recouvrit de feuilles dans une certaine épaisseur et au-dessus de laquelle des vareuses furent disposées en forme de tente. Les matelots se succédaient aux brancards et mesuraient leurs pas, afin d'éviter les secousses trop vives. Quant au cadavre de Vulcain, on l'enveloppa dans un sac, et un homme le chargea sur ses épaules. Il n'y eut pas jusqu'aux restes de Tamerlan qui n'obtinrent les honneurs d'une translation; Actéon ne voulut pas qu'une bête morte si glorieusement restât privée de sépulture; il l'emporta pour l'inhumer sur l'habitation.

Ce fut ainsi que le cortége lugubre quitta la région des mornes et regagna les savanes et les terrains cultivés. Actéon ouvrait la marche, suivi de Bajazet, qui, de temps à autre, le regardait mélancoliquement et semblait lui demander ce qu'était devenu son compagnon de chaînes. Puis venait la civière sur laquelle Plouéven était couché; le corps de Vulcain venait ensuite. Rien ne manquait à ce triste appareil. Le trajet s'accomplit d'ailleurs avec rapidité. On laissa sur la droite la rivière à Goyaves, pour couper dans les bois et abréger la distance. L'état de Plouéven ne s'améliorait pas, et il était urgent de lui donner les premiers soins.

Aux approches de l'habitation, l'un des marins se détacha afin de prévenir les maîtres et de leur raconter brièvement ce qui était arrivé, le résultat de la campagne contre Vulcain et l'accident fâcheux survenu au capitaine. Les dames d'Angremont en ressentirent une vive douleur; elles allèrent à la rencontre du cortége et donnèrent des ordres pour que rien ne manquât dans le pavillon réservé au blessé. Mlle Rodogune fut chargée de ce soin et en prit la responsabilité. En un clin d'œil, tout se trouva prêt, le lit, les linges pour le pansement, la charpie, les bandanges; un exprès, envoyé en toute hâte, devait ramener le meilleur médecin du quartier.

Lorsque les dames d'Angremont rejoignirent la troupe de Plouéven, celui-ci venait de reprendre connaissance, et, la tête appuyée sur son bras droit, il essayait de ressaisir, au milieu des troubles de son cerveau, le fil de ses souvenirs. Des événements qui venaient de se passer, il ne lui restait qu'une impression vague et un sentiment confus. Il ne se rendait compte ni d'où il venait, ni du lieu où il se trouvait; il croyait sortir d'un rêve et n'apercevait les objets qu'à travers un nuage. A l'arrivée des dames d'Angremont, il s'imagina que la vision continuait :

« Ah ! mon Dieu, s'écria-t-il, que vois-je ? Vous ici?»

Mme d'Angremont s'approcha de la civière et prit la main du blessé :

« N'est-ce pas notre place, capitaine, quand vous venez de vous exposer pour nous, quand votre vie est en danger peut-être ?

—Pour nous, » répéta Mézélie d'une voix touchante.

Plouéven eût affronté mille morts au prix d'un tel mot ; le chant d'un séraphin eût été moins doux à son oreille. Son extase se prolongeait; il se voyait transporté dans un monde éthéré, loin des souillures et des misères du nôtre; il se sentait heureux et eût voulu fixer le sablier du temps sur ce moment fugitif. La troupe s'était remise en mouvement; Mme d'Angremont et sa fille marchaient à côté du blessé et ne détachaient pas de dessus son visage leurs regards attristés et compatissants. On arriva à la porte du pavillon. Au moment où Mézélie et sa mère allaient se retirer, il se fit comme une révolution dans l'esprit de Plouéven ; il se ressouvint, il eut la conscience complète des faits ;

« Madame ! madame ! s'écria-t-il. Moi qui oubliais !

— Qu'est-ce donc, capitaine ? répondit Mme d'Angremont. Vous êtes bien agité. »

Plouéven trouva la force de se mettre sur son séant et chercha autour de lui un objet qui semblait manquer à son repos; il ne se calma que lorsqu'il eut aperçu le matelot qui portait le corps de Vulcain. Se tournant alors vers Mme d'Angremont, il lui montra cette dépouille :

« Le voilà ! ajouta-t-il.

— Qui ? dit-elle.

— Votre ennemi, votre implacable ennemi.

— Vulcain ?

— Lui-même, madame. Je vous l'avais promis; je tiens ma promesse. Il est mort.

— Mort ?

— Et vous êtes vengée. Vengée ! N'est-ce pas que c'est un mot bien doux ? »

Sa physionomie, sereine jusque-là, prit un caractère farouche qui frappa les assistants ; ce n'était plus le même homme. Les dames d'Angremont attribuèrent ce changement à la souffrance qu'il éprouvait et aux efforts qu'il faisait pour la vaincre. En effet, le mal eut bientôt le dessus ; comme épuisé par ces émotions, Plouéven s'évanouit de nouveau.

XXXIII

Les blessures du capitaine étaient graves, et long-temps on crut qu'il n'en réchapperait pas. L'épaule était brisée, la poitrine atteinte, le crâne ouvert en plusieurs endroits. Pour se remettre d'un pareil choc, il fallait avoir la trempe vigoureuse et l'excellente constitution de Plouéven. Les soins, il est vrai, ne lui manquèrent pas ; nulle part il n'en eût trouvé de plus affectueux ni de plus vigilants. Madame d'Angremont y veillait ; c'était pour elle une dette de cœur, et elle la payait noblement. Deux de ses esclaves, Actéon et mademoiselle Rodogume, étaient exclusivement affectés au service du blessé, et, afin de s'épargner jusqu'à l'ombre d'un regret, elle fit venir de l'extrémité de l'île le praticien le plus célèbre et le plus habile dans son art.

Enfin le mal céda, et la nature reprit le dessus ; les plus graves symptômes disparurent d'abord, puis les autres. Mais que de journées s'écoulèrent avant ce moment, et que de nuits terribles ! Actéon, chargé de veiller le malade, ne pouvait en parler sans effroi. Dans le délire de la fièvre, Plouéven tenait des propos si étranges, que le pauvre noir en frissonnait rien qu'à y songer. Parfois même il se levait du lit, déchirait son appareil et parcourait le pavillon en poussant des cris furieux et en brandissant le poing contre des ennemis imaginaires. Les scènes variaient, les gestes aussi. Tantôt c'était un abordage, et le corsaire se retrouvait ; on l'eût dit sur le pont d'un bâtiment, animant les siens et les guidant au combat : Tue ! tue ! disait-il. D'autres fois, c'étaient des scènes plus mystérieuses que trahissaient des mots entrecoupés, Mais, dans toutes ces visions, dans tous ces rêves, ce qui dominait, c'était une pensée de meurtre et de sang, une soif de vengeance que rien ne pouvait assouvir.

Une nuit, les choses furent poussées si loin, et le spectacle prit un caractère si sombre que le pauvre garde-malade se vit au moment de défaillir. Un violent accès s'était emparé de Plouéven, et quelque effort que fit le nègre pour le contenir, il sortit de son lit et se mit à parcourir la pièce. Ses yeux, démesurément ouverts, ses cheveux dressés sur son front, son teint mat, lui donnaient l'aspect d'un spectre. Il semblait chercher dans le vide un objet qui fuyait devant lui et y mettait un acharnement incroyable. Sa poitrine était haletante, des gouttes de sueur découlaient de ses joues et jonchaient le sol. De ses lèvres sortaient des mots entrecoupés, parmi lesquels un seul était distinct et y revenait à chaque instant : Meurs ! meurs ! disait-il. Le geste était à l'unisson du langage ; on voyait ses deux mains se réunir dans une étreinte furieuse, et comme si elles eussent tenu une victime ; puis, l'œuvre accomplie, il se mettait à piétiner avec rage jusqu'à ce que la force lui manquât et qu'il tombât affaissé sur le plancher.

Ainsi se passaient ces crises : Actéon en était seul témoin et ne laissait rien transpirer au dehors. Le nègre avait conçu pour le capitaine une de ces admirations que rien n'ébranle, et qu'accompagne un dévouement absolu. Plouéven était son héros ; il ne voyait et ne jurait que par lui. Déjà, sur le seul récit de ses croisières, il avait pris feu et s'était empressé d'en répandre les détails au sein de la domesticité et parmi les cases à nègres. Il s'était ainsi identifié à la destinée de Plouéven, et avait attiré sur lui quelques reflets de sa célébrité. La gloire du demi-dieu sert toujours à celle du rhapsode. Mais ce point d'attache n'était rien auprès d'un lien plus récent, et ce souvenir s'effaçait devant ceux qu'avaient laissés dans l'esprit d'Actéon la campagne des mornes et le combat contre Vulcain. Il avait vu Plouéven à l'œuvre et savait de quoi il était capable. Cela avait suffi pour enchaîner le noir et élever jusqu'au fanatisme le culte qu'il professait déjà. A aucun prix il n'eût prononcé une parole qui pût faire déchoir le capitaine ; de là ce silence sur les crises dont il était le spectateur. Cette fois même, et par exception, il ne s'en ouvrit pas à mademoiselle Rodogune, afin de ne pas jeter de nuage sur l'estime qu'elle avait pour son héros.

Le danger avait cessé ; Plouéven marchait vers une guérison chaque jour plus affermie. Cependant l'ébranlement avait été si fort qu'il fallut prendre de grandes précautions afin d'éviter les rechutes. Toute imprudence eût été fatale ; aussi les mêmes soins dont le capitaine avait été l'objet pendant sa maladie entourèrent-ils sa convalescence. Les dames d'Angremont s'y prodiguaient ; elles y mettaient une grâce et une délicatesse infinies, des sœurs de charité n'eussent pas été plus attentives. On sait combien l'on s'attache à ce qu'on voit renaître ; ce sentiment les dominait à leur insu. Ce retour vers la santé était leur ouvrage ; elles en jouissaient à ce titre avec une sorte d'orgueil. Le jour où Plouéven sortit pour la première fois fut une fête pour le château ; quand il put monter à cheval, les dames d'Angremont voulurent l'accompagner et le guider dans ses promenades. Il était devenu l'enfant de la maison, l'hôte, l'ami, le confident de cet intérieur si calme jusque-là, et que maintenant il animait par sa présence.

Pour bien comprendre les impressions de ces deux femmes et les déterminations auxquelles elles furent entraînées, il faut tenir compte de cette existence recueillie et solitaire. Depuis la décadence de leur maison, elles s'étaient tenues à l'écart du monde et ne frayaient avec aucun des planteurs, même les plus voisins. C'est le propre des âmes fières que de cacher leur deuil et de supporter silencieusement leurs revers ; elles n'exhalent pas de plaintes, elles ne cherchent pas de consolations ; elles se résignent ou elles luttent. — Les dames d'Angremont s'étaient résignées. Tous les hommes de cette race étaient morts ; du côté des femmes, il ne restait qu'un parent éloigné, un cousin, absent alors, et qu'une vocation décidée avait jeté dans le service naval. On le nommait Paul des Étangs ; il courait les mers, et depuis plusieurs années n'avait pas donné signe de vie. Ainsi Mézélie et sa mère avaient vécu seules, au milieu de leurs noirs, dans cette résidence où tout rappelait leurs grandeurs d'autrefois et leur déchéance actuelle ; elles y avaient vécu sous l'œil de Dieu et ne prenaient conseil que d'elles-mêmes, loin du bruit, loin des atteintes de l'opinion, et à l'abri des commentaires perfides ou désobligeants.

C'est au milieu d'une existence ainsi arrangée, que le destin avait jeté ce capitaine de corsaire, et y prolongeait fatalement son séjour. Pour cette habitation, c'était un élément nouveau ; pour ces deux femmes, une diversion et une occupation. On comprend que leur pensée en fût remplie ; tout y aidait, l'acte de dévouement que Plouéven avait accompli à leur intention, les fatigues qu'il avait essuyées, les dangers qu'il avait cou-

rus, ses combats, ses blessures, et surtout cette redoutable crise dont il était à peine remis. S'il en était là,
si pendant plusieurs semaines la douleur avait assiégé
son chevet, n'était-ce pas à cause d'elles et de représailles où leur nom était engagé ? N'était-ce pas parce
qu'il avait épousé leur vieille querelle? Ce qu'aucun
d'Angremont n'avait pu faire, Plouéven l'avait fait : il
avait vengé dans le sang de ce nègre une suite d'atten-
tats impunis, donné aux mânes du dernier chef de la
maison une satisfaction éclatante, purgé la colonie d'un
monstre et délivré le château d'un adversaire qui ne reculait devant aucun excès. Tels étaient les titres de leur
hôte, et dans des cœurs aussi élevés, ces titres prenaient
de grandes proportions : une dette pareille n'était pas
de celles qui s'oublient, et dont le prix peut être contesté.

De son côté, Plouéven se sentait revivre doublement;
à mesure que chez lui le corps reprenait des forces,
l'âme s'épurait aussi. Comment s'en défendre ? Comment résister à un charme si naturel ? Il ne l'essaya pas.
Peut-être était-il venu à l'habitation avec de mauvais
desseins : tant de grâces et de vertus le désarmèrent ;
il n'eut plus de force pour le mal. Que ce fût un retour
sincère ou simplement une trêve avec ses instincts, peu
importait; les apparences parlaient pour lui. Il semblait
animé d'une sensibilité vraie, et, sous l'empire d'une
émotion sincère, il avait tous les airs d'un homme heureux et auquel suffisent de petits bonheurs. Un mot,

un geste de Mézélie lui causaient des extases; il passait des heures entières à écouter les chants créoles où elle excellait; il aimait à la suivre dans ses travaux, s'associait à ses jeux d'enfant, et semblait s'épanouir à sa vue comme aux rayons d'un soleil matinal.

Ces relations de tous les instants, cette habitude de vivre ensemble, de s'asseoir à la même table, sous le même toit, de ne se quitter ni d'un jour ni d'une heure, amenèrent un résultat qu'il était facile de prévoir, et dont Mme d'Angremont aurait pu mieux se défendre. Hector Plouéven aima; il aima sérieusement et profondément; il éprouva, pour la seconde fois dans sa vie, une de ces passions qui ne tiennent compte ni des obstales, ni des empêchements; il fut subjugué, vaincu et presque transformé. La jeunesse et la candeur opèrent seules de tels miracles. A voir Mézélie si naïve, si confiante, le capitaine de corsaire s'interrogeait avec un certain embarras : il se demandait s'il ne ferait pas mieux de s'écarter du chemin de cet ange, né pour un monde meilleur. Dix fois il fut sur le point de s'ouvrir à Mme d'Angremont, dix fois le courage lui manqua : le remords, avec ses doigts de plomb, pesait sur sa bouche et y comprimait un aveu près de s'échapper.

Enfin la passion l'emporta, et il livra le secret de son cœur. C'était par une de ces belles nuits comme on n'en voit que sous les tropiques. Un air tiède et pur descendait des mornes et apportait sur la terrasse de l'habitation le parfum des plantes sauvages qui en tapissent les sommets. Point de lune, mais, en revanche, toutes les splendeurs du ciel et un dais parsemé d'étoiles. Pour jouir de ce spectacle et goûter les premières fraîcheurs du soir, Mme d'Angremont et son hôte s'étaient assis sur un canapé de bambous qui garnissait le perron du château. Mézélie était absente ; quelques soins l'avaient appelée au quartier des noirs. Resté seul avec sa mère, Plouéven se sentit plus fort ; il parla. Il dit qu'assez longtemps il avait abusé d'une hospitalité généralement offerte et qui ne s'était pas démentie un instant ; qu'il en était pénétré de reconnaissance et en garderait l'ineffaçable souvenir, mais que l'heure était venue de songer au départ et de reprendre la mer.

« Déjà ! dit Mme d'Angremont ; déjà, capitaine ?

— Déjà ? oui, madame !

— Vous êtes bien faible encore ; songez-y.

— Il le faut, madame, dit Plouéven.

— Quand vous nous donneriez quelques semaines de plus, reprit-elle avec bonté, où serait l'inconvénient ? Avez-vous peur que les prises ne vous manquent ?

— Ah ! madame, quelle supposition ?

— Eh bien, restez dans ce cas, restez pour nous prouver que vous êtes vraiment de nos amis, je ne suis pas tout à fait rassurée sur votre état, je crains les rechutes. Restez. »

Tout cela était dit avec une telle grâce et un tel enjouement que Plouéven ne savait comment y répondre : l'attendrissement le gagnait.

« C'est convenu, ajouta Mme d'Angremont, vous nous restez : qui ne dit mot consent.

— Mon Dieu, madame, ne me pressez pas davantage ; si je parle, vous serez la première à me congédier ; oui, à me congédier, répéta-t-il d'une voix triste.

— Vraiment, capitaine !

— Ce serait votre devoir, madame, et vous n'y manqueriez pas.

— Alors, expliquez-vous, » dit-elle, gagnée par ce ton sérieux, et allant ainsi au-devant d'une confidence.

La glace était rompue ; Plouéven se déclara. Il avoua ses sentiments et en parla dans des termes faits pour toucher ; il ajouta qu'il n'aurait pas osé songer à cette recherche, s'il ne s'était créé une sorte de lien entre les hôtes de l'habitation et lui. Une fois engagé, il poursuivit ; Mme d'Angremont l'écoutait sans l'interrompre. Il exposa avec simplicité ce que cette alliance pouvait avoir d'avantageux. Quant au nom, les nobiliaires de la Bretagne témoigneraient ce qu'il valait, et comme ancienneté et comme considération. Quant à la fortune, la sienne était de nature à satisfaire des goûts bien plus fastueux que ne l'étaient ceux de Mézélie et de sa mère, et aucune d'ailleurs n'était plus liquide ni plus susceptible de recevoir des destinations variées. Il ajouta que, depuis que la pensée de cette union lui était venue, il avait conçu un dessein qui s'y attachait et en était la suite, c'était de se fixer à la Guadeloupe et d'y vivre, comme les anciens d'Angremont, sur ses domaines, non pas sur le petit domaine actuel, réduit comme il l'était, mais sur le grand domaine d'autrefois, racheté pièce à pièce, recomposé, agrandi, amélioré, rendu enfin à l'importance qu'il avait eue dans ses plus beaux jours. Voilà quel était son plan, si sa demande était agréée; voilà ce qu'il ferait pour sa famille d'adoption. Il renoncerait à l'Europe et n'y conserverait même plus d'intérêts, afin de s'enlever toute pensée de retour. Il parla long-temps ainsi, avec un accent sincère et un véritable abandon; puis, se tournant vers Mme d'Angremont, qui était demeurée silencieuse :

« Maintenant, madame, lui dit-il, mon sort est entre vos mains. Que décidez-vous ? »

XXXIV

LES PROJETS.

A mesure que le comte Hector Plouéven exposait sa demande et en faisait valoir les motifs, madame d'Angremont se recueillait et se consultait avec une préoccupation visible. Rien ne l'avait préparée à cette confidence, qui éclatait dans son existence solitaire comme la foudre dans un ciel serein. Comment y répondre ? Comment l'accueillir ? Une mère moins prudente n'eût pas hésité là-dessus. Aux yeux du monde, l'alliance était convenable ; elle réunissait ce qu'il apprécie le plus, la naissance et la fortune ; elle offrait des avantages qui n'étaient pas à dédaigner. Puis elle avait un autre caractère, celui d'une revanche contre le destin. En un jour, tout le passé pouvait être réparé ; cette maison, arrivée à la limite du déclin, se replacerait, sur-le-champ et sans effort, au rang d'où elle était peu à peu descendue ; elle irait même plus haut et se parerait d'un nouvel éclat. Si résignées qu'elles soient, les femmes ne se refusent pas à de semblables retours.

Madame d'Angremont en était vivement frappée. Pour elle, peu lui importait ; elle avait dans le cœur un deuil qui devait l'accompagner jusqu'au tombeau : mais pour sa fille l'avenir se présentait sous un aspect inattendu. Mézélie n'aurait plus à pleurer sur des ruines ; elle retrouverait ce qu'avaient toujours eu les héritières de son nom, l'une des plus grandes existences de la colonie.

Tel était le beau côté de cette alliance ; où en étaient les inconvénients ? la profession ? Mais on a vu que l'opinion locale n'y répugnait pas et qu'un certain prestige y était alors attaché. Les hommes de la course passaient pour des gens de guerre et étaient traités sur le même pied. D'ailleurs Plouéven offrait de renoncer à ce périlleux métier, et c'eût été pousser bien loin le scrupule que de lui tenir rigueur à cause de quelques croisières brillantes et heureuses. L'obstacle ne pouvait venir de là, et madame d'Angremont ne s'y arrêta pas longtemps. Ce qui jetait plus d'incertitude dans son esprit, c'était le caractère et la vie antérieure de l'homme qui lui demandait la main de sa fille. Sur ce point les clartés manquaient, et où les chercher ? Les communications avec l'Europe étaient rares, et sur la colonie même, Plouéven n'était connu que comme croiseur. La seule ressource qui restât était une étude personnelle, et le terrible capitaine n'était pas un de ces hommes qui se livrent à première vue et se laissent facilement pénétrer.

Ces réflexions se pressaient dans la tête de madame d'Angremont pendant que Plouéven achevait de se déclarer. Quand il eut fini et qu'il fallut répondre à sa question si formelle et si précise, l'embarras de madame d'Angremont n'avait pas cessé : Plouéven attendit vainement ; elle gardait le silence ; il insista :

« Madame, reprit-il avec tristesse, vous vous taisez. Je suis condamné, je le vois.

— Mais, non, dit-elle avec bienveillance.

— Pourquoi hésiter, alors ?

— Comment ne pas hésiter, capitaine ? Il s'agit du bonheur de mon enfant. Mais, silence, la voici qui revient ; nous en reparlerons. »

Mézélie arrivait ; il fallut s'en tenir là : ce fut, pour madame d'Angremont, un répit dont elle avait besoin. La soirée s'écoula au milieu d'une sorte de contrainte. La jeune fille seule conservait des airs naturels, et, comme si elle eût voulu ajouter à l'impatience de Plouéven, jamais elle n'avait montré plus de grâces ni plus d'enjouement. Enfin on se sépara, et, lorsque le capitaine prit congé de madame d'Angremont, ce fut avec un accent significatif qu'elle lui dit :

« A demain ! »

Le croirait-on ? Plouéven ne dormit pas de la nuit. Cet homme, qui avait essuyé tant d'orages dans sa vie et dont le cœur devait être de marbre, se sentait pour la première fois dompté ; il cédait à une influence irrésistible ; il aimait réellement. Cette enfant l'avait touché par sa candeur ; c'était le triomphe des contrastes. Il ne pouvait, sans une sorte d'ivresse, ni l'entendre ni la voir ; quand elle s'éloignait, il éprouvait un vide indéfinissable. Chez un corsaire, le cas était nouveau ; aussi madame d'Angremont dut-elle y réfléchir. Peut-être n'était-ce qu'une surprise passagère, fruit du hasard, et que l'absence devait guérir. Elle résolut donc de mettre de son côté les bénéfices du temps, et de prolonger l'épreuve.

Le lendemain, comme elle l'avait promis, elle eut une explication avec Plouéven, et cette fois décisive : c'était après le déjeuner, et quand de nouveau ils se trouvèrent seuls. De la galerie où ils se promenaient, on découvrait la mer et l'îlot à Kahouanne, devant lequel *le Grégeois* était à l'ancre depuis si longtemps.

« Pauvre brick ! pauvre délaissé ! dit Plouéven ; s'il pouvait parler, comme il se plaindrait de son capitaine !

— Eh bien, répondit madame d'Angremont, entrant d'elle-même dans le sujet : il faut réparer ce tort ; il faut le rejoindre. Vous vous rouilleriez ici.

— Vraiment ! s'écria Plouéven étonné. Et c'est vous qui me dites cela, madame, vous ?

— Oui, moi, reprit-elle avec bonté.

— Hier, pourtant, vous me teniez un autre langage, reprit-il avec un peu d'altération dans la voix.

— C'est qu'hier, capitaine, vous n'étiez qu'un hôte ; aujourd'hui vous êtes un prétendant. Si j'ai changé, les situations ont changé aussi.

— Ainsi, c'est un refus, n'est-ce pas ?

— Non, capitaine.

— Un congé, du moins ?

— Cela y ressemble, mais pas dans le sens que vous y attachez. Un congé qui n'a rien de définitif. Écoutez-moi, capitaine.

— Je vous écoute, madame, dit Plouéven avec une résignation qui ne lui était point ordinaire.

— Vous nous offriez de renoncer à la mer ; était-ce sincère ?

— Très-sincère.

— Eh bien, nous acceptons le sacrifice : comprenez-vous maintenant ?

— Ah ! madame, s'écria Plouéven transporté.

— Ne soyez pas si prompt, dit-elle avec gaieté ; ne me remerciez pas trop tôt. Nous acceptons le sacrifice, mais pour plus tard. Aujourd'hui nous vous rendons à la course ; il est temps que vous y repreniez votre place et fassiez de nouveau trembler l'ennemi.

— Comment dois-je le prendre, madame ? est-ce une raillerie ?

— Non, capitaine, c'est très-sérieux ; très-sérieux, reprit-elle, et vous allez en convenir vous-même. Vous vous êtes déclaré ; pour vous et pour nous, je le regrette : votre séjour ici ne peut plus se prolonger.

— Je comprends, madame, dit Plouéven avec fierté ; vous serez obéie.

— Non, capitaine ; vous ne comprenez pas ou vous ne comprenez qu'à demi. Dans six mois d'ici, nous vous attendons de nouveau.

— Dans six mois ?

— C'est la fin de notre deuil ; ma fille pourra alors quitter ce triste vêtement pour prendre celui d'une fiancée. Y êtes-vous enfin ?

— Ah ! madame, s'écria Plouéven en lui prenant la main et la couvrant de baisers ; que de grâces ! »

Cependant madame d'Angremont était redevenue pensive et comme aux regrets de s'être tant engagée ; on eût dit qu'elle éprouvait un combat intérieur et luttait contre un secret pressentiment.

— Capitaine, ajouta-t-elle, un mot encore.

— Dites, madame.

— Je suis libre de disposer de la main de ma fille ; elle s'en remet à moi. Mais plus j'ai de liberté, plus j'ai de responsabilité. Je vous l'avoue, cette responsabilité m'effraie. Qui êtes-vous pour nous ? Un étranger. Nous vous connaissons d'hier. Le hasard vous a amené ici ; le hasard vous a rendu amoureux. Où sont mes garanties ? Qui me répond de vous ?

— Ma parole, dit Plouéven avec une noblesse naturelle.

— J'y crois, reprit Mme d'Angremont ; sans cela je vous aurais tenu un autre langage. Je crois à votre foi de gentilhomme. Vous ne nous tromperiez pas; ce serait trop affreux. Tromper deux pauvres femmes séquestrées du monde, restées seules de leur maison, sans appui, sans soutien, sans un homme qui puisse les conseiller ni les venger, ce serait indigne, monsieur, et vous êtes trop bien né pour descendre jusque-là. »

Ces paroles agitèrent Plouéven jusque dans les profondeurs de son âme; il sentit s'en élever un remords, et avec une moindre puissance sur lui-même, il se serait trahi. Heureusement Mme d'Angremont, emportée par ses sentiments, n'attendait pas une réponse ; elle poursuivit :

« Je ne prendrai donc pas contre vous des précautions vulgaires : je n'irai pas, comme l'on dit, aux renseignements.

— Vous le pouvez, madame.

— Je ne le ferai pas. C'est à votre conscience seule que je m'adresse. Vous en répondez devant Dieu. Êtes-vous destiné à rendre ma fille heureuse? Il le sait. Songez-y vous-même, capitaine. Vous avez six mois pour vous interroger. Nous y songerons aussi. Quant au monde, nous ne lui demanderons rien. A quoi bon?

— En effet, dit Plouéven, comme si cette assurance l'eût délivré d'un souci.

— Cependant, ajouta Mme d'Angremont, il est une

personne vis-à-vis de laquelle nous ne pouvons tenir
la même réserve. La convenance, les devoirs de famille
s'y opposent ; c'est notre seul parent ; il faut qu'il soit
prévenu.

— Rien de plus juste, dit Plouéven.

— Malheureusement nous ne savons où écrire. Il est
absent depuis plusieurs années et n'a pas donné de ses
nouvelles. Peut-être l'aurez-vous rencontré ?

— Moi qui cours toujours les mers ? dit Plouéven.

— Il les court aussi.

— Ah ! et quel est son nom ?

— Paul des Étangs. »

Si Mme d'Angremont avait été plus accessible à la défiance, l'effet que ce nom produisit sur le capitaine aurait suffi pour l'éclairer. Un nuage passa sur ses yeux,
et les plis de son front se creusèrent profondément.
C'était un signe bien connu de ses matelots, et qui indiquait un orage intérieur. Rien toutefois n'en éclata
au dehors, et ce fut avec une indifférence bien jouée
qu'il répéta le nom :

« Paul des Étangs ! dit-il.

— Oui, capitaine, un petit cousin à la mode de Bretagne, pas du côté des d'Angremont, mais du mien ;
un jeune homme assez fougueux, assez mauvaise tête,
et qui avait eu ici quelques aventures.

— Ici ? dit Plouéven.

— Oui, capitaine, c'est du moins ce que disait la malignité publique. Moi, je n'en crois rien. On dénature tout dans un certain monde. Vous ne l'avez donc pas connu?

— Non, madame, » répondit Plouéven en se contenant par un effort de plus en plus violent.

L'entretien finit là, et il fut convenu que le capitaine s'occuperait dès le jour même des préparatifs de son départ. Quand il se trouva seul, cette colère qu'il avait eu tant de peine à maîtriser se fit jour.

« Paul des Étangs! s'écria-t-il; ce nom me poursuivra donc partout! ici une insulte, là un obstacle. Et moi qui me laissais amollir. Oh! ma vengeance, ma vengeance d'abord! puis le reste, s'il se peut. »

Le lendemain, un matelot frappait à la porte du pavillon où Plouéven avait passé de si douloureuses nuits; c'était un de ceux qui avaient pris part à l'expédition de Vulcain, et qui semblaient être le plus avant dans la familiarité du capitaine. A ses airs bourrus, à son encolure, à la vigueur de ses muscles, on reconnaissait Michel.

« Ah! c'est toi, dit Plouéven en lui ouvrant. Qui t'a donc retenu? Voici quatre heures que je t'attends.

— C'est que, du brick ici la traite est longue, dit le marin en s'asseyant sans en être prié. Sans compter que le soleil verse du feu sur la route, mille pipes!

Il étanchait en même temps, à l'aide d'un mouchoir à carreaux, la sueur qui découlait de son front et fournissait un témoignage à l'appui de ses paroles. Dans tout autre moment, le capitaine aurait mal pris le retard et les manières de son subordonné. Cette fois il y mit une complaisance qui résultait d'un calcul ; il avait besoin de Michel :

« Ah ! il fait chaud, lui dit-il.

— Chaud à fendre le crâne, capitaine. C'est pitié d'exposer un chrétien à un pareil soleil.

— Eh bien, Michel, pitié ou non, tu vas t'y exposer de nouveau.

— Pas possible , capitaine , dit le matelot, dont les sueurs redoublèrent à cette perspective.

— Ça sera pourtant, reprit Plouéven d'un ton qui ne souffrait pas de réplique. Le temps de te sécher avec quelques verres de vieux rhum, et puis tu te remettras en route. »

Il y avait là un adoucissement auquel le marin ne fut pas insensible, car il ajouta d'un ton plus résigné :

« A la bonne heure, capitaine ; et de quoi s'agit-il ? Toujours la même histoire ; ça se voit à votre air, mille pipes !

— Tu l'as deviné.

— Nous n'en finirons jamais, dit le marin d'un ton rude, jamais.

— Eh bien , s'écria Plouéven , dont l'œil lança un éclair. Qu'est-ce donc ?

—Dites, répliqua Michel. Puisqu'il le faut, il le faut. Dites. »

La soumission était complète ; le capitaine reprit la parole et donna ses instructions :

« Tu vas te remettre en route dans une demi-heure d'ici, entends-tu ?

— Très-bien.

—On te donnera un cheval et un guide; la course est longue; tu ne peux la faire à pied.

— Un cheval ! va pour un cheval ! mais ça n'est pas commode à monter, tout de même ! S'il me jette à bas !

— Tu te ramasseras ! Maintenant, fais attention à ce que je vais te dire. Tu iras droit à la Pointe-à-Pitre.

— A la Pointe-à-Pitre ; c'est convenu.

—Une fois arrivé, tu te rendras chez notre correspondant, celui qui loge sur le port.

— Le correspondant du port, je vois cela d'ici; c'est comme si j'y étais. Un homme qui s'est enrichi avec le *Grégeois!* un dévoué !

— Tu lui diras que tu viens de ma part, et pour un objet auquel j'attache le plus grand prix.

— Bien ! le plus grand prix ! J'y suis.

— Il s'agit d'avoir des renseignements sur Paul des Étangs !

— Paul des Étangs ! Celui...

— Silence, Michel ! s'écria Plouéven d'une voix sombre.

— A la bonne heure ! Paul des Étangs ! Vous voulez des renseignements sur Paul des Étangs, ni plus ni moins, mille pipes !

— C'est cela ! Tu comprends enfin, dit Plouéven avec une irritation contenue. J'ai cru longtemps que je serais obligé, pour éclairer ton cerveau, d'y loger quelques onces de plomb ; mais, dès que tu comprends, il n'est pas besoin d'en venir là.

— Merci du moyen, dit l'athlète ; et il ajouta, de manière à n'être pas entendu de Plouéven : C'est bon, c'est bon, nous réglerons ce compte plus tard.

— Ainsi, poursuivit Plouéven, tu ne reviendras que lorsque tu auras obtenu sur Paul des Étangs tous les renseignements qu'il sera possible d'obtenir. Il est né à la Guadeloupe ; il y a des amis, des relations ; il est impossible qu'on ne sache pas où il est, ce qu'il devient, ce qu'il compte faire. Tu diras que les moindres détails me sont précieux, et que je les paierai au poids de l'or.

— Le grand moyen ! rien n'y résiste. Ce sera fait, capitaine, fait et fait, mille pipes !

— J'y compte, dit Plouéven. Maintenant, continue l'entretien avec cette bouteille de rhum ; je vais tout arranger pour ton petit voyage. »

———————

XXXV

LES FORTUNES DE MER.

Quelques jours après ces événements, l'heure des adieux arriva. Le capitaine Plouéven avait achevé ses dispositions, et *le Grégeois* était prêt à rentrer en campagne. Le jour du départ, madame d'Angremont et sa fille accompagnèrent leur hôte jusqu'à la plage où il devait s'embarquer et où l'attendait sa chaloupe, montée par les meilleurs marins de l'équipage. C'était le soir, et au moment où se calment les ardeurs du jour; le soleil s'éteignait à l'horizon et se couchait dans un linceul de pourpre; les récifs du rivage étincelaient, et les barques des pêcheurs regagnaient les criques où elles devaient passer la nuit. Le trajet se fit silencieusement; chacun demeurait sous l'empire de ses impressions. Plouéven ne dit que quelques mots, et y mit un accent plein de tristesse; madame d'Angremont était sérieuse; Mézélie animait seule la scène par quelques élans de gaieté. Sur le rivage se trouvait maman Blanche, qui avait réglé ses derniers comptes avec les matelots, et

qui se promettait, cette fois, d'assister à un appareillage
sérieux. En voyant le brick toujours enchaîné sur les
mêmes eaux, elle avait fini par croire qu'il y était retenu
par une puissance surnaturelle, et qu'il était destiné à
n'en jamais sortir.

Enfin, on se sépara; la chaloupe regagna le large; les
dames d'Angremont reprirent le chemin de leur habitation.

« Adieu, mes belles heures envolées! se disait
Plouéven; vous retrouverai-je jamais?

— Bonne chance, capitaine, avait dit madame d'Angremont; que la fortune de mer vous soit favorable,
et vous ramène vers nous. »

Plusieurs mois s'écoulèrent ainsi et sans qu'aucun
incident vînt changer la situation des choses. Sur l'habitation, rien ne pouvait survenir d'imprévu; c'était
une existence suivie et régulière, toujours la même,
toujours constante dans son uniformité. Il ne s'y mêlait
qu'un sentiment de plus, celui de l'attente, favorable
à Plouéven, et qui agissait en sa faveur. L'éloignement
le servait; il le faisait voir sous un meilleur jour; il
ajoutait un degré de plus à l'intérêt qu'il avait su faire
naître. Les dangers du croiseur, les chances auxquelles
il était exposé, n'aidaient pas moins à ce sentiment, et
lui donnaient une nouvelle force. C'était là-dessus que
roulaient les entretiens de ces deux femmes; c'était
ainsi qu'elles animaient et peuplaient leur solitude.

Autrefois elles se suffisaient et ne cherchaient rien au delà ; désormais un tiers avait sa part dans leurs pensées.

Quant au capitaine Plouéven, il est inutile de le suivre dans sa croisière nouvelle ; ce furent les mêmes combats, les mêmes prouesses qu'autrefois. Il y fit des rencontres où son intrépidité éclata, et qui accrurent sa gloire et sa fortune. Seulement, dans le cours de cette campagne, si heureuse et si brillante, deux circonstances frappèrent ses marins. La première, c'est qu'il ne dirigea plus de prises sur les ports d'Europe, et se tint constamment dans les parages américains. D'après les bruits qui couraient à bord, il fit plus encore : il donna l'ordre à ses armateurs de la Manche et du golfe de Gascogne de lui expédier par des bâtiments neutres, soit en marchandises, soit en bonnes traites sur les États-Unis, la partie disponible de sa fortune, de manière à ce qu'il pût concentrer dans ses mains tout ce qu'il avait acquis dans le cours de ses longues et fructueuses croisières. Ce souci semblait être dominant chez lui, et plus d'une fois il se détourna de ses poursuites pour aller rejoindre à New-York ou à la Nouvelle-Orléans un envoi de fonds que lui faisaient ses correspondants. Quand il en était muni, il les convertissait soit en lingots, soit en piastres fortes, et les faisait porter à bord du *Grégeois*. Tels étaient les récits qui circulaient dans l'équipage, et on n'estimait pas à

moins de cinq millions la somme qu'il avait ainsi
réunie, et sur laquelle il veillait lui-même, comme le
dragon de la Fable veillait sur la toison d'or.

La seconde circonstance qui frappa les matelots, c'est
que, de temps à autre, sans motif apparent et le plus
brusquement du monde, le capitaine Plouéven se dé-
rangeait de sa route et cinglait vers des parages où rien
ne semblait l'appeler, entrait brusquement dans des
rades hostiles, au risque de s'y laisser surprendre et
sans aucune espèce de profit, se conduisait enfin
comme s'il avait eu un but inconnu de ses gens, un
dessein auquel il sacrifiait et son intérêt et sa propre
sûreté. De là quelques murmures, quelques commentaires désobligeants, que contenaient seules l'attitude
résolue du capitaine et les brillantes revanches qu'il
procurait de temps à autre à son équipage découragé.
Au moment où ces déviations de route, où ces capri-
ces d'itinéraire étaient arrivés au comble, une riche
capture dédommageait les gens du *Grégeois*, et les
rendait de nouveau de dociles instruments entre les
mains de leur chef.

Les choses durèrent sur ce pied et dans ces conditions six mois jour pour jour, après que le brick eut
quitté le mouillage de l'îlot à Kahouanne. Mais à mesure qu'on se rapprocha du terme de ce délai, l'ardeur
du capitaine se ralentit et sa pensée fut évidemment oc-
cupée d'autre chose que du soin de sa croisière. Au

moment où la course fournissait le plus et où les prises se succédaient, il changea de direction et gouverna vers la Guadeloupe. C'était pour l'équipage un nouveau désappointement; avec Plouéven il n'y avait pas d'objection à faire. Le dernier jour du sixième mois, maman Blanche put revoir son brick favori à l'endroit même où il stationnait naguère, et les dames d'Angremont ne furent pas des dernières à s'émouvoir de ce retour.

On devine ce qui suivit; il y avait entre les maîtresses de l'habitation et le capitaine Plouéven un engagement dont il venait réclamer l'exécution. Il rapportait une fortune entièrement liquide et qui s'élevait à une somme de nature à frapper les imaginations. Non pas que ces deux femmes se laissaient guider par l'intérêt; mais d'autres motifs, d'autres impressions s'y étaient mêlées, et elles avaient vécu familièrement avec la pensée de cette union. C'était désormais un projet arrêté et une sorte d'habitude; peut-être à y renoncer eussent-elles éprouvé quelque chagrin et quelque regret.

Plouéven fut donc accueilli au château comme un hôte attendu et désiré. Son retour fut marqué par des fêtes. On sut bientôt sur l'habitation et dans le pays environnant qu'il allait épouser Mézélie, et il n'est personne qui ne s'associât à la joie qu'éprouvait cette famille, si cruellement frappée et si inopinément rendue à son ancienne prospérité. On sut que le capitaine

Plouéven rapportait des millions, et en passant de bouche en bouche, le chiffre ne fit que grossir. Actéon en était arrivé à la cinquantaine, et d'autres se montraient moins discrets que lui. Mademoiselle Rodogune ne se sentait pas d'aise de voir ses maîtresses rentrer de plain-pied dans leur opulence d'autrefois; elle jouissait plus qu'elles des riches présents que leur faisait Plouéven, des robes magnifiques qui arrivaient de la Pointe-à-Pître, des écrins, des châles, des diamants, des dentelles, des meubles précieux, de tout ce que le luxe et l'art pouvaient alors imaginer de plus beau, et que le capitaine trouvait encore indigne de sa belle fiancée.

Au milieu de ces préparatifs, le jour décisif approchait. Tous les cadeaux étaient faits, les formalités remplies; rien ne manquait au bonheur du jeune couple que la consécration de l'Église. Plouéven avait demandé que la cérémonie se fît sans bruit, ni éclat, dans la chapelle du château qu'il avait fait restaurer. Un prêtre de Sainte-Rose devait venir célébrer l'office et unir les époux. Pour témoins, le capitaine avait choisi deux officiers du *Grégeois*; on ne devait faire part du mariage, dans la colonie, que lorsqu'il serait consommé. Du côté de Plouéven, ces préoccupations s'expliquent sans qu'il soit nécessaire de s'y appesantir; du côté des dames d'Angremont, elles se justifiaient par un deuil récent et par les habitudes de leur vie isolée.

On arriva ainsi à la veille même du jour fixé pour la cérémonie. Quelques heures à peine séparaient Plouéven de son bonheur, et il ne croyait pas qu'aucune puissance humaine pût désormais le troubler. Rentré dans son pavillon, le soir, après avoir quitté sa fiancée, il jetait au destin un dernier défi, lorsque Michel entra chez lui à l'improviste.

« Qu'y a-t-il ? qu'est-ce ? dit Plouéven. D'où vient que tu tombes chez moi comme une bombe ?

— C'est que ça presse, capitaine, dit le marin ; il y a du nouveau ; j'arrive de la Pointe-à-Pitre en toute hâte. Lisez ceci. »

Plouéven décacheta la lettre que lui présentait le matelot; elle était de son correspondant et ne contenait que quelques lignes :

« Paul des Estangs vient d'arriver ; son bâtiment
« mouille à l'instant même dans le port. Tenez-vous
« sur vos gardes. »

« Encore cet homme ! toujours cet homme ! s'écria Plouéven. Michel, je te le livre. Et surtout, qu'il n'arrive pas jusqu'ici. Tu m'en réponds.

— Voilà qui est bon à dire, murmura le matelot. Elle est jolie, la corvée. Merci. »

XXXVI

LE GRAND JOUR.

De toute la nuit, Plouéven ne ferma pas l'œil ; il ne parvint pas à écarter le nuage qui pesait sur son esprit. S'il ne se fût agi que de sa vie, son parti eût été vite pris ; mais il s'agissait de son bonheur, et sa tête se troublait à l'idée qu'il pût être compromis. Michel avait reçu ses dernières instructions, et Plouéven comptait sur cet homme, comme sur un docile instrument. Mais la fatalité pouvait s'en mêler et déjouer les précautions les plus savantes. Et pourtant que demandait-il au destin ? Le moindre des répits ; quelques heures de trêve, quelques heures seulement.

La nuit s'écoula au milieu de ces perplexités. Plus d'une fois le capitaine quitta son pavillon, croyant entendre dans le lointain des bruits d'un fâcheux augure : c'était tantôt le pas d'un homme, tantôt celui d'un cheval. Il allait du côté de ces bruits, et rien ne se montrait ; ce n'était qu'un jeu de son imagination abusée. Alors il s'obstinait, poursuivait sa ronde, s'embusquait devant le château de manière à ce qu'aucun mouvement ne pût lui échapper, ne perdait de vue ni les croisées de sa fiancée, ni celles de madame d'Angremont, et se sentait à peine rassuré par l'obscurité et le silence qui y régnaient.

Voici d'où venaient ces alarmes et ce qui justifiait une surveillance poussée si loin. Comme elle se l'était promis, madame d'Angremont avait fait part à Paul des Estangs de l'alliance projetée et des avantages qu'elle offrait ; elle avait ajouté que, selon toutes les probabilités, le mariage aurait lieu à l'expiration de leur deuil, et avait assigné ainsi à l'événement une date précise. Cette lettre remontait déjà à une époque assez éloignée, et avait été adressée à l'officier de marine un peu au hasard et dans un port d'Amérique où il était attendu. Depuis lors aucune réponse n'était venue témoigner à madame d'Angremont que la dépêche fût parvenue à son adresse, et elle en avait conclu de deux choses l'une : ou que son parent était introuvable, ou qu'il avait accueilli avec indifférence cette communication. Dans l'un et l'autre cas, il ne restait qu'une chose à faire, c'était de passer outre. Le devoir était rempli, les formes étaient observées ; on ne pouvait rien exiger de plus.

Plouéven n'ignorait aucune de ces circonstances, et c'est ce qui le préoccupait à un si haut degré. Puisque Paul des Estangs arrivait, c'est qu'il avait reçu la lettre de madame d'Angremont, et qu'il se rendait à son invitation. Dans la nuit, dans la matinée, dans la journée, on allait le voir ; de là ces impatiences, ces inquiétudes et ces factions prolongées devant le château. Plouéven ne voulait pas que l'ennemi y pénétrât, et Dieu sait à quelles résolutions il eût été entraîné pour l'en empêcher.

Enfin le jour parut et contribua à éloigner ces sombres pensées. Encore une heure, et la cérémonie s'achèverait, et il pourrait jeter un défi à la destinée. Quand il aurait sa femme dans ses bras, bien imprudent serait celui qui viendrait l'en arracher ! Déjà tout était sur pied dans le château : la fiancée commençait sa toilette, les cases des noirs étaient en révolution ; chacun s'y parait de son mieux, afin d'assister à cette fête de famille. Si tous ne pouvaient avoir accès dans la chapelle, ils s'uniraient du dehors aux vœux et aux prières qui allaient s'élever vers le ciel. Mais, parmi ces esclaves, il en était deux surtout pour qui cette journée avait un caractère particulier. Mademoiselle Rodogune ne se possédait pas de joie ; on eût dit que c'était d'elle qu'il s'agissait, et qu'elle était la mariée. Elle avait prodigué sur sa personne tous les atours dont elle disposait : sa coiffure était chargée de coraux et de pois d'Angole ; sa robe, du plus bel incarnat, était éblouissante à voir, et un madras de l'Inde déployait sur sa poitrine ses couleurs tranchées. Quant à Actéon, il était l'âme de la cérémonie et le grand ordonnateur ; c'est lui qui avait tout disposé dans la chapelle, les fleurs et les cierges de l'autel, les tentures et les fauteuils de velours ; c'est lui qui devait commander les évolutions des noirs, et donner le signal de la mousqueterie au moment décisif. Aussi avait-il les airs importants d'un homme qui sait ce qu'il vaut et connaît le prix de ses services.

Les préparatifs étaient achevés, l'heure était venue, la cloche de la chapelle avait donné le dernier signal. Plouéven entra dans le salon et y trouva Mézélie vêtue de blanc et parée du bouquet virginal. Jamais la jeune fille n'avait été plus belle ni plus touchante. Ce n'était plus l'enjouement ni la vivacité qui l'animaient naguère ; c'était une grâce plus sérieuse et quelque chose d'attristé et de rêveur. Son regard était moins assuré, sa démarche moins tranquille ; on découvrait chez elle une certaine agitation et presque un pressentiment. A peine osait-elle lever les yeux sur celui à qui elle allait s'unir, et quand elle les tournait du côté de sa mère, une larme furtive venait mouiller ses cils. Plouéven, de son côté, ne semblait ni moins sérieux, ni moins mélancolique ; il n'avait ni la pétulance, ni le babil des gens heureux. A peine dit-il quelques mots ; seulement il s'était emparé de la main de sa fiancée et la pressait avec force, comme s'il eût craint d'en être séparé.

On marcha vers la chapelle dans un certain ordre et avec lenteur. Le cortége suivait la famille, et Mlle Rodogune y fugurait au premier rang, avec ses pompons ; puis venait la troupe des négrillons exercés à chanter l'office. Quant à Actéon, il s'était réservé un rôle important dans la partie extérieure des manifestations. Douze noirs armés de fusil étaient rangés sous ses ordres dans l'avenue et à une distance assez grande pour que la mousqueterie n'affectât pas trop désagréablement les oreilles des maîtres du château. Il avait été convenu qu'au moment où le prêtre bénirait l'union des époux, la cloche retentirait, et qu'à ce signal, le nègre et son bataillon répondraient par une décharge générale. Un acte pareil ne pouvait s'accomplir sans qu'il s'y brûlât un peu de poudre. Ainsi pensait Actéon, très-susceptible en matière de cérémonial.

Depuis un quart d'heure environ, le nègre était là avec ses fusiliers et il commençait à trouver le temps long et l'attente pénible. Pour s'en distraire, il songeait à l'effet qu'il allait produire et distribuait à ses gens un dernier avis. Le moment décisif approchait, et il appartenait tout entier aux soins de sa démonstration, lorsqu'il en fut distrait par un événement imprévu. Un cavalier venait de s'engager dans l'avenue et paraissait se diriger vers le château de toute la vitesse de sa monture.

« Où va cet étourdi ; se dit Actéon. A coup sûr, il se trompe ! On n'attend personne ici. »

Puis, par un retour rapide sur son idée fixe :

« S'il continue de ce train, ajouta-t-il, il va gâter mon affaire et déranger mon monde. Veillons-y. »

Et, s'avançant vers l'étranger, il se mit en travers du chemin.

— Halte-là ! dit-il.

— Comment, halte ! répliqua celui-ci ; et de quel droit?

— Halte-là, vous dis-je ! J'ai mes ordres. Où allez-vous?

— Parbleu ! vous le voyez bien ! chez les dames d'Angremont.

— Ces dames sont invisibles pour aujourd'hui, dit Actéon d'un air capable. J'ai mes consignes ; n'allez pas plus loin.

— Invisibles pour les autres, mais pas pour moi, dit le jeune homme en insistant. Voyons, rangez-vous.

Le colloque eût été poussé plus loin, si le son des cloches n'eût averti Actéon qu'il était temps d'entrer en scène et de jouer son rôle dans la cérémonie.

« Ah ! mon Dieu ! s'écria-t-il, ce malheureux jeune homme va me faire manquer mon effet. »

En même temps, il se retourna vers les nègres qui attendaient un signal :

« Feu ! » dit-il.

Les douze coups de fusil partirent à la fois ; l'air fut ébranlé de l'explosion.

« Bravo, mes amis ! s'écria Actéon ; bien tiré. »

Cependant le cheval du jeune homme, effrayé par le bruit, venait de faire un écart terrible et se refusait à avancer. Le cavalier, après avoir pris les choses avec modération, en vint à montrer de la colère :

— Nègre de malheur, s'écria-t-il, que signifie donc cette comédie ? te jouerais-tu de moi, par hasard ?

— Du tout, monsieur ; je remplis mes devoirs en bon serviteur que je suis.

— Tes devoirs ! dit l'étranger ; sont-ils de faire casser le cou aux personnes qui viennent à l'habitation ?

— Non, monsieur ; mais pourquoi venir mal à propos ?

— Mal à propos !

— Oui, monsieur ; en pleine noce.

— Déjà ! s'écria le jeune homme ; déjà ! ô mon Dieu ? »

Il resta comme effrayé de la pensée qui s'offrait à son esprit ;

— Une noce ! reprit-il ; et où en est-on ?

— C'est fait maintenant, fait et béni, monsieur ; l'église y a passé.

— Pas possible ! Il faut que je m'en assure. Déjà !

— A quoi bon ? C'est fait, vous dis-je. Nous n'avons

pas tiré notre poudre pour rien. C'était au moment de la bénédiction. Tenez, monsieur, regardez plutôt : voilà qu'on sort de la chapelle.

En effet, de l'avenue on pouvait distinguer le flot des assistants qui débouchait du parvis, puis la mère, et ensuite le couple dont l'union venait d'être consacrée. Le jeune homme suivit ce spectacle d'un œil consterné, et quand il se fut assuré du fait, il tourna bride.

« Trop tard ! dit-il ; je suis arrivé trop tard : qu'y ferais-je maintenant ? »

Il reprit le chemin par où il était venu, à la grande satisfaction d'Actéon, qui n'aimait pas à être troublé dans l'exécution de ses programmes :

« A la bonne heure ! dit-il en le voyant s'éloigner. Il a entendu raison. Aussi, que venait-il faire ici, un jour de noce ? On n'est pas indiscret comme cela. »

Pendant que cette scène se passait dans l'avenue, un autre incident avait lieu dans la vestibule du château. Sitôt la cérémonie achevée et la foule dispersée, Plouéven y avait rejoint Michel, qui était arrivé vers la fin de l'office. Ils causaient à voix basse, rapidement, brusquement, en gens affairés et pour qui toute minute compte :

— Eh bien ? dit Plouéven.

— Il m'a échappé.

— Malheureux ! s'écrie Plouéven en se contenant avec peine, tu veux donc me perdre !

— Qu'y faire, capitaine ? Il est meilleur écuyer que moi.

— Et puis ?

— Il doit être ici ; vous ne l'avez pas vu ?

— Non pas encore.

— Il doit y être, vous dis-je. Il me devançait.

— D'où vient ce retard, alors ? ajouta Plouéven devenu pensif.

— Le sais-je ?

— Dans tous les cas, il nous sert. Écoute, Michel.

— J'écoute, capitaine.

— En le laissant échapper, tu as commis une grande faute. Il ne te reste qu'un moyen de la réparer.

— Dites.

— Tu vas le chercher, le rejoindre, t'attacher à ses pas. A tout prix, il faut l'empêcher de parvenir jusqu'ici. Tu m'entends ?

— Oui, capitaine.

— Et ne me parle plus d'obstacles, d'empêchements, d'impossibilités. Plus rien de tout cela ; il est temps d'en finir.

— A la bonne heure !

— Nous l'avons cherché partout, sur la terre, sur les mers, sur tous les points du globe ; toujours vainement. Maintenant le hasard le jette dans nos mains, et nous le laisserions échapper ! Non Michel, non, ajouta-t-il d'une voix sombre, nous n'aurons de repos, toi et moi, qu'à ce prix.

— Puisque c'est votre sentiment, capitaine !

— Ainsi tu vas le retrouver ?

— Oui, capitaine.

— Et ne reparais que lorsque nous n'aurons plus rien à craindre de lui ?

— Convenu ; c'est comme si c'était fait ; fait et fait, mille pipes !

La journée s'écoula sans qu'aucun incident fût venu troubler la joie de Plouéven et les fêtes de son mariage. Actéon continua ses surprises en mousqueterie, et jusqu'à la fin du jour, mademoiselle Rodogune fit une brillante figure avec ses pois d'Angole et son mouchoir de madras. Ce fut déjà, pour Plouéven, un motif de recouvrer un peu de sérénité.

Le lendemain le dernier nuage avait disparu de son front ; Michel était de retour.

XXXVII

LA LUNE DE MIEL.

Il ne fut bientôt bruit dans la colonie que d'une catastrophe dont les circonstances restaient enveloppées d'un profond mystère.

Sur le chemin du Lamentin à la Pointe-à-Pître et près de la baie Mahault, des pêcheurs avaient trouvé un cadavre noyé dans un des marécages qui couvrent cette partie de l'île. A en juger par une première inspection, ce cadavre avait fait un long séjour dans ces eaux croupissantes et sous une touffe de palétuviers qui le dérobaient aux regards. Le visage était méconnaissable, les vêtements étaient souillés de vase, et à peine en retrouvait-on les lambeaux. Des animaux immondes avaient fait leur pâture de ces débris ; cependant on les recueillit comme moyens d'information et afin de remonter, s'il était possible, aux causes de l'événement. Rien ne paraissait jusque-là fournir les preuves d'un crime ; on était plutôt tenté d'y voir les suites d'une imprudence ou d'un accident. Engagé de nuit dans cette contrée pleine de fondrières, un voyageur s'y était probablement englouti et avait expié sa témérité.

Cependant la justice se saisit de l'affaire et rechercha quelle pouvait être la victime. La rumeur publique lui fournit à ce sujet des éclaircissements qui ne laissaient rien à désirer. Quelques mois auparavant, un officier de marine, arrivé à la Pointe-à-Pître, y avait subitement disparu. Mouillé de la veille, le lendemain on le perdait de vue sans pouvoir retrouver ses traces. Tout ce qu'on savait, c'est qu'il avait emprunté un cheval et avait quitté la Pointe-à-Pître par le chemin qui conduit au quartier des Abîmes. Depuis lors, plus de nouvelles ni du cheval ni du cavalier ; toutes les recherches y avaient échoué. On avait cru d'abord que ce jeune homme se promenait d'habitation en habitation, en y usant de cette hospitalité dont les créoles sont prodigues. C'était un enfant de la colonie, bien vu partout, et qui partout aurait été bien accueilli. Cette conjecture rassura pendant quelque temps les esprits ; mais elle tomba bientôt devant une absence prolongée. La découverte du cadavre présenta les choses sous un jour plus vrai, et fournit une explication plus plausible.

Ce cadavre devait être celui de l'officier de marine qui avait disparu. Pour en reconnaître l'identité, les moyens manquaient ; mais en rapprochant les circonstances et en s'aidant de quelques vestiges, il était impossible de n'en pas demeurer convaincu. La justice le fut et poursuivit son enquête dans cette pensée. C'était Paul des Estangs qu'on avait retrouvé dans ce marécage et sous cette touffe de palétuviers. Quoiqu'il étonnât quelquefois ses amis par ses absences et ses retours, et qu'il se plût à de pareilles surprises, il y avait dans ces rapprochements un tel degré de probabilité qu'il équivalait à une certitude. Or, l'identité admise, il ne restait plus qu'à fixer la nature de l'événement. Était-ce un attentat, un accident, un suicide ? Un suicide, personne n'y songea. Le jeune homme n'avait nul motif d'y recourir, et il ne serait pas allé l'accomplir si loin. On restait donc partagé entre un accident ou un crime, et il y avait à balancer entre l'une et l'autre supposition.

Un crime ! qui aurait eu intérêt à le commettre ? On ne connaissait pas d'ennemis à Paul des Estangs. Il était à un âge où la conscience n'est pas chargée et auquel la haine ne s'attache pas. Il n'était pas riche, et personne ne trouvait de profit à sa mort. Quant à l'argent qu'il portait sur lui, c'était fort peu de chose, et, en fouillant dans la vase, on avait retrouvé sa bourse intacte ; personne n'y avait touché. Il y avait bien, dans la colonie, quelques gens mieux informés que les autres, et toujours au courant de la chronique secrète des salons, qui attribuaient à Paul un nombre infini de bonnes fortunes dont toutes n'avaient été, pour lui, ni sans difficulté ni sans péril. Les uns citaient quelques duels, d'autres quelques embûches qui lui avaient été tendues. Mais tout se bornait à des indications vagues, et, si on y ajoutait quelques noms propres, ils se défendaient par eux-mêmes et d'une manière si éclatante, qu'ils éloignaient jusqu'à la pensée d'une recherche et d'un soupçon.

Il ne restait donc plus que l'hypothèse d'un accident, et c'est à celle-ci qu'en définitive on s'arrêta. On s'en tint à croire que Paul des Estangs était sorti de la Pointe-à-Pître pour une promenade, et qu'entraîné de quartier en quartier, de site en site, il l'avait prolongée jusqu'au soir. Divers renseignements en témoignaient; on l'avait vu au Lamentin, on l'avait vu à Sainte-Rose, ses traces se perdaient seulement aux environs de la baie Mahault et sur les terrains qui confinent à la rivière Salée. Là, plus d'indices, personne ne l'avait aperçu. Or, n'y avait-il pas lieu de croire qu'il y était arrivé en pleine nuit, quand déjà les ténèbres l'empêchaient de voir clair dans son chemin, et qu'il y avait trouvé une fin lamentable? Quant au cheval, sans doute il s'était sauvé après s'être débarrassé de son cavalier. Quelques recherches que l'on fit, nulle part on n'en retrouva les traces; probablement celui qui l'avait rencontré sans maître se l'était adjugé, et n'était pas jaloux de faire un aveu qui l'eût obligé à une restitution.

Tel était l'événement dont la colonie s'entretint dans les premiers mois qui suivirent le mariage de Plouéven. Ce fut à peine si le bruit en arriva jusqu'à l'habitation où s'écoulait cette lune de miel, si douce aux cœurs épris. Un jour seulement, Hector eut à s'en occuper. En entendant raconter, dans un bourg voisin, quelques détails qui se rattachaient à la catastrophe, Actéon se ressouvint de cet inconnu qui, le jour des noces, voulait forcer les consignes et pénétrer jusqu'au château. Ce fut pour lui un trait de lumière, et, disposé comme il l'était à trancher de l'important, il s'imagina que ses déclarations manquaient à cette procédure. Il s'en ouvrit à Plouéven :

« Maître, lui dit-il un jour et avec un certain embarras, j'ai besoin d'aller en ville ; vous permettez ?

— Et pourquoi cela, Actéon ?

— Pour témoigner, ou dit que tout le monde témoigne. On a témoigné à Sainte-Rose, on a témoigné au Lamentin ; il faut que je témoigne aussi.

— Témoigner quoi ? Tâche de t'expliquer.

— Témoigner de la chose, maître. J'ai vu le mort, je l'ai vu.

— Quel mort ?

— Le mort de la justice. On ne m'ôterait pas de l'idée que je l'ai vu. Il faut que je témoigne ; vous permettez ?

Plouéven fronça le sourcil comme dans ses plus

mauvais jours ; il commençait à comprendre de quoi il s'agissait et résolut d'y couper court :

« Voilà bien du radotage, Actéon. Ce sont vos courses au dehors qui vous gâtent. Vous êtes toujours à droite et à gauche, jamais à votre service.

— Moi, maître !

— Vous, oui, vous ! Eh bien, écoutez ce que j'ai à vous dire. De quatre mois, vous ne mettrez plus les pieds hors de l'habitation.

— Oh ! maître, parce que j'ai voulu témoigner ?

— Assez ! Et si tu dis un mot de tout ceci, je te fais mourir sous le fouet.

— Oh ! maître, maître, s'écria le pauvre nègre tout en larmes. Pardon ! pardon ! Je n'y reviendrai plus, allez, non, jamais plus.

— A la bonne heure ; à ce prix, j'oublie ; mais contiens ta langue, entends-tu ?

Jamais on n'avait traité ce fidèle serviteur de cette façon ; aussi en demeura-t-il longtemps affecté ; à chaque instant, on l'entendait se redire :

« Mon maître n'aime pas qu'on témoigne. Et pourtant on a témoigné partout, à Sainte-Rose, au Lamentin ; il n'y a qu'ici qu'on ne témoigne pas.

— Chacun sa manière, lui disait mademoiselle Rodogune en forme de consolation.

Grâce à cette police sévère exercée sur l'entourage, l'habitation d'Angremont resta étrangère aux recherches qu'occasionna la mort de Paul des Estangs. Seulement, dès que Mézélie et sa mère furent informées par le bruit public de la perte qu'elles venaient de faire, elles prirent le deuil et Plouéven en fit autant. C'était marquer sa place dans sa nouvelle famille et en fournir le témoignage public. Il redevenait le chef des d'Angremont, chargé des devoirs et de la responsabilité qui s'attachaient à ce titre. Cette responsabilité, il l'acceptait tout entière et ne manqua à aucun de ces devoirs. Comme il l'avait promis, il s'occupa, dès les premiers jours, de reconstituer l'ancien domaine, celui des grandes époques de la maison. Tout ce qui était à vendre, il offrit de l'acheter, et à des prix tels que les plus opiniâtres y souscrivirent. Rien ne lui coûta pour recomposer pièce à pièce, morceau par morceau, cette magnifique propriété qui faisait l'orgueil de ses maîtres et laissait les plantations voisines sur un pied évident d'infériorité. Il recouvra à prix d'or et sans y regarder, les plus belles savanes, les plus beaux champs de cannes à sucre, les bois de caféiers, les forêts avoisinantes, et jusqu'aux plages où s'étendaient les droits des possesseurs primitifs. Ce fut comme une renaissance qui s'opérait à vue d'œil et inondait de joie le cœur des deux femmes rendues à leurs souvenirs.

Ce n'est pas tout; ce qu'il avait fait pour le rachat des terres, Plouéven le fit aussi pour la restauration du château. Les meilleurs ouvriers de la colonie furent appelés à lui rendre son élégance et son luxe d'autrefois. Les murs furent réparés, les sculptures remises en état, l'ameublement et le décor changés de fond en comble. Rien d'impossible à Plouéven ; ce mot n'existait pas pour lui. Quoique la guerre eût rendu les communications difficiles, il voulut avoir un ameublement complet et fraîchement venu d'Europe. Il y expédia *le Grégeois*, sous le commandement de l'officier en second ; le corsaire était autorisé à faire quelques prises dans son chemin, mais à une condition, c'est que la part du capitaine serait employée à augmenter la somme consacrée au mobilier. La dîme en serait prélevée pour les parures et les objets de toilette à l'usage de la nouvelle comtesse. Quand le Malouin eut connaissance de ce plan de campagne et apprit la destination qu'on donnait au brick, sa joie ne se contint pas :

« Yvon, mon élève, dit-il au jeune Breton ; nous allons revoir Paris. Mettez-vous à la hauteur de cet événement. »

Le Grégeois partit, et, de tout l'équipage, Plouéven ne garda près de lui que Michel. A en juger par l'humeur du matelot et par l'accueil qu'il fit à cette préférence, il y avait lieu de croire qu'elle n'était pas de son goût. Un Breton ne quitte pas volontiers son pays sans espoir de retour, et Michel était Breton dans l'âme. Aussi, quand le brick déploya ses voiles et cingla vers la haute mer, le matelot avait-il le cœur gros et la larme à l'œil. Il suivit le bâtiment jusqu'aux limites de l'horizon, et quand il l'eut perdu de vue, un soupir s'échappa de sa poitrine :

« Allons, dit-il, bon voyage; moi je suis cloué ici. Et pourquoi? Parce qu'il se défie de moi. Eh bien, soit, nous compterons quelque jour, et ce sera dur. »

XXXVIII

LE MAL DU PAYS.

Entre ces deux hommes, suspects l'un à l'autre et liés par une mystérieuse complicité, commença dès lors une lutte sourde qui ne devait plus cesser, et dont l'issue est facile à prévoir. Michel se voyait retenu à la Guadeloupe, comme otage, et il s'y regardait comme en terre d'exil. Que faire sur cette habitation? Comment y employer le temps et cette force musculaire qui était l'un des apanages du matelot? Rosser des nègres : il s'en donna le passe-temps un jour ou deux, puis il finit par trouver cet exercice monotone. L'ennui le gagna, le climat lui porta sur les nerfs, il dépérit à vue d'œil. C'est sur des corps vigoureux que de semblables crises exercent le plus de ravages; au bout de quelques mois, Michel n'était plus que l'ombre de lui-même. L'athlète se consumait, se réduisait à rien. Plus de bons repas ni de nuits tranquilles; l'appétit s'en alla d'abord, et ensuite le sommeil.

Peut-être la captivité et les ardeurs de la température n'étaient-elles pas les seuls motifs de ce changement subit. Le passage d'une activité soutenue à une oisiveté complète ne suffisait pas non plus pour l'expliquer. Que s'y mêlait-il en surcroît? Était-ce un remords, une révolte de la conscience? Était-ce un de ces retours dont les âmes les plus abruties ne se défendent pas jusqu'au bout? A la souffrance du corps se joignait-il une souffrance morale? On ne saurait le dire. Mais, quel qu'en fût le motif, Michel était frappé; sa physionomie portait les traces d'une altération sensible, et qui s'aggravait chaque jour. Son humeur, déjà farouche, n'avait fait qu'empirer; des journées entières s'écoulaient sans qu'il ouvrît la bouche, et si par extraordinaire il rompait ce silence, c'était pour parler de la Bretagne et du hameau de Beuzé, des rives de l'Elorn qu'il avait remontées tant de fois, et de ses prouesses à Landerneau. Lorsqu'il en était sur ce chapitre, son visage s'animait, son œil reprenait de l'éclat, sa poitrine respirait plus librement et comme si les brises du pays natal fussent arrivées jusqu'à lui.

Quand ces accès étaient trop violents, Michel quittait l'habitation afin d'échapper aux indiscrets. Il n'aimait ni à être plaint, ni à être questionné, et cherchait un abri dans la solitude. Tantôt il s'engageait dans les mornes et en gravissait les sommets, jouant sa vie de propos délibéré, montant sur des cimes qu'aucun pied humain n'avait encore foulées. Là il passait des heures entières, assis sur l'arête d'un rocher, avec un abîme à ses côtés. D'autres fois, c'était vers la plage qu'il se dirigeait, et quand il y avait élu domicile, on ne pouvait plus l'en arracher. Il semblait compter les vagues qui venaient, une à une, mourir sur la grève, ou bien il suivait au loin, d'un œil envieux, les navires qui se perdaient dans les profondeurs de l'horizon. Si maman Blanche n'eût veillé sur lui, il aurait prolongé cette contemplation silencieuse jusqu'à en mourir d'inanition.

Un autre symptôme venait se joindre à ceux-là, et ce n'était pas ce qui causait le moins d'inquiétude à Plouéven. Dans les dissipations de la vie de bord, Michel avait perdu les habitudes religieuses que les paysans bretons sucent avec le lait ; il avait oublié ses dévotions à la Vierge, et ces superstitions qui se mêlent, dans l'esprit de ces hommes naïfs, aux pratiques d'une véritable piété. Quand le matelot se trouva brusquement arraché à la vie active, et qu'il n'eut plus d'autre aliment pour son esprit, il en revint le plus naturellement du monde aux croyances de sa jeunesse, à tout ce qu'il avait entouré de ses adorations et de ses respects. Abandonnait-il les mornes ou le rivage, on était sûr de le trouver dans la chapelle du château et en prière devant une image de la mère de Dieu. Dès le matin, il accourait vers le sanctuaire, et il ne se serait pas couché le soir sans y fléchir le genou. Dans son existence dépourvue, c'était un besoin chaque jour plus impérieux et pour son âme souffrante un soulagement dont elle était avide.

Plouéven, il faut le dire, suivait les combats intérieurs et les excursions capricieuses de cet homme avec une impatience mêlée d'appréhension. Cependant, il s'abstenait de tout reproche, de toute plainte, et redoublait de ménagements à son égard. Il espérait vaincre, à force de soins, cette répugnance que témoignait Michel pour la vie coloniale ; il tenait à le fixer près de lui et essayait de tous les moyens pour qu'il s'en accommodât ; il le traitait en malade et n'épargnait rien pour le guérir. Le marin n'était, dans l'habitation, ni un serviteur, ni un subordonné ; c'était un hôte, et presque un ami : on lui avait donné le pavillon d'honneur, celui que Plouéven avait occupé avant qu'il devînt le chef de la famille et s'installât dans le château. Michel y vivait à sa guise, entièrement libre de ses actions, mangeant à ses heures, se levant et se couchant à ses heures, n'ayant de compte à rendre à personne ni de fonctions à exercer vis-à-vis de qui que ce fût. Pour son service, il avait un nègre toujours à ses ordres et attentif à ses besoins. L'argent ne lui manquait pas ; toutes les distractions lui étaient permises : la chasse, la pêche, les promenades aux environs. Plouéven ne lui demandait qu'une chose en retour : c'était de ne pas le quitter et de se résigner à vivre son commensal.

Eh bien, tant d'avantages, tant de douceurs ne touchaient pas Michel; parfois même il s'en irritait. Le malheureux nègre qu'on avait affecté à son service fut plus d'une fois à s'en ressentir : ce n'était pas pour des négligences qu'il le châtiait, mais pour des excès de zèle. Le voyait-il trop souvent, la main, à l'instant, lui démangeait : il aimait mieux qu'on le laissât seul, livré à lui-même, et afin de se procurer cette jouissance avec plus de sécurité, il s'enfermait dans son pavillon et n'en ouvrait la porte que lorsque sa fantaisie avait passé.

C'était décidément un esprit malade, et la sollicitude de Plouéven s'en accroissait par degrés. A chaque lubie nouvelle du marin, le capitaine éprouvait une anxiété plus grande. Jusqu'alors il avait exercé sur cette brute un empire absolu ; c'était, dans sa main, un de ces instruments dociles, dévoués, prêts à tout, comme l'étaient, dans les mains du Vieux de la Montagne, les initiés dont il dirigeait les poignards. Or cet instrument lui échappait, et en lui échappant le laissait à découvert et sans défense. Telles étaient les préoccupations de Plouéven. Arrivé à la limite de ses désirs, n'ayant plus qu'à se reposer dans le succès et dans le bonheur, fatigué de la vie errante, las de frapper et de lutter, ne demandant au destin qu'une trêve et au monde que l'oubli, il allait se heurter à ce grain de sable que le coupable rencontre au bout de sa carrière et qui le renverse, même sur le terrain le plus uni. Cette pensée l'assiégeait sous toutes les formes et ne lui laissait plus de liberté d'esprit. Ses dispositions s'en ressentirent, sa conduite aussi ; à son insu, et par une pente insensible, il en vint à regarder Michel comme un ennemi, à s'en défier et à le traiter comme tel. Il le fit suivre, il le fit épier, et l'entoura d'une surveillance dont le cercle se resserra peu à peu.

Cette défiance était injurieuse pour le matelot ; rien ne la justifiait. Michel avait promis de ne pas quitter l'île, et sa parole l'engageait mieux que toutes les précautions. S'il l'eût voulu, rien ne lui eût été plus facile que de gagner un port voisin et de s'y embarquer sur le premier navire qui mettrait à la voile. Son séjour sur l'habitation était donc libre ; rien ne l'y enchaînait que sa volonté ; il y serait mort plutôt que de manquer à ses engagements. Aussi fut-il vivement blessé lorsqu'il se vit l'objet d'un soupçon et soumis à un espionnage outrageant pour lui. Toute brute qu'il était il ne pouvait s'y tromper ; dans ses promenades vers les mornes, il avait plus d'une fois aperçu des nègres qu'aucun travail, qu'aucune tâche n'appelaient sur des points aussi écartés ; plus d'une fois, au milieu d'un buisson touffu, il avait vu luire les yeux d'un esclave détaché sur ses pas et s'acquittant de cette mission aussi mystérieusement que possible. C'était pour lui autant d'injures et il s'en affectait vivement.

Quand la mesure fut comblée, il résolut de s'en ouvrir au capitaine et d'avoir avec lui une explication. C'eût été trop dur que de mourir ainsi à la peine et de n'avoir pas même le mérite du dévouement. Déjà cette existence lui était intolérable ; en y ajoutant le soupçon, on en avait fait un enfer anticipé. Michel n'ignorait pas à quoi il s'exposait ; mieux qu'un autre il connaissait Plouéven et le sort qui attendait ceux qui encouraient ses colères. Peu lui importait ; il préférait une mort prompte à cette lente agonie ; il était résolu à tout affronter plutôt que d'endurer de pareils traitements.

Un jour que Plouéven quittait l'habitation pour aller inspecter des cultures éloignées, il le rejoignit en chemin. Ils étaient seuls ; le capitaine l'examina d'un œil défiant et le tint à quelque distance ; c'était un dernier affront ; Michel en eut le cœur ulcéré :

« Jusque-là, se dit-il, jusque-là ! Plus moyen de vivre ici. »

Puis, comme s'il se fût affermi dans sa résolution, il ajouta d'un ton brusque :

— Capitaine, j'ai besoin de vous parler.

— C'est fort heureux, répondit Plouéven ; depuis quelque temps tes paroles sont rares. Qu'est-ce que tu me veux, bourru ?

— Je veux, je veux, qu'il faut que je parte ; voilà ce que je veux, dit le marin.

— Vraiment ! Et c'est pour cela que tu me relances sur les chemins. Mais, mon garçon, voici cinquante fois que tu me rebats les oreilles de cette antienne. Si tu essayais de me servir quelque chose de plus nouveau.

Ces mots étaient dits d'un ton d'ironie auquel le regard ne s'associait pas. Pendant qu'il raillait ainsi son interlocuteur, Plouéven ne perdait de vue ni un de ses gestes ni un de ses mouvements. Son œil semblait chercher dans l'âme de Michel le fond même de sa pensée, et jusqu'où il irait dans l'exécution de son dessein. Celui-ci demeurait sombre et froid, en homme qui a pris son parti et s'attend à tout ; il n'osait pas regarder le capitaine en face ; mais son attitude ne se démentait pas ; elle était pleine de résolution et de fermeté. A l'ironie de Plouéven il opposa les mêmes paroles qui l'avaient provoquée :

— Il faut que je parte, répéta-t-il.

— Décidément, dit Plouéven avec un peu d'humeur, nous n'en sortirons pas. Partir, toujours partir ; et pourquoi cela ?

— Parce que je veux partir.

— Te manque-t-il quelque chose ici ?

— Non.

— As-tu à te plaindre de quelqu'un ?

Le marin releva vivement la tête et cette fois fixa ses yeux sur le capitaine ; ce ne fut qu'un éclair, un élan ; Plouéven comprit. Cependant Michel ne poussa pas les choses plus loin, et retrouvant le flegme dont il avait fait preuve jusque-là :

« Non, » répondit-il.

La scène ne pouvait se prolonger sans amener un éclat ; il fallait l'abréger. A aucun prix, Plouéven n'eût consenti au départ ; à aucun prix, il n'eût abandonné cet esprit faible à ses propres suggestions ou à des suggestions étrangères. Michel, de son côté, comprenait à la physionomie du capitaine qu'il n'avait rien à attendre de lui et que cet effort désespéré resterait sans résultat. Ces deux hommes s'observèrent ainsi pendant quelques minutes et marchèrent silencieusement le long du sentier. Ce ne fut qu'aux approches des cultures que Plouéven renoua l'entretien :

— Tu ne peux donc pas t'habituer à vivre parmi nous ? dit-il d'une voix affectueuse.

— Non, capitaine, répondit Michel un peu ébranlé par cet accent et ce langage.

— Et pourtant j'y mets du mien, Dieu le sait ; je n'épargne rien pour que tu te plaises ici.

— J'en conviens, capitaine, j'en conviens.

— As-tu quelque fantaisie qui ne soit point satisfaite, quelque désir, quelque caprice ? Voyons, parle, Michel ; tu sais bien que je n'ai rien à te refuser.

Plouéven, en s'exprimant ainsi, avait changé de visage et de maintien ; il n'était plus le maître qui menaçait : c'était un ami qui priait. Le matelot en fut remué jusqu'au fond de l'âme ; il était préparé à des tempêtes, il ne l'était pas à des témoignages de bonté. Pendant quelques instants, il hésita, ne sachant que répondre, ni comment sortir de cet embarras. Plouéven revint à la charge :

« Demande, demande, lui dit-il ! Tout ce que tu voudras, pourvu que tu restes ici. »

C'était de trop ; l'esprit de retour, un instant vaincu, se réveilla à cette perspective. Rester, aucune idée n'était plus odieuse à Michel ; il lui sembla entendre son arrêt de mort :

« Rester ! Oh ! non, capitaine, s'écria-t-il ; vous n'exigerez pas cela de moi ! »

Il y eut un tel naturel dans ces mots et un élan si vrai que Plouéven en comprit la portée ; il vit que des deux volontés qui étaient aux prises, aucune ne céderait, et qu'il était temps de briser l'entretien. L'effusion cessa : la barrière se releva à l'instant même ; le chef reprit ses airs hautains : le subordonné ses airs sournois.

— C'est une bête brute, se dit Plouéven.

— Voilà que son front se plisse, se dit Michel.

Pourtant, avant de congédier le matelot, le capitaine tenta un dernier effort :

— Décidément ! tu ne veux rien accepter de moi ? dit-il.

— Rien, capitaine.

— Orgueilleux ! Tu as donc tout ce qu'il te faut, tout ce que tu désires ?

— Non, capitaine.

— Eh bien, alors, que te manque-t-il ?

— Ma Bretagne.

C'était mal finir un entretien mal commencé : aussi dès ce jour commença une rupture ouverte. Chacun resta avec ses idées, avec ses plans, avec ses répugnances et avec ses désirs.

— Cet homme devient dangereux, pensait Plouéven. Il est temps que j'avise.

— Je suis un garçon condamné, se dit Michel de son côté ; mais je saurai me défendre.

Le marin reprit le chemin du bois, et Plouéven descendit dans la savane où il dirigeait quelques travaux d'amélioration. Des pensées violentes fermentaient dans son cerveau ; jamais il n'avait éprouvé une semblable résistance ni trouvé dans son esprit un dessein plus arrêté de la vaincre, n'importe à quel prix.

XXXIX

LE DUEL.

Dès ce jour commença, entre le capitaine et le matelot, un combat souterrain qui ne devait plus avoir de trêve. Des deux côtés veillait le soupçon. Plouéven craignait que Michel ne lui échappât ; Michel craignait que Plouéven ne se délivrât de lui par un procédé expéditif. Chacun était sur ses gardes et s'entourait de précautions.

Cependant, telle était la fidélité du matelot à tenir ses engagements qu'il ne se croyait pas délié par cet état de guerre. Quelques moyens qu'employât Plouéven pour le surveiller, ils eussent été insuffisants, si Michel avait eu réellement le désir de quitter l'habitation. Il était libre d'aller et de venir, et la mer lui eût offert au besoin ses espaces pour s'éloigner d'un séjour odieux. Mais le matelot avait promis, et il n'était pas dégagé de sa promesse. D'ailleurs, s'il existait des hostilités sourdes, elles n'avaient point encore éclaté, et il ne voulait pas avoir à se reprocher d'en avoir pris l'initiative. Il se bornait donc à se maintenir dans des termes purement défensifs, plus triste, plus bourru que jamais, fuyant la compagnie, et ne se plaisant qu'au milieu des bois et dans les plus âpres solitudes.

A diverses reprises, il avait pu s'apercevoir que le système de surveillance auquel on l'avait assujetti prenait chaque jour plus d'énergie et plus d'extension. Il ne pouvait s'éloigner de l'habitation qu'il n'eût un ou plusieurs satellites à ses côtés. En vain se cachaient-ils dans les massifs de manière à se dérober à sa vue, il les découvrit plus d'une fois et ne put se méprendre sur leurs fonctions. C'étaient, de toute évidence, des émissaires de Plouéven, et à force de les voir rôder autour de lui, il finit par s'accoutumer à leur présence. L'habitude et une certaine connaissance des lieux lui avaient même rendu leur recherche familière et facile, et quand il était en course, il savait presque toujours où étaient ses espions et ce qu'ils faisaient. L'une de ses vengeances était de les conduire dans les endroits les plus inaccessibles, au milieu des ronces les plus épaisses et des rochers les plus escarpés, de manière à les décourager dans leurs poursuites.

Une circontance pourtant vint lui prouver qu'il s'agissait de dangers plus pressants et plus sérieux. Il gravissait un jour le Morne-aux-Cabris par un sentier qu'avant lui on avait regardé comme impraticable. Non-seulement la pente y était rapide, mais toute cette

partie de l'éminence était couverte de cierges épineux,
au milieu desquels il était presque impossible de se
frayer un chemin. Michel se plaisait à de telles tâches.
Au risque de s'ensanglanter les mains, il écartait ces
tiges rigides et armées de piquants qui ressemblaient à
des poignards. D'une plante à l'autre, et en les élaguant
à l'aide d'un couteau, il parvint jusqu'à mi-hauteur du
morne et dans une enceinte que défendaient de toute
part des arbustes épineux. Ce fut dans cette situation,
et au moment où il se trouvait ainsi bloqué par cette
végétation redoutable, qu'il aperçut au fond du ravin
une ombre noire se glissant de plante en plante, d'arbuste en arbuste, de manière à se rapprocher de lui le
plus qu'il était possible.

Jusque-là ce n'était rien, rien, si ce n'est une de ces
escortes auxquelles il était accoutumé. Plouéven avait
envoyé un de ses surveillants sur ses traces ; le cas n'a-
vait rien de nouveau. Aussi Michel ne s'y arrêta-t-il
pas et continua-t-il son ascension.

« Qu'il essaie de venir me rejoindre ici, se dit-il à
part lui ; il aura de la besogne. Voici des plantes qui se
chargeront de lui entamer le cuir. Diables de cierges !
je n'aurais jamais cru qu'ils fissent de telles entailles ;
on dirait des rasoirs. »

Tout en faisant ces réflexions, il continuait son escalade et jouait du couteau de manière à s'ouvrir un
chemin. Au point où il en était, il y avait autant de

difficultés pour lui dans la retraite que dans l'escalade : entre le pied et le sommet du morne, la distance était égale à peu près ; seulement, pour descendre, il eût retrouvé le passage qu'il venait de s'ouvrir, tandis que, pour monter, il fallait poursuivre, aux dépens de ses chairs et de ses habits, cette campagne laborieuse contre des milliers de dards. Si obstiné que fût Michel, il éprouva une minute de défaillance et regarda derrière lui.

« Ah ! mon Dieu, qu'ai-je vu ? s'écria-t-il tout à coup : est-ce possible ? »

La découverte qu'il venait de faire termina ses hésitations ; il rebroussa chemin avec un peu d'épouvante. D'où venait ce sentiment et qu'avait-il aperçu ? Un reflet, une lueur, un vague indice, et pourtant son cœur en était ébranlé. Il lui avait semblé, à travers une éclaircie de feuillage, voir reluire le canon d'une arme. Du point où il était à celui où il avait fait cette découverte, la distance était grande encore ; mais s'il eût continué à gravir le sommet, il se fût mis promptement à portée de l'instrument meurtrier. Sa retraite était donc un acte de prudence. Il l'opéra sur-le-champ, non sans jeter, de temps à autre, des regards défiants vers le massif où se cachait son ennemi. Rien n'y bougea, rien ne s'y montra ; point de bruit, plus d'indice qui pût confirmer le premier ; si bien que Michel, rassuré peu à peu, finit par croire à une vision ou à une de ces illusions qui trompent les regards les plus exercés. Ce qu'il avait pris pour le canon d'un fusil n'était peut-être qu'une branche de ces arbres à écorce lisse qui jettent des reflets lorsque la lumière les frappe obliquement.

Le retour dans ce labyrinthe de cierges épineux ne devait être ni prompt ni facile ; il fallait y regarder de près, retrouver la voie que le matelot s'était frayée en le gravissant, l'agrandir sur quelques points, la dégager sur d'autres. C'était un soin minutieux et accompagné de difficultés sans cesse renaissantes. L'attention de Michel s'y trouvait presque tout entière absorbée, et il n'en pouvait donner que la moindre part à la surveillance des lieux. Plus libre, moins engagé dans ce dédale, peut-être aurait-il mieux assuré sa marche et éclairé ses pas. La fatalité se déclarait contre lui et le poussait vers un piége.

Au pied même du morne et sur un espace assez étendu, régnait une ceinture de rochers, au milieu desquels s'ouvraient de larges issues. On eût dit une forteresse avec les accessoires que comporte un art savant : ici des bastions, là des redans et jusqu'à des meurtrières et des embrasures. C'était devant cette redoute naturelle qu'allait passer le matelot, et le seul chemin par où il pût rejoindre celui qui le ramènerait vers l'habitation. Il s'en approchait, d'ailleurs, sans supposer qu'aucun danger pût venir de ce point.

Ces rochers étaient nus et si dégagés du bois qu'on n'aurait pu y chercher un abri sans qu'il s'en fût aperçu. Telle était du moins sa conviction. Aussi marchait-il de ce côté avec confiance et comme s'il avait dû y trouver un point d'appui avant de se remettre en route à travers la forêt.

Tant qu'il se tint hors de portée, aucun mouvement suspect ne vint le troubler dans sa sécurité; mais lorsqu'il ne se trouva plus qu'à trente pas de cette enceinte de rochers, une révélation terrible se fit sur-le-champ :

« Ah ! mon Dieu ! » s'écria-t-il.

Et par un mouvement instinctif, il se reploya sur lui-même, en homme qui cherche à se dérober à un danger imminent. Il était trop tard; un coup de feu retentit, puis un second. Au premier, Michel s'écria :

« Rien ! rien ! Bravo ! »

Au second, il fallut en rabattre de ce cri de victoire, au moins prématuré.

« Je suis touché, » dit-il.

Il venait de recevoir une balle dans le bras. Mais, quelle que fût la douleur que lui causait sa blessure, il eut encore la force de courir droit à l'ennemi. C'était un nègre qui se démasqua de l'une des embrasures du rocher. Animé par la soif de la vengeance, Michel se mit à sa poursuite et le suivit de près dans le taillis. Cette chasse était si vigoureuse, que le noir se vit au moment d'être atteint, et, pour s'alléger, il jeta son fusil. Michel ne poussa pas l'entreprise plus loin; il s'empara de l'arme et la reconnut.

« Un mousquet du capitaine Plouéven, dit-il; cela me suffit. J'ai reçu le coup, ajouta-t-il, en montrant son bras, et je sais quelle main. Capitaine, me voici libre, me voici délié; il ne me reste plus qu'à compter avec vous. Ce sera bientôt, reprit-il avec un geste de défi; oui, bientôt, mille pipes! »

Et, au lieu de poursuivre son chemin, il se dirigea vers la Pointe-à-Pître. Ce soir-là, et les jours suivants, on l'attendit vainement à l'habitation d'Angremont.

XI

L'INSTRUCTION.

Pendant que ces événements se passaient aux Antilles, en Europe la justice avait son cours et réunissait les éléments d'une procédure criminelle.

On se souvient de l'attentat du cours d'Ajot et de la disparition mystérieuse de la première comtesse Plouéven. Si la curiosité publique avait cessé de s'en occuper, la magistrature ne s'était pas crue dispensée pour cela de poursuivre ses recherches ; il eût été du plus fâcheux exemple qu'un si grand crime demeurât impuni. De là des enquêtes, des interrogatoires, des descentes accomplies sans bruit et de manière à ne pas donner l'éveil, enfin tout un ensemble de perquisitions et d'efforts qui avaient conduit à des résultats inattendus. Ce ne fut pas d'emblée que l'on put aboutir, mais lentement et à l'aide de découvertes successives. Souvent l'instruction sommeilla pendant une année ou deux et l'on commençait à désespérer de la pousser plus loin, lorsqu'un incident survenait et y répandait de nou-

velles lumières. Voici dans quel ordre les faits s'étaient
produits.

Au début, la justice n'avait pas d'autre terrain que
l'hôtel du cours d'Ajot ; ses recherches y étaient cir-
conscrites. On a vu à quoi elles se réduisirent dans
les premiers temps. La chambre de la comtesse n'offrait point de traces de violence ni d'effraction ; rien
n'en avait été enlevé ni distrait. Une seule circonstance
était de nature à laisser quelque impression dans l'esprit des magistrats : quand on avait ouvert la porte, les
verrous se trouvaient mis en dedans ; c'était la preuve
que la comtesse avait dû quitter sa chambre par une
autre issue. Or cette issue, quelques recherches qu'on
eût faites, on n'avait pu la découvrir ; ni le marteau ni
la sonde n'en avaient livré le secret.

A la suite de l'examen des lieux, les magistrats
avaient procédé à l'interrogatoire des personnes. Les
gens de la maison avaient tous eu à déposer des faits
qu'ils connaissaient ; aucune de ces dépositions n'offrit d'intérêt véritable. La femme de chambre de la
comtesse fournit seule quelques détails dont l'instruction s'empara. Elle dit que plusieurs scènes de jalousie
avaient eu lieu entre les époux, et que le comte s'y
était porté à quelques violences. L'objet de cette jalousie était un M. Paul, qu'elle n'avait jamais entendu
désigner autrement, et qui paraissait être fort avant
dans la familiarité de la comtesse. Elle l'avait connu,

disait-on, aux colonies, toute enfant, et avant de venir en Europe : leurs maisons se touchaient, et ils avaient grandi ensemble ; aussi la comtesse avait-elle témoigné du plaisir à revoir ce jeune homme. Quant au comte, il lui fit bon accueil dans les premiers temps où il vint à l'hôtel ; mais plus tard les façons changèrent. Plus d'une fois on refusa la porte à M. Paul, et les mauvais procédés allèrent si loin, qu'il discontinua ses visites ; seulement on le voyait à cheval sur le cours d'Ajot, ce qui mettait le comte en fureur et occasionnait de nouvelles scènes. Dans ce moment-là, le comte n'était plus le même homme ; il écumait, il était hors de lui et semblait avoir perdu la raison.

Telle fut cette déposition, qui éveilla un premier soupçon dans l'esprit des magistrats chargés d'instruire l'affaire. Deux passions bien vives, la jalousie et l'esprit de vengeance, entraient en scène comme éléments nouveaux, et, quoique le comte fût encore hors de cause, on se rappelait combien il s'était montré susceptible en fait de point d'honneur, chatouilleux, irritable, prompt dans ses revanches, et ne pardonnant jamais une offense, même en intention. Pourtant les choses en restèrent là dans cette première période de la procédure : Hector Plouéven était protégé par son absence, ou, comme on dit en termes de palais, par son alibi. Au moment où la comtesse avait disparu, il était hors de France, et, autant qu'on pouvait le présumer dans

des mers lointaines. Une enquête avait eu lieu dans le
port et la rade de Brest pour s'assurer qu'aucune arrivée
furtive ne se rattachait à cette date; cette enquête n'a-
vait pas fourni de renseignements concluants. D'ailleurs,
un obstacle plus grave existait : la comtesse avait disparu, mais cette disparition pouvait être volontaire et
susceptible de plus d'une interprétation. Le bruit public parlait d'enlèvement, de voyage mystérieux ; peu
de personnes croyaient à une catastrophe. De là des
doutes qui enchaînaient l'action de la justice. Il lui
manquait son vrai point d'appui, le corps du délit.

Cette découverte ne devait avoir lieu que beaucoup
plus tard, et après bien des tentatives infructueuses.
On se souvient de la circonstance qui a marqué le début de ce récit. Un villageois de Beuzé, hameau situé
sur l'Elorn et à peu de distance de Landerneau, avait
assisté, comme témoin, à un épouvantable attentat.
C'était le meurtre d'une jeune femme, enlevée dans
une chaloupe et transportée de force vers une maison
solitaire, où elle était tombée victime de deux assassins
qui l'y avaient inhumée. Sur les conseils de sa famille
et sous l'empire de ses propres terreurs, ce villageois
n'avait rien révélé à la justice de ce qu'il avait vu et
entendu. Il s'était abstenu, et, dans les premiers temps
surtout, il avait gardé le plus profond silence et opposé
aux curieux d'énergiques démentis. Mais peu à peu, et
à mesure que le temps s'écoulait, il s'était départi de

cette réserve et avait montré plus d'abandon. La scène
était remplie d'émotion, et faisait honneur au conteur;
il y prit goût, et entra dans les détails. De récit en récit
et de bouche en bouche, cette sombre histoire devint
populaire dans la contrée, et une sorte d'anathème
s'attacha bientôt à l'habitation qui avait été le théâtre
de ce forfait. Les paysans se signaient en l'apercevant,
et ne jetaient les yeux dans l'intérieur du clos qu'avec
une certaine épouvante. De là, bien des broderies sur
ce thème ténébreux et ces fables qui se mêlent à toutes
les annales du crime.

Il était impossible que le bruit n'en parvînt pas jusqu'à l'autorité judiciaire. On le sut à Brest, et l'attention en fut éveillée. Rien n'indiquait encore qu'entre le
drame de Beuzé et celui de l'hôtel du cours d'Ajot il
y eût une connexité et un rapprochement possibles, et
pourtant ce fut la première pensée qui vint à l'esprit du
magistrat chargé de l'instruction. Il se rendit de sa personne sur les lieux, et y ouvrit une enquête. A l'aspect
du juge, le villageois regretta son imprudence et voulut
se rétracter; mais ce fut en vain. Trop de témoins tenaient le récit de sa bouche et avec des circonstances
qui concordaient. On effraya sa famille, on le menaça
de la prison, et il se décida à faire des aveux complets.
Il raconta ce qu'il avait vu, comment une barque l'a-
vait dépassé sur l'Elorn, sa colère, sa curiosité, les précautions qu'il avait prises pour la satisfaire, et l'affreux

spectacle dont il avait été témoin. Il dit qu'il avait aperçu deux hommes, dont il donna le signalement, enlever une jeune femme du fond de la chaloupe et l'emporter vers un logis qu'il désigna ; l'arrivée dans la salle basse, les paroles qui y avaient été échangées, l'exécution, l'enterrement, enfin tous les détails qu'il importait à la justice de connaître. En l'interrogeant avec soin et en faisant un appel à ses souvenirs, on eut bientôt réuni un faisceau de preuves qui prenaient un caractère de plus en plus décisif.

La suite nécessaire de tout ceci était une descente sur les lieux ; c'est là qu'on devait compléter l'interrogatoire du villageois. Le juge y passa une journée entière avec son greffier et les agents de la police judiciaire. On arriva devant l'habitation, où tout constatait un délaissement qui remontait à plusieurs années. Les intempéries avaient sillonné la façade de lézardes profondes; les boiseries s'en allaient en débris. Pour ouvrir la porte, il suffit de la pousser avec le pied. La rouille avait dévoré les ferrements : il ne restait plus rien d'intact dans le pignon, ni sur la toiture. L'eau tombait sur tous les planchers. Point de meubles d'ailleurs; quelques ustensiles de cuisine seulement et une table au rez-de-chaussée. A voir l'état des lieux, il paraissait impossible que jamais créature humaine y eût fait un séjour.

Une fois là, le villageois parla de nouveau, et, en

répétant les détails de l'événement, mit les acteurs en scène. Il précisa tout, dit où il était et comment il n'avait rien perdu de leurs paroles ni de leurs gestes, montra le point de débarquement, le chemin que les meurtriers avaient suivi, la pièce où ils avaient exécuté le crime, leur marche dans le clos, enfin l'endroit où avait été inhumée la victime. C'était le nœud de l'instruction et ce qui pouvait y jeter le plus de lumière; le juge l'avait réservé pour le dernier acte de la journée. Les fossoyeurs étaient arrivés avec leurs instruments, et, sur l'ordre qui leur fut donné, ils commencèrent la besogne. Le villageois les guidait et l'état du terrain le guidait mieux encore; il avait moins de consistance sur les points où la fosse avait été creusée.

Ce ne fut pas sans une certaine solennité que cette opération s'acheva. La foule des villageois était accourue des environs et y assistait dans le plus profond silence et tête nue. On voyait éclater partout le respect dû aux morts. Quand on fut arrivé à une certaine profondeur, on ménagea les coups et on ne fit agir la bêche et la pioche qu'avec précaution. Chaque débris était précieux et pouvait fournir quelque lumière; il n'en fallait rien détruire, rien altérer; il ne fallait déranger ni l'état des vêtements, ni l'attitude du corps; les moindres indices renfermaient des révélations. Enfin un son clair indiqua qu'on était arrivé à quelque chose de résistant; c'était la tête de la victime, déjà dépouillée et défigurée. La décomposition avait été rapide, et, de tant de beauté et de perfection, on ne trouva que des restes informes. On recueillit tout avec soin, la terre et les débris, puis quelques morceaux d'étoffe assez bien conservés. C'était une mousseline blanche, et l'on savait qu'au moment où elle avait disparu, la comtesse portait une robe semblable. Cependant les découvertes semblaient s'arrêter là, et s'il en résultait une présomption de plus, ce n'était point une de ces preuves qui entraînent les convictions.

La journée s'était écoulée au milieu de ces recherches; on avait réuni dans un cercueil les restes de la victime, afin de les transporter dans le cimetière de Beuzé, et, en désespoir de cause, le magistrat se disposait à quitter les lieux, lorsqu'un des fossoyeurs, occupé à dépouiller et à examiner les dernières pelletées de terre, fit entendre un cri. On courut vers lui; il venait de trouver une bague, qu'il remit au juge, et qui allait devenir la principale pièce de conviction. C'était un anneau de mariage, et, en l'ouvrant, on y lut deux noms : Claire et Hector, avec la date de la cérémonie. Dès lors, plus de doute : la comtesse était morte, elle avait succombé dans un guet-apens; c'étaient bien ses restes auxquels on allait rendre les derniers devoirs. La connexité entre l'assassinat de Beuzé et l'événement de l'hôtel du cours d'Ajot devenait évidente ; la victime était trouvée, il ne restait plus qu'à découvrir les coupables.

Pour y arriver, il fallait savoir à qui appartenait cette maison, qui avait été le théâtre de l'attentat. L'information sur ce point fut facile et ne laissa rien à désirer. Des actes existaient ; il suffit d'y recourir. C'était un paysan des environs qui avait fait cette acquisition pour le compte et avec les deniers d'un matelot, alors employé à la course, et qui s'était passé la fantaisie de devenir propriétaire. On nommait ce matelot Michel ; il était originaire de Beuzé. Depuis qu'il possédait cet immeuble, en vertu d'un contrat, il n'y avait paru qu'une ou deux fois, à l'improviste et sans y faire de séjour, allant et venant dans la même journée, toujours pressé comme le sont les marins. Quant aux soins d'entretien, il n'en avait chargé personne, et personne n'y songeait. Maintenant, quel était ce marin ? que faisait-il ? où était-il ? Cet éclaircissement avait du prix. Information prise, on sut qu'il appartenait au brick de Plouéven, et que depuis longtemps il naviguait sous les ordres de ce hardi capitaine.

Ainsi, de recherche en recherche, d'induction en induction, on commençait à voir clair dans cette ténébreuse affaire. Plusieurs années y avaient été consacrées, mais chacune d'elles avait apporté quelques clartés. Peu à peu la conviction des magistrats se formait, et elle en arriva par degrés à prendre le caractère de l'évidence. Une dernière circonstance venait de compléter cette série de preuves. On a vu que Plouéven avait fait à sa nouvelle famille le sacrifice le plus grand que puisse faire un homme et un Breton, celui d'un retour dans le pays natal. Cette promesse n'était pas vaine, et il l'avait tenue loyalement. Non-seulement il avait retiré d'Europe la partie liquide de sa fortune, les valeurs mobilières, les soldes en espèces dont ses correspondants lui étaient redevables, mais il avait en outre donné des ordres à ses agents pour que tous ses immeubles fussent vendus. Dans le nombre étaient le domaine patrimonial et l'hôtel du cours d'Ajot. Cette dernière propriété fut d'une défaite facile ; sur-le-champ elle trouva un acheteur. Or celui-ci, comme il arrive toujours, n'eut point de cesse qu'il n'eût mis la pioche dans son acquisition et changé l'état des lieux de fond en comble. C'est dans le cours de ce travail qu'était survenu un dernier incident.

L'hôtel du cours d'Ajot était une de ces anciennes constructions dont les murs massifs semblent avoir été destinés à soutenir un siége. En touchant à l'un d'eux, les ouvriers rencontrèrent un vide pratiqué dans l'épaisseur et un escalier en spirale qui s'y développait sur une hauteur de plusieurs étages. Or cet escalier avait deux issues, l'une sur la chambre de la comtesse, l'autre sur un souterrain qui aboutissait au port par une ruelle solitaire. Ainsi s'expliquait ce que le départ et l'enlèvement avaient encore de mystérieux ; c'était un crime intérieur, un forfait domestique, il n'y avait plus à en douter.

Cependant les juges reculaient encore, afin de mieux assurer l'effet de leurs poursuites. Ils avaient leurs preuves, ils avaient leurs moyens ; mais ils ignoraient encore ce que Plouéven aurait à leur opposer. Un homme comme lui n'avait pas dû rester désarmé. Peut-être s'était-il ménagé des témoignages si concluants de son absence, que la conscience des jurés en eût été ébranlée, et qu'au scandale d'un éclat se serait joint le scandale de l'impunité.

Ils hésitaient donc encore et s'en fiaient au bénéfice du temps, qui jusque-là les avait si bien servis, lorsque Michel débarqua sur les côtes de Bretagne, et reparut dans le hameau natal.

XLI

L'ARRESTATION.

Michel n'avait point trouvé d'obstacle à son embarquement aux Antilles. Un bâtiment de guerre se trouvait à l'ancre devant l'îlot du Gozier, et allait appareiller pour l'Europe. Il s'offrit au commandant en qualité de matelot auxiliaire, et, comme les fièvres avaient décimé l'équipage, il fut facilement agréé. Deux jours après, il quittait la colonie, sans avoir été inquiété ni poursuivi.

Dans le cours de ce voyage, les impressions du matelot se modifièrent plus d'une fois. Au début, il jetait feu et flammes et se promettait de se venger. Sa blessure, quoique légère, était lente à se cicatriser, et, chaque fois qu'il ressentait quelque douleur, il faisait un retour sur ses haines.

« Vous vous en repentirez, capitaine, vous vous en repentirez, » disait-il.

C'était le mot de Vulcain appliqué au nouveau maître de l'habitation.

Cependant, à mesure qu'on se rapprochait des côtes de la Bretagne, ses sentiments changeaient de caractère et s'adoucissaient. Michel n'était pas une de ces âmes entières que rien n'entame, que rien ne fléchit ; c'était un esprit borné, un bras docile, rien de plus. Or, la vengeance ne fermente pas chez de tels hommes. Elle peut éclater à un moment donné ; ce moment passé, elle s'attiédit. Voilà où en était le matelot ; au bout de quelques semaines, il était plus calme, et s'il pensait à Plouéven, c'était avec moins de colère et d'irritation. Encore un pas, et il l'eût regretté. Ce redoutable capitaine avait joué un si grand rôle dans la vie de Michel, que, ne le voyant plus à ses côtés, il sentait comme un vide se faire et un point d'appui lui manquer. Il s'était tellement accoutumé à ne penser que par lui et à n'agir que sur son ordre, aveuglément, sans hésitation, sans commentaire, qu'il ne savait à quoi rattacher désormais son énergie et où placer sa volonté.

D'autres considérations agissaient également sur lui, et toutes dans un sens pacifique. Si brute qu'il fût, il n'était pas sans comprendre qu'il ne pouvait perdre le capitaine Plouéven sans se perdre lui-même, et qu'en le poussant dans l'abîme il courait le risque d'y être entraîné aussi. Or, Michel tenait à la vie ; l'instinct de la conservation n'était pas éteint chez lui. Il allait revoir sa Bretagne, et c'était bien le moins qu'il y passât quelque temps tranquille et heureux. Il rapportait de ses courses une ceinture de quadruples qui ne l'abandonnait ni de jour ni de nuit et qui défiait la main des plus hardis voleurs. Avec cet argent, il réparerait sa maison, cultiverait et agrandirait son champ, ferait dire des messes pour son salut et offrirait des cierges à l'église en expiation des crimes qu'il avait commis. Il aurait ainsi le temps de se réconcilier avec le ciel et de distribuer quelques aumônes sur terre. Tels étaient les calculs du marin dans les dernières semaines de la traversée ; arrivé en vue de Brest, c'était à peine s'il avait conservé le souvenir de sa vengeance. Ce cerveau était trop étroit pour que deux idées s'y logeassent en même temps. Il ne songeait qu'à son hameau et à l'emploi qu'il ferait de ses richesses.

A peine eut-on mouillé dans la rade qu'il demanda un permis de débarquement et l'obtint sans difficulté. Il ne figurait pas sur les rôles de l'équipage à titre permanent, et sa santé exigeait le repos. Un congé en règle lui fut délivré et il le plaça dans cette boîte de fer-blanc que tout matelot porte sur lui et qui est son égide contre les recherches de la gendarmerie. Ainsi armé et équipé, avec un paquet de hardes sous le bras, il prit le chemin de Beuzé par la rive droite de l'Elorn. Il aurait pu trouver passage dans les barques qui remontent vers Landerneau ; il aima mieux faire la route à pied, à travers la campagne, fouler cette terre bénie, revoir les sites qu'il aimait, saluer les cloches des villages, et rafraîchir sa vue fatiguée du soleil des tropiques du spectacle de ces champs que baignaient tant d'eaux vives et que tapissait une si belle verdure.

Le trajet fut long, car il s'arrêtait à chaque instant pour mieux jouir de ces scènes et les goûter à loisir. Enfin il arriva devant le hameau natal, où il fit une dernière halte sous un beau pommier qui bordait la route. Quoiqu'il fût de Beuzé, Michel n'y avait point de parent. Toute sa famille s'était dispersée ou éteinte peu à peu ; les uns étaient allés vers la mer, les autres étaient morts. Cependant notre matelot n'était pas en peine d'un gîte ; à peu de distance de là, il avait une maison à lui, une habitation dont il pouvait disposer en maître. C'est là qu'il trouverait un abri, et s'il avait besoin de quelques vivres, il les achèterait en passant dans le hameau. Mais avant tout, et c'était son souci le plus pressant, il devait se rendre à l'église pour implorer le pardon de ses fautes et se mettre en règle avec le curé. Il se promettait donc de déposer une offrande dans chaque tronc et de faire un vœu à cause de son heureux retour.

Il en était là de ses bonnes résolutions et allait déboucher dans la principale rue du hameau lorsqu'il fit la rencontre d'un villageois qui poussait vers un champ voisin une paire de bœufs attelés à un chariot. La fatalité s'en mêlait. A peine ce jeune garçon eut-il aperçu le marin qu'il laissa échapper de ses mains l'aiguillon avec lequel il gourmandait son attelage, et poussa un cri où se mêlaient la surprise et l'effroi :

« Ah ! Vierge sainte ! » s'écria-t-il.

Et, abandonnant ses bœufs et son chariot, il rebroussa chemin et entra dans une des chaumières avec précipitation et comme s'il eût été en proie à une invincible terreur.

Michel ne s'arrêta pas à cette circonstance ; il entra dans l'église, y fit sa prière et ses offrandes en homme qui remplit consciencieusement ses devoirs. Seulement, lorsqu'il sortit du lieu saint et traversa de nouveau le village, il ne fut pas médiocrement étonné de voir les habitants se ranger sur les portes et l'examiner d'un œil hostile et défiant. De jeunes filles avançaient la tête avec une certaine curiosité et la retiraient ensuite avec un sentiment d'effroi. Que signifiait cet accueil ? L'intelligence du marin n'allait pas jusqu'à trouver une explication plausible ; aussi prit-il bravement son parti, et, franchissant rapidement le hameau, il se dirigea vers sa propriété, où il se promettait de vivre à l'abri de semblables démonstrations et loin de voisins si peu hospitaliers. Une fois arrivé dans son gîte, il s'arrangea du mieux qu'il put pour y passer la nuit.

Cependant, lorsqu'il eut quitté Beuzé, l'effervescence y continua et ne fit que s'accroître. Voici quel en était le motif. Le villageois que Michel avait rencontré était celui qui avait assisté comme spectateur et comme témoin au meurtre accompli dans la maison isolée. Or les traits des assassins étaient profondément gravés dans sa mémoire, et à l'aspect de Michel il avait cru reconnaître l'un d'eux, le plus petit, trapu, celui qui avait été l'exécuteur. Ni le temps, ni les voyages n'avaient empêché cette soudaine reconnaissance ; il est des scènes qui laissent dans le souvenir l'empreinte d'un fer brûlant ; celle-ci était du nombre. Ce visage sombre et rude avait dû plus d'une fois se montrer au villageois dans ses insomnies ou le poursuivre dans ses rêves ; aussi ne fut-il pas maître d'un premier mouvement. A l'instant tout le hameau fut sur pied :

« L'homme du clos maudit ! l'homme du clos maudit ! » s'écria-t-on de toutes parts.

Et il devint de notoriété publique que l'un des assassins avait paru à Beuzé, et qu'il avait cherché un refuge dans la maison où s'était passée la catastrophe. Dès le jour même, le bruit en arriva à Landerneau, et dans la nuit les magistrats de Brest en furent informés.

Le lendemain, dès la première aube, Michel était debout et jetait sur sa propriété un coup d'œil du maître. Il avait eu bien de la peine à trouver, dans l'intérieur du logis, un coin qui fût à l'abri des insultes de l'air, et où il pût reposer ses membres fatigués d'une longue traite. Enfin il s'était arrangé tant bien que mal, avait fait son lit de la table du rez-de-chaussée, et pris un repas modeste avec quelques biscuits emportés du bord. Mais, dans sa pensée, c'était le dernier sacrifice qu'il dût faire à la pénurie du local. Il allait dès à présent répandre l'or pour avoir un domicile digne de lui, remplir sa cave de bons vins, son garde-manger de quartiers de bœuf et de porc, se donner le plaisir de coucher sur cinq matelas, tous en crin, enfin se prodiguer à pleines mains les jouissances de la vie. Il avait assez souffert, il avait assez roulé de plage en plage; il était temps de prendre une revanche de tout cela, de vivre la pipe à la bouche et les bras croisés, de mener en un mot une existence de sybarite.

C'est de ce beau dessein qu'il alimentait se pensée en se promenant dans ses domaines et les examinant avec un sentiment paternel. L'illusion n'était guère possible; les plantes parasites, les ronces, les orties avaient envahi le clos et y avaient étouffé jusqu'aux derniers restes d'une végétation utile. Les carrés de légumes étaient tapissés de folles herbes, les seuls arbres fruitiers qui restassent debout étaient devenus des sauvageons; rien n'avait été respecté, pas même les peupliers de l'enceinte. Tout souffrait du dépérissement qui atteint les cultures délaissées.

« Nous arrangerons cela, nous arrangerons cela, se disait Michel. Avec de l'argent, on a ce qu'on veut, mille pipes ! »

Tout en faisant sa ronde, il parvint sur le tertre au milieu duquel une victime avait été inhumée dans le cours d'une fatale et douloureuse nuit. Jusque-là rien ne semblait avoir réveillé chez Michel le souvenir de cette catastrophe. Mais quand il fut arrivé sur le point et qu'il y vit le sol bouleversé, quand il y eut reconnu les traces d'une exhumation récente, il se fit un retour dans son esprit. Alors il s'assit sur un tronc d'arbre, le front dans ses mains, l'œil fixé sur cette fosse entr'ouverte. Quoique l'air fût vif et le temps froid, des gouttes de sueur coulaient de son front et arrosaient cette terre témoin d'un crime odieux. Il demeura longtemps assis et si complétement absorbé qu'il ne se réveilla qu'en sentant une main se poser sur son épaule. C'était un gendarme vêtu de tous ses attributs et dans l'exercice de ses fonctions.

« Au nom de la loi, je vous arrête, » dit-il.

XLII

LE SECRET.

A cet appel, Michel se retourna vers l'agent de la force publique, et le regarda d'un air machinal. On eût dit qu'il n'avait pas compris. Le souvenir de son crime avait pu un instant le dominer, mais il n'y liait pas l'idée de la répression. Il ne croyait pas avoir là-dessus d'autre compte à rendre à la justice que celui qu'il rendrait volontairement. Aussi se méprit-il sur l'intention du militaire et sur la nature du mandat dont il était chargé :

« Gendarme, lui dit-il, mes papiers sont en règle. Vous allez voir. »

Il se mit en mesure de tirer son congé de l'étui où il était renfermé, lorsque le gendarme lui retint le bras :

« Il ne s'agit pas de cela, dit-il. Arrangez-vous pour me suivre, et promptement. »

Toute résistance était inutile ; de l'autre côté de la haie, se trouvaient deux camarades de l'agent de la force publique qui se disposaient à lui prêter main forte et surveillaient les mouvements du prévenu. Michel comprit enfin que l'affaire était sérieuse , et il se résigna. On lui mit les menottes et on le conduisit dans les prisons de Brest.

Là, pendant deux semaines, on le garda au secret le plus absolu , et chaque jour il eut à subir un interrogatoire. Que l'esprit humain est singulier, et que de démentis il se donne! Cet homme qui avait tant à se plaindre de Plouéven , et qui était parti des Antilles avec l'intention formelle de le dénoncer, changea d'humeur et de conduite dès qu'il le vit sous le poids d'une accusation; il mit à le couvrir et à le défendre une opiniâtreté qui allait jusqu'à l'héroïsme. Il comprit qu'on ne le regardait, lui, que comme un instrument vulgaire, et qu'on tenait surtout à faire remonter jusqu'au capitaine l'intention et l'exécution de l'attentat. Dès lors son parti fut pris; il nia tout, sut échapper aux piéges qu'on lui tendait et se retrancha dans le silence quand on le serra de trop près. Les magistrats ne savaient à quoi recourir pour dompter cette force d'inertie ; tous leurs efforts y avaient échoué.

Ce n'est pas qu'il n'y eût des preuves suffisantes pour entamer le procès, et des charges en assez grand nombre pour que Plouéven y succombât; mais un aveu de son complice était d'un si grand intérêt et avançait tellement les choses, que la justice ne crut pas l'acheter trop chèrement par un nouveau délai. On espérait que,

de guerre lasse, et sous le coup d'un séquestre rigoureux, Michel se départirait de sa réserve et en viendrait
à des révélations. De là un dernier sursis pendant lequel on essaya de réduire cet esprit obstiné et de lui
arracher son secret. Bien des moyens furent employés;
un seul réussit.

Parmi les tourments que causait au détenu son état
de réclusion, il n'en était point auquel il fût plus sensible que l'impossibilité où il se trouvait de remplir ses
devoirs religieux. On a vu comment, à la Guadeloupe
même, et lorsqu'il était en proie au mal du pays, Michel avait eu un retour vers les croyances de sa jeunesse et ressenti des accès de dévotion qu'il conciliait
tant bien que mal avec les charges qui pesaient sur sa
conscience. A son arrivée sur le sol natal, ce devoir
avait été le premier auquel il eût songé, et avant de
reprendre possession de son logis, il s'était agenouille
sur les dalles de l'église de Beuzé. Ces actes témoignaient à quel point ce sentiment était profond, et quel
empire il exerçait sur son âme. Sans doute, au milieu des
plus exécrables forfaits, cet homme n'avait jamais perdu
de vue l'œuvre de son salut, et il espérait, à force d'ex-
piations, désarmer le juge suprême avant l'heure où il
aurait à comparaître devant son tribunal. Ces sortes
d'accommodements ne sont pas rares ; c'est une monnaie courante parmi les bandits corses ou italiens;
Michel en usait aussi.

En l'isolant des secours religieux, on l'avait donc atteint dans l'endroit vulnérable. Au bout de quelques semaines il n'y tint pas et demanda un prêtre. C'était capituler. L'aumônier descendit dans son cachot, et, dès le premier entretien, s'empara de son esprit. Ce que n'avaient pu obtenir des juges parlant au nom de la loi, un prêtre l'obtint en parlant au nom de Dieu; Michel avait bravé les rigueurs humaines, et il ne résista pas à la perspective des rigueurs éternelles qui l'attendaient. Il déchargea sa conscience et fit une confession complète de ses crimes, en témoignant un repentir profond; mais ce n'était là qu'un triomphe incomplet : il fallait amener le coupable à renouveler ces aveux devant les magistrats. L'aumônier y éprouva plus de difficultés et plus de résistance qu'il ne l'aurait cru : Michel ne désirait qu'une chose, se réconcilier avec l'Église, rien au delà. L'appareil de la justice, les formes qu'elle y mettait, la perspective d'un procès public, d'une audience où il servirait de spectacle aux curieux, tout cela lui causait des appréhensions et le jetait dans des incertitudes sans fin. Il avançait et reculait, se déclarait disposé à tout dire et se rétractait au moment essentiel.

Pendant que ces scènes se passaient dans la prison de Brest, Plouéven n'abandonnait pas au hasard seul le soin de le préserver et de le défendre. Dès le jour où Michel s'était enfui de l'habitation, il avait compris que l'épreuve définitive commençait pour lui, et que jamais son repos n'avait été plus sérieusement menacé. A l'instant il écrivit en Europe et par toutes les voies, de manière à ce que ses lettres y parvinssent à temps. *Le Grégeois* s'y trouvait, on a vu dans quel but et pour quelle destination. Plouéven donna l'ordre à l'officier qui commandait le brick de se rendre, toute affaire cessante, dans la rade de Brest, en y ajoutant des instructions pour la conduite qu'il aurait à y tenir. Sans se livrer entièrement, le capitaine désignait Michel comme devant être l'objet d'une surveillance assidue, et c'est le Malouin que Plouéven chargeait plus particulièrement de ce soin. Il fallait, dès l'arrivée à Brest, s'enquérir de ce qu'était devenu le fugitif, où il vivait, ce qu'il faisait, et, dans le cas où la justice s'en serait emparée, se tenir au courant, autant que possible, de ce qui se passerait au sein de la prison. Pour cela, Plouéven ouvrait au commandant du *Grégeois* un crédit illimité, et mettait une somme considérable à sa disposition. Coûte que coûte, il fallait se tenir informé, et dès que la circonstance l'exigerait, appareiller sans délai, et venir rendre compte au capitaine du point où en étaient les choses. L'officier, d'ailleurs, avait une entière liberté d'action; c'était à lui de se déterminer en raison des événements.

De près ou de loin, un ordre de Plouéven avait, pour les gens du *Grégeois* la même autorité : on y déféra sur-le-champ. Le brick vint mouiller dans la rade de Brest le jour même où Michel s'en éloignait pour aller revoir le hameau natal et le petit domaine qu'il y possédait. Il fut facile au Malouin de connaître la direction qu'il avait prise, et de l'y suivre pas à pas. A Beuzé, l'arrivée du matelot, la rencontre qu'il y avait eue, son arrestation, étaient l'objet de tous les entretiens; le Malouin n'eut besoin que d'y passer pour recueillir les renseignements qui lui étaient nécessaires. Il sut de quoi on l'accusait et quels étaient les griefs qui pesaient sur lui; avec son coup d'œil prompt, il eut bien vite compris de quelle nature était l'intérêt qu'attachait Plouéven à cette affaire, et combien il lui importait d'être averti à temps. Ses démarches furent réglées là-dessus.

Tant que Michel fut au secret, les moyens d'information se réduisirent à bien peu de chose. Cependant un secret, si rigoureux qu'il soit, n'en est pas un pour tout le monde. Les agents subalternes, geôliers ou porte-clefs, savent jour par jour, heure par heure, ce que devient une instruction et comment les prévenus s'y comportent. C'est là-dessus que le Malouin fit ses calculs. Sous un prétexte plausible, une rixe avec d'autres marins, quelques coups de poing échangés sur les quais, il réussit à se faire incarcérer et noua des intelligences dans la prison. L'argent est souverain pour vaincre les scrupules et délier les langues; il le pro-

digua. Des communications mystérieuses s'établirent
ainsi entre Michel et lui ; il apprit ses combats, ses irré-
solutions, la lutte qu'il soutenait et qui devait se terminer par une capitulation infaillible. Tous ces détails,
il les transmettait au commandant du *Grégeois* qui se
tenait prêt à agir au moment opportun.

De son côté, cet officier avait pu recueillir d'autres
renseignements. Il savait qu'une des plus agiles corvettes du port de Brest avait été mise à la disposition
du ministre de la justice, et partirait dès que les magistrats du ressort lui en donneraient l'avis. Évidemment un ordre pareil et un armement semblable
devaient se lier à cette procédure qui s'instruisait se-
crètement. Le commandant du *Grégeois* se résolut à ré-
gler ses mouvements sur ceux de la corvette : tant
qu'elle resterait au mouillage, le brick y resterait aussi ;
mais le jour où elle déploierait ses voiles, ce serait un
motif suffisant pour que le brick se tînt pour averti et
y conformât sa manœuvre.

Quelques semaines se passèrent dans cette attente
et au milieu de ces précautions. Tous les hommes du
Grégeois étaient à leur poste ; point d'absents ; à peine
laissait-on débarquer, et pour quelques heures seulement, les marins de corvée. Le pont était dégagé, afin
que rien n'y gênât la rapidité des mouvements ; l'eau
était embarquée, les vivres l'étaient aussi. Sur un signal, le brick allait reprendre le large et suivre sa mis-

22.

sion. Jusqu'au bout il resterait fidèle à la fortune de son capitaine et lui rendrait les services qu'il était en droit d'attendre de lui.

Les choses en étaient là lorsqu'un soir le Malouin revint à bord plus empressé et plus préoccupé que de coutume.

— Eh bien? lui dit le commandant en l'apercevant.

— C'est fini, mon officier; on dit dans la prison qu'il a fait des aveux complets. C'est fini de ce matin; il est temps d'en porter la nouvelle aux Antilles.

— Voyons d'abord ce que fera la corvette, matelot; est-ce une fausse alerte? attendons.

— Ce n'est que trop certain, mon officier; deux porte-clefs me l'ont assuré; ces gens-là savent tout.

Le commandant était sur ses gardes; il veilla pendant toute la nuit. Vers une heure du matin, il se fit un mouvement dans la rade. Deux embarcations, détachées du port, abordèrent successivement la corvette; c'était un ordre pressant qui arrivait. Peu de minutes après, le sifflet y retentit; il ordonnait de lever l'ancre. Plus de doute, le renseignement du Malouin était exact; les deux circonstances coïncidaient.

« Debout, enfants, s'écria l'officier du *Grégeois*, tout le monde sur le pont. »

La manœuvre s'exécuta avec rapidité et dans le plus profond silence. Le lendemain, aux premières

lueuirs du jour, deux bâtiments débouchaient du goulet et gouvernaient vers la haute mer : la corvette de
l'État et le brick croiseur, qui avait l'air d'en être la
conserve.

LXIII

LE DÉNOUEMENT.

Plouéven n'avait pas daigné intervenir en personne
dans le dernier combat qu'il livrait à la fatalité. Il
avait pris des précautions, donné des ordres, cherché
des garanties contre une surprise ; il n'avait pas voulu
pousser sa défense plus loin ; une sorte de pressentiment lui disait que son heure était venue et que rien
ne pourrait la conjurer. Dans les efforts qu'il avait
faits pour retenir Michel ou l'empêcher de lui nuire,
il avait risqué son dernier enjeu et l'avait perdu ; le
reste n'était plus qu'une affaire de temps. Il voyait le
glaive suspendu et n'essayait pas de s'y soustraire.
Sans doute il eût pu demander l'hospitalité au ciel
étranger et y jouir impunément de ses millions ; il n'y
songea pas ; il aimait mieux tomber à son poste, en
faisant face au destin. Qui le sait d'ailleurs ? Peut-être
les choses ne se gâteraient-elles pas autant qu'il le
croyait. Bien des circonstances lui assuraient l'impunité, le temps écoulé, les distances, l'absence de

preuves ; en y songeant, il se reprenait à espérer et y puisait de nouveaux motifs pour ne pas quitter ses domaines, heureux d'y vivre ou résigné à y mourir.

Jamais, il faut le dire, il n'avait goûté des joies si vives, et pour rien au monde il n'en eût volontairement dérangé le cours. Il était dans la situation d'un homme qu'un rêve charme et réjouit ; il ne voulait pas qu'on l'en arrachât. A ses côtés tout souriait, tout s'épanouissait ; l'aisance était rentrée avec lui dans cette maison, et avec l'aisance le bonheur. On l'aimait pour le bien qu'il avait fait et celui qu'il se proposait de faire. Puis c'était une jouissance pour sa vanité que de voir ce château renaître, ces domaines s'agrandir, ces parcs s'aligner, ces eaux jouer, ces parterres refleurir, tout cela à vue d'œil, inopinément et comme si la main d'un magicien eût opéré cette métamorphose. Le magicien, c'était l'argent qu'il y prodiguait, l'activité qu'il y déployait et dont il était payé par les sourires de ces deux femmes, émerveillées de ce spectacle.

Quant aux appréhensions secrètes dont il était assailli, elles ne se trahissaient que sur un point, l'impatience qui l'animait. Il eût voulu tout terminer en un jour, les réparations, les achats, les embellissements. A son gré, les travaux ne s'achevaient pas assez vite ; les actes ne se passaient pas assez promptement ; il excitait les ouvriers par ses générosités et tenait en haleine les gens d'affaires. Dans l'espace de quelques mois, il compléta ainsi, ce qui, pour un autre, eût été l'œuvre de plusieurs années, la reconstitution régulière d'une propriété démembrée, la restauration des bâtiments, l'accroissement du matériel, l'organisation des ateliers et des cultures, enfin tout ce que le temps avait emporté et qui reparaissait à sa voix. A bien l'étudier, quand il poursuivait cette tâche, on eût pu reconnaître que toutes les énergies de son âme y étaient employées et qu'elle prenait à ses yeux le caractère d'un devoir et d'une expiation.

Il en était là et touchait à son but, lorsque les événements se précipitèrent.

Un matin que, du haut de sa terrasse, il regardait et interrogeait la mer comme il avait coutume de le faire, son attention fut enchaînée par une scène qui se passait dans les profondeurs de l'horizon. C'étaient deux bâtiments, l'un plus gros, l'autre plus petit, qui semblaient naviguer de conserve et s'observer l'un l'autre. Le temps était magnifique, et à peine des brises folles animaient-elles les surfaces de l'Océan; aussi les deux navires n'avançaient que lentement et à l'aide de toutes leurs voiles. Le plus petit aurait eu l'avantage, s'il n'eût modéré ses allures; mais il paraissait jaloux de ne pas perdre de vue ou de ne pas quitter l'abri de son compagnon de marche. Rien de plus naturel en temps de guerre, où souvent les bâ-

timents de l'État prêtaient aux bâtiment marchands
l'appui de leurs canons. Plouéven ne s'en serait pas
inquiété si, en se rapprochant, les deux navires ne
fussent devenus plus distincts, et si un changement
de manœuvre n'eût mieux indiqué leurs rôles. Il n'y
avait plus d'illusions possibles : l'un était *le Grégeois* ;
l'autre une corvette de guerre. *Le Grégeois !* comment
son capitaine s'y serait-il trompé ? C'était bien lui,
sa voilure, ses sabords, sa marche incomparable, sa
manière de porter ses mâts ; mais pourquoi cette corvette de guerre ? Que signifiait cette traversée en commun ? *Le Grégeois* était accoutumé à se défendre seul
et n'avait pas besoin d'escorte. Plouéven ne savait que
penser ; seulement cette apparition le frappa comme
une menace.

Son trouble s'accrut lorsqu'il vit le brick, aux approches de la terre, quitter les allures qu'il avait gar-
dées jusque-là et se séparer de la corvette. Celle-ci fit
voile vers le sud afin de doubler l'île et de gagner cet
espace d'eau que l'on nomme le petit cul-de-sac et
qui sert de grande rade à la Pointe-à-Pître. Le brick,
au contraire, cingla directement vers l'ouest et dans la
direction de l'îlot à Kahouane, son mouillage favori.
Une heure après, il y jetait l'ancre et une embarcation,
détachée du bord, gagnait la plage à toutes rames.

« C'est un message de deuil, dit Plouéven ; que rien
n'en transpire ici. Allons au-devant. »

Il quitta le château et prit le chemin du rivage. A mi-chemin, il rencontra le Malouin et lut son arrêt sur sa physionomie attristée.

— Eh bien? lui dit-il.

— Mauvaises nouvelles, capitaine.

— Je m'en doutais! As-tu quelque dépêche pour moi? quelque lettre?

— Dieu nous en garde, capitaine! Pas un mot d'écrit! Le papier est si traître? Tout est là, ajouta-t-il en se frappant le front.

— Alors, parle.

— C'est Michel qui a fait le coup! un sournois!

— Et qu'a-t-il fait?

— Il a tout dit à la justice.

C'était un mot terrible, une sentence de mort, et pourtant Plouéven soutint le choc sans en être ébranlé; son visage ne trahit pas d'émotion.

— Et la corvette? dit-il.

— Elle porte l'ordre de vous arrêter, capitaine.

— A la bonne heure, dit-il. Il n'y manque rien.

Toujours impassible, il réfléchit; puis, après quelques secondes de silence:

— As-tu une montre? demanda-t-il au Malouin.

— Toujours, capitaine, répondit celui-ci en la tirant de son gousset.

Plouéven en fit autant, et montrant les aiguilles au matelot:

— Alors règle-la sur la mienne.

Le Malouin obéit machinalement et sans comprendre de quoi il s'agissait.

« C'est fait, » dit-il.

Le capitaine compara les deux cadrans afin de s'assurer de leur exactitude.

— Maintenant écoute, ajouta-t-il.

— J'écoute, dit le marin.

— Tu vas retourner vers la plage.

— Oui, capitaine.

— T'y embarquer à l'instant même et sans faire de
station dans l'ajoupa de maman Blanche ni ailleurs.

— Il n'y a pas de danger.

— Une fois à bord, tu remettras ta montre à l'officier qui commande et resteras près de lui pour l'assister au besoin.

— Suffit, capitaine.

— Voici ce que j'attends de vous, de lui, de toi, du
Grégeois et de son équipage, ajouta Plouéven avec plus
de tristesse et plus de solennité. Dans deux heures
d'ici, minute pour minute, quand l'aiguille sera arrivée
là (et il lui montrait un point du cadran), vous hisserez
le pavillon noir au grand mât du brick.

— Oui, capitaine, répondit le Malouin, que ce mot
éclairait et qui ne put retenir un profond soupir.

— Et vous l'appuierez de vingt coups de canon;
c'est le dernier ordre que je donnerai.

— Et vous serez obéi, capitaine ; et personne à bord n'y manquera. Tous sur les vergues, oui tous, et s'il n'y a pas de crêpes au bras, il y aura du deuil dans les cœurs.

— C'est bien ; va, dit Plouéven, que l'émotion dominait. Le temps presse.

Pendant que le matelot regagnait l'embarcation, il reprit le chemin du château et y rentra sans être aperçu. Dans les étages supérieurs se trouvait un belvédère d'où la vue s'étendait sur la mer et dont le capitaine avait fait un observatoire et un cabinet de travail. Il y avait réuni ses instruments de précision et ses armes de combat, arrangées en panoplies. C'est là qu'il se retira, et que pendant deux heures il fit ses dispositions suprêmes et eut un retour vers un passé qu'il allait expier. Sa pensée s'arrêta d'abord à ces crimes qui s'étaient engendrés l'un l'autre et qui l'avaient conduit de degré en degré à l'abîme dont il touchait le fond. D'un portefeuille il tira un papier mystérieux et y jeta un regard où la haine s'alliait à la douleur :

« Un aveu de sa faute ! se dit-il ; à quoi bon ? et à quoi cela me sert-il ? C'était bien la peine d'attacher tant de prix à ce chiffon de papier ! Je me vengeais, voilà mon excuse ; je lavais une injure dans le sang. Oh ! si l'on savait tout ! si l'on savait ce que j'ai souffert ! combien de temps j'ai hésité ! quels combats j'ai essuyés ! Si l'on savait ce que j'ai dévoré d'angoisses avant d'en venir là, des nuits sans sommeil, des heures de délire, d'affreuses visions et d'épouvantables assauts! Toutes les furies étaient dans mon cœur, et j'ai frappé! Que me reste-t-il aujourd'hui pour excuse? Ce papier? ce papier? »

Il l'approcha d'une bougie qu'il venait d'allumer et le vit se consumer dans ses mains :

« Des cendres! » ajouta-t-il d'une voix sombre.

Puis il reprit après une longue pause :

« Quelques minutes encore, un tour de ce cadran, et je n'aurai plus besoin d'être justifié ici-bas. »

Ce fut le dernier coup d'œil qu'il jeta sur cette partie ténébreuse de sa vie; peut-être un jour lèverai-je le voile qui la couvre encore; ce sera l'histoire de Claire de Meyreuil plus que la sienne. Quant à lui, il s'efforça de l'oublier et de finir dans des pensées plus douces. Il songea au *Grégeois* et à ses compagnons d'armes, aux croisières qu'ils avaient faites ensemble et aux combats qui les avaient signalées. Il trouva juste de laisser à ces braves gens un souvenir et un adieu. Par un codicille exprès, il leur légua le brick et tout ce qu'il portait en valeurs lui appartenant. Chacun des hommes de l'équipage devait en avoir sa part dans la forme des distributions ordinaires.

Ensuite il songea à Mézélie et à sa mère. Mézélie était instituée sa légataire universelle, et il avait eu le soin de dresser un inventaire de sa fortune avec les détails nécessaires pour qu'on pût en opérer le recouvrement avec facilité. A côté de cette pièce, et à l'appui, il exposait les motifs de ce don, et cela avec une sensibilité si naturelle, qu'il était impossible de n'en pas être touché; c'était l'accent d'un homme qui demandait grâce pour ses générosités, comme s'il eût craint qu'on ne les repoussât, venant de sa main. Il ignorait si, après lui, la solitude préserverait suffisamment ces deux femmes des bruits qui arriveraient d'Europe et de l'éclat que causerait aux Antilles l'ordre de son arrestation. Pour tout prévoir, il rappelait l'origine de sa fortune, toute légitime, et qu'il n'avait due qu'à son intrépidité, de manière à ce que, même en condamnant l'homme et en désavouant sa mémoire, il ne pût subsister de scrupule pour les biens dont il disposait. Tout cela était dit d'un ton ferme et sincère, comme on n'en trouve qu'au moment de mourir.

Il restait à trouver à cette fin soudaine une explication qui pût rassurer la conscience de ces femmes et ne les mît pas sur la voie des motifs qui l'avaient amenée. Heureux comme il l'était, comment justifier ce brusque congé qu'il prenait de la vie ? Il imagina donc une fable, dans laquelle il mit autant de vraisemblance que possible et que pourtant des âmes moins crédules n'auraient pu accepter. Mais il connaissait Mézélie et sa mère et savait qu'elles ne porteraient ni leurs suppositions ni leurs recherches au delà du cercle dans lequel il less renfermait. En même temps, il leur demandait avec instance de ne pas le maudire et de lui pardonner. C'étaient autant de précautions subtiles et ingénieuses que le moindre incident pouvait déjouer et qu'il n'en prenaait pas moins avec l'espoir qu'elles atteindraient leur objet. Ce qu'il en faisait était en vue de celles qui devaient lui survivre, et de leur repos : il avait été heureux par elles, il voulut qu'elles fussent heureuses par lui.

Au milieu de ces apprêts, les minutes s'écoulaient; et quand on en fut arrivé aux dernières, le temps semblait avoir des ailes. Plouéven avait pris sa meilleure lunette d'approche, et il découvrait *le Grégeois* dans toute son étendue. Les hommes étaient sur le pont, et, à mesure que l'instant fatal approchait, ils se dirigeaient vers les enfléchures et montaient sur les vergues. Cinq minutes avant le fatal moment, elles étaient garnies de monde. Sur le pont, les canonniers étaient à leurs pièces; le pavillon noir était frappé sur la drisse du grand mât. A l'arrière, se tenaient les officiers dans l'attente de l'événement et s'y associant par leur maintien.

« Adieu, mes bons, mes fidèles compagnons. » dit Plouéven; et il ajouta, sans oser y mêler aucun nom :
« Adieu, vous tous que je laisse ici. »

L'aiguille touchait à l'heure qu'il avait lui-même assignée; il prit dans l'une des panoplies un pistolet de

combat, l'appuya sur son front et pressa la détente.
Une explosion retentit, et quelques secondes après un
coup de canon se fit entendre au loin, suivi de vingt
autres. En même temps, le pavillon noir s'élevait au sommet du *Grégeois* et le couronnait d'un attribut de deuil.

Cependant, au premier bruit, tout le monde fut sur
pied dans le château. On ne savait que penser ni de
quel côté se diriger; la fumée seule désigna le belvédère; Actéon y monta; Plouéven était renversé sur un
fauteuil, baignant dans son sang, et un pistolet à ses
pieds. Le nègre se sentit défaillir à ce spectacle, et eut
à peine la force de jeter un cri. Bientôt la nouvelle s'en
répandit, et les dames d'Angremont furent informées
de la catastrophe.

Le dernier espoir de Plouéven, celui auquel, en
mourant, il s'était si vivement rattaché, ne fut point
déçu : aucun éclat ne suivit sa mort, et le procès criminel, qui aurait pu en amener un, s'éteignit faute de
coupables. A la suite des aveux qu'il avait faits, et sous
le poids de ses remords, Michel tomba malade dans sa
prison et mourut quelques semaines avant le jour de
l'audience. Ainsi rien ne vint troubler les dames d'Angremont dans la jouissance de leur fortune, et l'emploi
qu'elles en firent acheva d'en épurer et d'en justifier la
source. Ce fut le bien des pauvres plus que le leur. Aujourd'hui encore leur nom est béni dans le nord de l'île
et leur mémoire vénérée.

Q:Que devinrent pourtant les autres personnages qui ont it figuré dans ce récit ? En quelques mots on le saurura. L'étoile du *Grégeois* pâlit à la mort de son capitainine ; il fut pris par les Anglais, et l'équipage passa plususieurs années sur les pontons. Le Malouin y donna à soson élève Yvon des leçons de philosophie, et, la paix venmue, tous deux pêchèrent du hareng. Ainsi finissent les § grandeurs humaines.

QQuant à maman Blanche, grâce à l'or des corsaires, elle e put transformer son ajoupa en une construction mobins fragile que l'on voit encore sur les limites de l'Annse-aux-Marigots. De son côté, M. Actéon continua d'êêtre le nègre le plus important de l'habitation, et, peu de i temps après la mort de Plouéven, il associa, par un lienn régulier, ses destinées à celles de mademoiselle Roodogune.

FIN.

TABLE DES MATIÈRES.

Corbeil, imp. de Crété.

9 782014 100440